Fundamente
|der Mathematik|

Rheinland-Pfalz

Gymnasium · Klasse 6

Herausgegeben von
Dr. Andreas Pallack

Cornelsen

Inhaltsverzeichnis

Vorwort 4

1. Brüche (Wiederholung aus Klasse 5) 5
   Dein Fundament 6
1.1 Teiler und Vielfache 8
1.2 Teilbarkeitsregeln 11
   Streifzug: Primzahlen 14
   Streifzug: Gemeinsame Teiler und gemeinsame Vielfache 16
1.3 Anteile von einem Ganzen – Brüche 18
1.4 Brüche erweitern und kürzen 22
1.5 Brüche vergleichen 26
1.6 Brüche und Größen 29
1.7 Unechte Brüche und gemischte Zahlen 33
1.8 Brüche am Zahlenstrahl 37
   Streifzug: Mischungsverhältnisse 39
1.9 Gleichnamige Brüche addieren und subtrahieren 40
1.10 Ungleichnamige Brüche addieren und subtrahieren 43
1.11 Vermischte Aufgaben 47
   Prüfe dein neues Fundament 50
   Zusammenfassung 52

2. Dezimalzahlen 53
   Dein Fundament 54
2.1 Dezimalzahlen 56
2.2 Dezimalzahlen vergleichen 60
2.3 Abbrechende und periodische Dezimalzahlen 63
   Streifzug: Unendliche Dezimahlzahlen in Brüche umwandeln 66
2.4 Prozentschreibweise 68
   Spiel: Zahlen-Bingo 71
2.5 Dezimalzahlen runden 73
2.6 Dezimalzahlen addieren und subtrahieren 75
2.7 Vermischte Aufgaben 78
   Prüfe dein neues Fundament 80
   Zusammenfassung 82

3. Kreise und Winkel 83
   Dein Fundament 84
3.1 Kreis 86
3.2 Winkel 89
3.3 Winkel messen 91
3.4 Winkel zeichnen 95
3.5 Punktsymmetrie 98
3.6 Drehsymmetrie 102
   Streifzug: Geometrie am Computer 105
3.7 Vermischte Aufgaben 108
   Prüfe dein neues Fundament 110
   Zusammenfassung 112

4.	**Brüche und Dezimalzahlen multiplizieren und dividieren** ...	**113**
	Dein Fundament	114
4.1	Brüche mit natürlichen Zahlen multiplizieren	116
4.2	Brüche multiplizieren	118
4.3	Brüche durch natürliche Zahlen dividieren	122
4.4	Brüche dividieren	124
4.5	Kommaverschiebung bei Dezimalzahlen	128
4.6	Dezimalzahlen multiplizieren	131
4.7	Dezimalzahlen dividieren	134
4.8	Rechnen mit allen Grundrechenarten	138
4.9	Ausmultiplizieren und Ausklammern	141
4.10	Vermischte Aufgaben	143
	Prüfe dein neues Fundament	146
	Zusammenfassung	148
5.	**Ganze Zahlen**	**149**
	Dein Fundament	150
5.1	Negative Zahlen – Zahlengerade	152
5.2	Erweiterung des Koordinatensystems	154
5.3	Ganze Zahlen vergleichen und ordnen	158
5.4	Zustandsänderungen beschreiben	161
5.5	Vermischte Aufgaben	164
	Prüfe dein neues Fundament	166
	Zusammenfassung	168
6.	**Daten**	**169**
	Dein Fundament	170
6.1	Absolute und relative Häufigkeit	172
6.2	Diagramme	176
6.3	Klasseneinteilung	180
6.4	Kennwerte	182
	Streifzug: Mit Tabellenkalkulationen arbeiten	186
6.5	Vermischte Aufgaben	189
	Prüfe dein neues Fundament	192
	Zusammenfassung	194
7.	**Komplexe Aufgaben**	**195**
8.	**Methoden**	**201**
9	**Anhang**	**205**
	Lösungen	206
	Bildquellenverzeichnis	221
	Stichwortverzeichnis	222
	Impressum	224

Das Kapitel 6 „Daten" wird **auch im Band 7** angeboten.
Es kann dort zur **Wiederholung** von Inhalten genutzt werden.

Bauplan zu „Fundamente der Mathematik"

Aktivieren

Dein Fundament:
Mit der Doppelseite „Dein Fundament" kannst du Themen wiederholen zur Vorbereitung auf das neue Kapitel.

Die Lösungen zu diesen Aufgaben findest du im Anhang.

Aufbauen

Einstiegsaufgaben:
Jedes Unterkapitel beginnt mit einer Aufgabe, die dich in das neue Thema hineinführt.

Beispiele:
Die Lösungen von Beispielaufgaben werden dir Schritt für Schritt erklärt.

Basisaufgaben:
In den Basisaufgaben kannst du dein neu erworbenes Wissen und Können sofort ausprobieren.

Weiterführende Aufgaben:
In anspruchsvolleren Aufgaben kannst du dein Wissen festigen. Etwas schwierigere Aufgaben sind mit einem Kreis ● gekennzeichnet.

 Stolperstelle:
Bei diesen Aufgaben sollst du typische Fehler erkennen.

Ausblick:
Die letzte Aufgabe in der Lerneinheit ist die schwierigste.

Sichern

Prüfe dein neues Fundament:
Hier kannst du dein Wissen selbstständig überprüfen, auch in Vorbereitung auf Tests und Klassenarbeiten.

Die Lösungen zu diesen Aufgaben findest du im Anhang.

1. Brüche

In einem Mosaik ergibt sich das ganze Bild aus vielen kleinen Einzelteilen.
Teile eines Ganzen können als Bruch angeben werden.

Nach diesem Kapitel kannst du …
– Teiler und Vielfache von natürlichen Zahlen bestimmen,
– Teilbarkeitsregeln anwenden,
– Anteile mit Brüchen angeben,
– Brüche erweitern und kürzen,
– Anteile ordnen und vergleichen,
– Brüche addieren und subtrahieren.

Dein Fundament

1. Brüche

Lösungen
↗ S. 206

Grundrechenoperationen ausführen

1. Berechne im Kopf.
   a) 9 · 8   b) 7 · 9   c) 6 · 7   d) 8 · 8   e) 6 · 8
   f) 9 · 4   g) 3 · 13   h) 4 · 12   i) 5 · 16   j) 9 · 9

2. Bilde das Dreifache (das Fünffache; das Zehnfache) der Zahl.
   a) 7   b) 8   c) 9   d) 10   e) 12

3. Berechne im Kopf.
   a) 27 : 9   b) 24 : 6   c) 20 : 4   d) 36 : 4   e) 45 : 9
   f) 18 : 3   g) 56 : 8   h) 49 : 7   i) 81 : 9   j) 80 : 10

4. Berechne.
   a) 32 : 4   b) 70 · 6   c) 43 − 15   d) 650 : 10
   e) 68 · 100   f) 52 : 13   g) 810 : 90   h) 114 − 76

5. Berechne geschickt.
   a) 25 · 17 · 4   b) 5 · 37 · 2   c) 19 · 5 · 20   d) 2 · 39 · 5   e) 7 · 19 · 0
   f) 2 · 59 · 50   g) 25 · 47 · 0   h) 50 · 32 · 20 i) 4 · 25 · 10   j) 15 · 5 · 4

6. Überprüfe. Berichtige alle fehlerhaften Ergebnisse.
   a) 72 : 9 = 8   b) 56 : 8 = 9   c) 0 · 7 = 1   d) 808 + 8 = 888
   e) 7000 − 70 = 6330   f) 100 : 1 = 10   g) 637 : 7 = 91   h) 82 · 8 = 656

7. Dividiere.
   a) 100 : 20   b) 225 : 25   c) 60 : 15   d) 48 : 12
   e) 420 : 7   f) 390 : 30   g) 320 : 10   h) 285 : 5

8. Welcher Rest ergibt sich, wenn man die Zahl durch 2 (durch 3; durch 5; durch 10) dividiert?
   a) 11   b) 18   c) 23   d) 30   e) 32
   f) 60   g) 15   h) 228   i) 420   j) 425

9. Welchen Rest erhält man bei der Divisionsaufgabe?
   a) 39 : 8   b) 17 : 3   c) 54 : 6   d) 53 : 7
   e) 39 : 17   f) 123 : 10 g) 490 : 7   h) 455 : 9

10. Gib jeweils alle natürlichen Zahlen an, durch die folgende Zahlen ohne Rest teilbar sind.
    a) 12   b) 18   c) 7   d) 30   e) 24   f) 8   g) 32   h) 75

Natürliche Zahlen am Zahlenstrahl darstellen

11. Gib an, welche Zahlen auf dem Zahlenstrahl markiert sind.
    a)    b)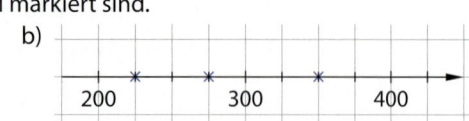

12. Zeichne einen Zahlenstrahl in dein Heft und markiere folgende Zahlen.
    a) 3; 5; 11; 7; 8   b) 15; 35; 25; 40; 50   c) 150; 250; 175; 200; 225

Gerecht teilen

13. Tobias und Lea bekommen von ihrer Oma 9 Euro. Die 9 Euro sollen sie so teilen, dass jeder von ihnen den gleichen Geldbetrag erhält. Welchen Geldbetrag bekommt Lea?

14. Beantworte die Frage.
    a) Wie viele Stücke hat die Schokoladentafel?
    b) Frank und Michael wollen sich die Schokoladentafel gerecht teilen. Wie viele Stücke bekommt Michael?
    c) Wie viele Stücke bekommt jeder, wenn sich drei Kinder die Schokolade gerecht teilen?
    d) Katja hat zwei Stücke der Schokoladentafel gegessen. Wie viele Stücke Schokolade darf sie noch essen, wenn sie sich mit ihren Freundinnen Tanja, Maria und Paula die Tafel gerecht teilen soll?
    e) Wie viele Kinder haben sich die Schokoladentafel gerecht geteilt, wenn jedes von ihnen genau zwei Stück bekommt?

Vielfache und Teile von Größen

15. Gib das Doppelte, Dreifache, Vierfache und Fünffache an von
    a) 3 kg,   b) 30 min,   c) 20 ct,   d) 25 cm,   e) 7 Tagen.

16. Berechne.
    a) das Doppelte von 500 m   b) das Fünffache von 20 cm   c) die Hälfte von 1 km
    d) die Hälfte von 90 min   e) das Vierfache von 15 min   f) die Hälfte von 2,50 €

17. Ermittle.
    a) Wie viele halbe Liter sind ein Liter?
    b) Wie viele Minuten sind eine viertel Stunde?
    c) Wie viele Minuten sind eineinhalb Stunden?
    d) Wie viele halbe Meter sind eineinhalb Meter?

Kurz und knapp

18. Runde auf Zehner (Hunderter, Tausender).
    a) 4567   b) 6745   c) 7899   d) 10 234   e) 90 984

19. Ordne der Größe nach. Beginne mit der kleinsten Zahl.
    a) 2346; 786; 9908; 2356   b) 3 799 789; 3 799 779; 999 345; 99 999

20. Ein Pkw benötigt für 100 km im Durchschnitt 7 ℓ Benzin. Gib an, wie viel Liter Benzin er für 1000 km benötigt.

21. Von Mainz nach Kiel sind es etwa 650 km. Wie lange würde ein Radfahrer für eine solche Strecke benötigen, wenn er unentwegt fahren und in einer Stunde 25 km zurücklegen könnte?

1.1 Teiler und Vielfache

■ Leon hat von seiner Geburtstagsfeier noch 36 Kekse übrig. Diese möchte er gerecht an seine Freunde verteilen. An wie viele Freunde kann er die Kekse verteilen? Und wie viele Kekse bekommt dann jeder? Gibt es mehrere Möglichkeiten? Finde alle! ■

Die Division durch eine natürliche Zahl kann entweder aufgehen oder es bleibt dabei ein Rest.

30 : 2 = 15 (ohne Rest)	Man sagt: „30 **ist teilbar** durch 2."
30 : 3 = 10 (ohne Rest)	„30 **ist teilbar** durch 3."
30 : 4 = 7 Rest 2	„30 **ist nicht teilbar** durch 4."

Dividieren und Multiplizieren sind entgegengesetzte Rechenarten. Deshalb gilt:
Dividieren: 30 : 5 = 6   Man sagt: **„5 ist ein Teiler von 30."**
Multiplizieren: 30 = 6 · 5 Man sagt: **„30 ist ein Vielfaches von 5."**

Es gilt: Ist eine Zahl a ein Teiler einer Zahl b, dann ist b ein Vielfaches von a.

> **Wissen: Teiler, Vielfache**
> Ein **Teiler** einer Zahl ist eine natürliche Zahl, welche diese Zahl ohne Rest teilt: 30 : **3** = 10.
> Man schreibt kurz 3 | 30 (lies „3 teilt 30") oder 4 ∤ 30 (lies „4 teilt nicht 30").   ↑ Teiler
>
> Multipliziert man eine Zahl mit 1, 2, 3, 4, … , so erhält man ein **Vielfaches** der ersten Zahl.

> **Beispiel 1:**
> a) Prüfe, ob 4 ein Teiler von 48 und 38 ist.
> b) Bestimme die ersten drei Vielfachen von 7.
>
> **Lösung:**
> a) Dividiere die Zahl durch 4 und prüfe, ob   48 : 4 =12 (ohne Rest)   Also: 4 | 48
>   dabei ein Rest bleibt oder nicht.   38 : 4 = 9 Rest 2   Also: 4 ∤ 38
> b) Multipliziere 7 mit 1, 2 und 3.   1 · 7 = 7; 2 · 7 = 14; 3 · 7 = 21
>
>   Die ersten drei Vielfachen von 7 sind 7, 14 und 21.

Hinweis zu 2:
Hier findest du die Lösungen.

Basisaufgaben

1. Entscheide, ob die erste Zahl ein Teiler der zweiten ist. Setzte das richtige Zeichen | oder ∤.
   a) 3 ■ 15   b) 7 ■ 24   c) 8 ■ 62   d) 2 ■ 36   e) 4 ■ 60   f) 12 ■ 60

2. Bestimme alle Teiler von 16 (von 14, von 18).

3. Bestimme die ersten fünf Vielfachen.
   a) 8   b) 12   c) 25   d) 34   e) 75   f) 220

4. Untersuche, ob
   a) 82 ein Vielfaches von 24 ist,   b) 168 ein Vielfaches von 14 ist,
   c) 96 ein Vielfaches von 12 ist,   d) 136 ein Vielfaches von 16 ist.

1.1 Teiler und Vielfache

Teilermenge bestimmen

Wissen: Teilermenge
Alle Teiler einer natürlichen Zahl a werden in Form einer Teilermenge $T_a = \{...\}$ angegeben.

Beispiel 2: Bestimme alle Teiler von 63 und gib sie als Teilermenge T_{63} an.

Lösung:
Zerlege die Zahl 63 in alle möglichen Produkte.   63
Die Faktoren sind die Teiler der Zahl. $= 1 \cdot 63$
    $= 3 \cdot 21$
    $= 7 \cdot 9$

Schreibe die Teiler anschließend geordnet als Teilermenge auf. $T_{63} = \{1, 3, 7, 9, 21, 63\}$

Basisaufgaben

5. Bestimme alle Teiler der Zahl und gib sie als Teilermenge an.
   a) 16   b) 14   c) 18   d) 30   e) 74   f) 99

6. Welche Teilermenge kann es sein? Setze die fehlenden Zahlen ein.
   a) $T_{(\blacksquare)} = \{\blacksquare, 5\}$ b) $T_{(\blacksquare)} = \{1, \blacksquare, 3, \blacksquare, 6, \blacksquare\}$ c) $T_{(\blacksquare)} = \{1, 3, 17, \blacksquare\}$

7. Alle Vielfachen einer Zahl kann man mit ihrer Vielfachenmenge angeben. Die Vielfachenmenge von 4 lautet $V_4 = \{4, 8, 12, 16, ...\}$. Bestimme die Vielfachenmengen der Zahl.
   a) 3   b) 5   c) 7   d) 10   e) 35   f) 80

8. Welche Vielfachenmenge kann es sein? Setze die fehlenden Zahlen ein.
   a) $V_{(\blacksquare)} = \{\blacksquare, 4, \blacksquare, 8, ...\}$ b) $V_{(\blacksquare)} = \{\blacksquare, \blacksquare, 9, \blacksquare, ...\}$ c) $V_{(\blacksquare)} = \{\blacksquare, \blacksquare, \blacksquare, 100, ...\}$

Weiterführende Aufgaben

9. Zeichne einen Zahlenstrahl von 1 bis 40.
   a) Markiere alle Vielfachen von 4 in Grün und alle Vielfachen von 3 in Rot.
   b) Beschreibe, welche Eigenschaft die grün und rot markierten Zahlen haben.

10. Es sind drei aufeinander folgende Vielfache gegeben.
    ① ..., 28, 35, 42, ...   ② ..., 64, 72, 80, ...   ③ ..., 48, 60, 72, ...   ④ ..., 143, 156, 169, ...
    a) Gib an, welche Zahl vervielfacht wurde. Erkläre, wie du die Antwort gefunden hast.
    b) Ergänze die nächsten drei Vielfachen.

11. Notiere drei Zahlen, die Vielfache aller angegebenen Zahlen sind.
    a) 2 und 5   b) 5 und 10   c) 2; 4 und 6   d) 3; 6 und 9

12. Zeichne einen Zahlenstrahl von 0 bis 20.
    a) Markiere alle Teiler von 20 in Rot und alle Teiler von 16 in Grün.
    b) Beschreibe, welche Eigenschaft die grün und rot markierten Zahlen haben.

13. Eine Klasse hat 24 Schüler. Finde alle Möglichkeiten, die Klasse in gleich große Gruppen einzuteilen.

14. a) Gib alle Teiler von 15 und die ersten fünf Vielfachen von 15 in der Mengenschreibweise an.
    b) Überprüfe, ob die Teiler von 15 auch Teiler der Vielfachen von 15 sind. Erkläre deine Beobachtung.

15. Bestimme die gemeinsamen Teiler der Zahlen.
    a) 8 und 20   b) 15 und 35   c) 48 und 60   d) 12, 18 und 30   e) 35, 42 und 98

16. **Stolperstelle:** Prüfe die Aussagen. Korrigiere, wenn nötig.
    a) „0 ist Teiler von 10, da bei 10 : 0 = 0 kein Rest bleibt."
    b) „Jeder Teiler einer Zahl ist kleiner als die Zahl selbst."

17. In der Schildkrötenformation mussten die römischen Legionäre genau in einem Rechteck stehen. Auch in der Marschordnung standen sie in Reih und Glied.
    a) Bestimme die Möglichkeiten, die es für eine Truppe von 60 Legionären gibt, sich in einem Rechteck zu formieren.
    b) Vier Römer sind erkrankt. Können die Legionäre sich trotzdem zu einem Rechteck formieren?
    c) Der Anführer verkündet: „Es darf nie passieren, dass genau ein oder genau sieben Legionäre fehlen." Erkläre, wie er das gemeint haben könnte.

18. Beim Memory werden die Spielkarten zu Spielbeginn in einem Rechteck ausgelegt.
    a) In einer kleinen Spielvariante wird Memory mit 12 Paaren gespielt und in einer großen Variante mit 15 Paaren. Untersuche, bei welcher Variante es zu Spielbeginn mehr Möglichkeiten gibt, die Karten in einem Rechteck auszulegen.
    b) Häufig gehen mit der Zeit Spielkarten verloren, sodass mit weniger Karten gespielt werden muss. Untersuche, welche Möglichkeiten es für ein Rechteck gibt, wenn bei beiden Varianten 2 Kartenpaare fehlen.

19. Die Mitglieder des Schulchors (maximal 50 Schüler) sollen sich für ihren Auftritt in gleich langen Reihen aufstellen. Sie versuchen es in Reihen mit 2, 3, 4 und 6 Personen. Jedes Mal bleibt eine Person übrig.
    Bestimme, wie viele Mitglieder der Schulchor hat. Es gibt mehrere Möglichkeiten. Findest du alle?

20. **Ausblick:** Die Teiler einer Zahl außer der Zahl selbst heißen echte Teiler. Ist die Summe der echten Teiler einer Zahl gleich der Zahl selbst, so heißt die Zahl vollkommene Zahl. Ist die Summe kleiner als die Zahl, so ist sie eine „arme Zahl". Ist die Summe größer als die Zahl, so wird sie eine „reiche Zahl" genannt.
    a) Zeige, dass 6 eine vollkommene Zahl und 12 eine reiche Zahl ist.
    b) Überprüfe, ob es sich bei 26, 28, 30 um arme, reiche oder vollkommene Zahlen handelt.
    c) Die drittkleinste vollkommene Zahl ist 496. Weise rechnerisch nach, dass 496 eine vollkommene Zahl ist.

1.2 Teilbarkeitsregeln

■ Wo muss das dritte Glücksrad stoppen, damit die zu sehende dreistellige Zahl durch 2 (durch 5; durch 10 teilbar) ist? ■

Teilbarkeit durch 2, 5 und 10

Alle Vielfachen von 2 (von 5; von 10) sind auch teilbar durch 2 (durch 5; durch 10).
Aus den Vielfachen von 2, 5 und 10 lassen sich daher Regeln für die Teilbarkeit erkennen.

- Alle Vielfachen von 2 sind die **geraden Zahlen**: 2, 4, 6, 8, 10, 12, 14, 16, 18, 20, …
  Bei den geraden Zahlen sind die Endziffern immer 0, 2, 4, 6 oder 8.
- Bei den Vielfachen von 5 sind die Endziffern immer 0 oder 5: 5, 10, 15, 20, 25, …
- Bei den Vielfachen von 10 ist die Endziffer immer eine Null: 10, 20, 30, 40, …

Wissen: Teilbarkeit durch 2, 5 und 10 – Endziffernregeln
Eine Zahl ist …
- durch 2 teilbar, wenn sie auf 2, 4, 6, 8, 0 endet;
- durch 5 teilbar, wenn sie auf 5 oder 0 endet;
- durch 10 teilbar, wenn sie auf 0 endet.

Hinweis:
Die **geraden Zahlen** sind 2, 4, 6, 8, 10 …,
die **ungeraden Zahlen** sind 1, 3, 5, 7, 9 …

Beispiel 1:
a) Untersuche, ob die Zahlen 672, 150, 125 durch 2 (durch 5; durch 10) teilbar sind.
b) Gib eine dreistellige Zahl an, die durch 2 und durch 5 teilbar ist.

Lösung:
a) Betrachte die Endziffern. Dann kannst du entscheiden, welche Teilbarkeit vorliegt.
   - 672 endet auf 2, ist also durch 2 teilbar.
   - 150 endet auf 0, ist also durch 2, 5 und 10 teilbar.
   - 125 endet auf 5, ist also durch 5 teilbar.

b) Eine Zahl, die durch 2 teilbar ist, endet auf 2, 4, 6, 8 oder 0.
   Eine Zahl, die durch 5 teilbar ist, endet auf 5 oder 0.
   Eine Zahl, die durch 2 und durch 5 teilbar ist, muss daher auf 0 enden, z. B. 120, 990, 870.

Basisaufgaben

1. Untersuche, ob die Zahlen durch 2 (durch 5; durch 10) teilbar sind.
   a) 265 b) 476 c) 1390 d) 457 e) 656 f) 675 g) 123 h) 12 438 i) 23 340

2. Ordne zu, welche der Zahlen teilbar sind
   a) durch 2,
   b) durch 5,
   c) durch 2 und durch 5,
   d) weder durch 2 noch durch 5.

   | 224 | 635 | 207 | 1000 | 441 | 515 | 370 | 8484 |

3. Bestimme alle zweistelligen Zahlen, die sowohl durch 2 als auch durch 5 teilbar sind.
   Erkläre das Ergebnis.

4. Bilde aus den Ziffern 0, 1, 2, 3, 4, 5 alle zweistelligen Zahlen, die teilbar sind
   a) durch 2,   b) durch 5,   c) durch 10.

Teilbarkeit durch 3 und durch 9

Wenn du eine Zahl so geschickt in eine Summe zerlegen kannst, dass alle Summanden durch dieselbe Zahl teilbar sind, dann ist auch die Ausgangszahl durch diese Zahl teilbar.
Beispiel: $119 = 70 + 49 = 7 \cdot 10 + 7 \cdot 7 = 7 \cdot (10 + 7)$

Da sowohl 70 als auch 49 durch 7 teilbar sind, ist auch die Summe 119 durch 7 teilbar.

Mithilfe dieser Summenregel kannst du die Teilbarkeitsregeln für die 3 und die 9 erklären:

$45 = 10 + 10 + 10 + 10 + 5$
$ = 9 + 1 + 9 + 1 + 9 + 1 + 9 + 1 + 5$
$ = \underbrace{9 + 9 + 9 + 9}_{\text{durch 3 teilbar}} + \underbrace{4 + 5}_{\text{(9 ist durch 3 teilbar.)}}$
$\qquad\qquad\qquad\qquad 4 + 5 = 9$

$218 = 100 + 100 + 10 + 8$
$ = 99 + 1 + 99 + 1 + 9 + 1 + 8$
$ = \underbrace{99 + 99 + 9}_{\text{durch 3 teilbar}} + \underbrace{2 + 1 + 8}_{\text{(11 ist nicht durch 3 teilbar.)}}$
$\qquad\qquad\qquad\qquad 2 + 1 + 8 = 11$

Hinweis: Entsprechend kannst du auch die Teilbarkeit durch 9 prüfen. So ist zum Beispiel 45 durch 9 teilbar, aber 218 ist nicht durch 9 teilbar.

Da die Zahlen 9, 99, 999 … immer durch 3 teilbar sind, musst du nur die letzten Summanden anschauen. Diese entsprechen den einzelnen Ziffern der Zahl. Die Summe dieser Ziffern ist die Quersumme der Zahl. Sie bestimmt, ob die Zahl durch 3 teilbar ist.
Die Quersumme von 9123 ist $9 + 1 + 2 + 3 = 15$. Da 15 durch 3 teilbar ist, ist die Zahl 9123 auch durch 3 teilbar.

> **Wissen: Quersummenregeln**
> Eine Zahl ist durch 3 teilbar, wenn ihre Quersumme durch 3 teilbar ist.
>
> Eine Zahl ist durch 9 teilbar, wenn ihre Quersumme durch 9 teilbar ist.

> **Beispiel 2:** Prüfe, ob die Zahlen 3177 und 2806 durch 3 oder durch 9 teilbar sind.
>
> **Lösung:**
> a) Berechne die Quersumme von 3177. $\qquad 3 + 1 + 7 + 7 = 18$
>   Prüfe, ob die Quersumme durch 3 bzw. $\qquad 3 \mid 18$ und $9 \mid 18$
>   durch 9 teilbar ist. $\qquad\qquad\qquad\qquad\quad$ 3177 ist durch 3 und durch 9 teilbar.
>
> b) Berechne die Quersumme von 2806. $\qquad 2 + 8 + 0 + 6 = 16$
>   Prüfe, ob die Quersumme durch 3 bzw. $\qquad 3 \nmid 16$ und $9 \nmid 16$
>   durch 9 teilbar ist. $\qquad\qquad\qquad\qquad\quad$ 2806 ist weder durch 3 noch durch 9 teilbar.

Basisaufgaben

1. Überprüfe, ob die Zahl durch 3 oder durch 9 teilbar ist.
   a) 345 $\qquad$ b) 1395 $\qquad$ c) 6430 $\qquad$ d) 18 015

2. Ergänze die fehlende Ziffer, sodass die Zahl durch 9 teilbar ist.
   a) 35■ $\qquad$ b) 45■1 $\qquad$ c) 42■7 $\qquad$ d) 8■23 $\qquad$ e) 3■96

3. Bilde aus den Ziffern möglichst viele vierstellige Zahlen, die durch
   a) 3 teilbar sind, $\qquad\qquad$ b) 9 teilbar sind.

   | 1 | 2 | 3 | 4 | 5 | 6 | 7 | 8 | 9 | 0 |

4. Finde drei vierstellige Zahlen, die durch 3, aber nicht durch 9 teilbar sind.

1.2 Teilbarkeitsregeln

Teilbarkeit durch 4

Mithilfe der Summenregel kannst du auch die Teilbarkeit durch 4 überprüfen, da alle Vielfachen von 100 ... durch 4 teilbar sind.

3464 = 3400 + 64
durch 4 teilbar   durch 4 teilbar

1247 = 1200 + 47
durch 4 teilbar   nicht durch 4 teilbar

> **Wissen: Teilbarkeit durch 4**
> Eine Zahl ist durch 4 teilbar, wenn ihre beiden letzten Ziffern (Zehner und Einer) eine durch 4 teilbare Zahl bilden.

Beispiel 3: Prüfe, ob die Zahlen 346 und 123 460 durch 4 teilbar sind.

Lösung:
Betrachte jeweils die Zahl, die aus den letzten beiden Ziffern gebildet wird.

346   4 ∤ 46 und damit 4 ∤ 346
123 460   4 | 60 und damit 4 | 123 460

Basisaufgaben

5. Überprüfe, ob die Zahlen durch 4 teilbar sind.
   a) 3424   b) 8569   c) 45 688   d) 345 971

6. Bilde aus den Ziffern möglichst viele vierstellige Zahlen, die durch 4 teilbar sind.

   | 1 | 2 | 3 | 4 | 5 | 6 | 7 | 8 | 9 | 0 |

7. Ergänze die fehlende Ziffer so, dass die Zahl durch 4 teilbar ist.
   a) 71   b) 44▪   c) 91▪   d) 123▪   e) 3▪36

   Hinweis zu 7:
   Es sind jeweils mehrere Lösungen möglich.

Weiterführende Aufgaben

8. Untersuche die Zahl auf Teilbarkeit durch 2, 3, 4, 5, 9 und 10.
   Begründe mithilfe der zugehörigen Teilbarkeitsregel.
   a) 45   b) 77   c) 4332   d) 8080   e) 990

9. **Stolperstelle:** Johanna behauptet: „Eine Zahl ist genau dann durch 6 teilbar, wenn ihre Quersumme durch 6 teilbar ist." Überprüfe die Aussage an eigenen Beispielen.

10. Finde Zahlenpaare, die durch dieselbe Zahl teilbar sind, sodass keine Zahlen übrig bleiben.

    | 40 | 81 | 51 | 32 | 48 | 39 | 55 | 54 | 58 | 70 | 75 | 96 |

11. Überprüfe, ob die Aussage wahr ist. Begründe.
    a) Wenn eine Zahl durch 10 teilbar ist, dann ist sie auch durch 5 teilbar.
    b) Wenn eine Zahl durch 3 teilbar ist, dann ist sie auch durch 9 teilbar.
    c) Wenn eine Zahl durch 2 und durch 3 teilbar ist, dann ist sie auch durch 6 teilbar.

12. **Ausblick:** Anna behauptet: „Unter vier beliebig gewählten Zahlen gibt es immer zwei Zahlen, deren Differenz durch 3 teilbar ist." Hat Anna recht? Begründe.

Streifzug

1. Brüche

Primzahlen

■ Wie ist die Zahl 126 zusammengesetzt?
Marla hat die 126 Schritt für Schritt in Produkte zerlegt. Das Produkt aus den beiden neuen Zahlen ergibt immer die Zahl darüber.
Zerlege die Zahlen wie Marla: 45, 84 und 770. ■

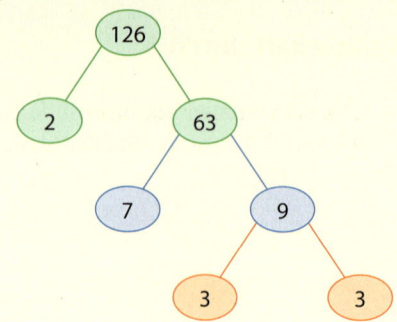

Hinweis:
1 ist keine Primzahl, da 1 nur einen Teiler hat.

> **Wissen: Primzahlen**
> Eine Zahl ist immer teilbar durch 1 und durch sich selbst. Hat eine Zahl nur diese beiden Teiler, so heißt sie Primzahl. Die ersten Primzahlen sind 2, 3, 5, 7, 11, 13, …

> **Beispiel 1:** Prüfe, ob es sich um eine Primzahl handelt.
> a) 23   b) 27
>
> **Lösung:**
> a) 23 hat nur die Teiler 1 und 23. $T_{23} = \{1; 23\}$, 23 ist Primzahl
> b) 27 hat mehr als zwei Teiler. $T_{27} = \{1; 3; 9; 27\}$, 27 ist keine Primzahl

Basisaufgaben

1. Prüfe, welche Zahlen Primzahlen sind.

   a)
1	3	6
9	4	7
2	8	5

   b)
13	21	39
25	19	16
31	43	49

   c)
83	29	63
	61	48
	77	71

   d)
97	121	
201	123	101
149	151	

2. Wie viele Primzahlen liegen zwischen 20 und 30? Notiere sie.

3. Gib alle Primzahlen an.
   a) zwischen 100 und 120   b) zwischen 150 und 180   c) zwischen 230 und 270

Primfaktorzerlegung

> **Wissen: Primfaktorzerlegung**
> Natürliche Zahlen, die keine Primzahlen sind, lassen sich eindeutig als Produkt schreiben, dessen Faktoren Primzahlen sind. Solch ein Produkt heißt **Primfaktorzerlegung** der Zahl.

> **Beispiel 2:** Zerlege die Zahl 120 in Primfaktoren.
>
> **Lösung:**
> Schreibe die Zahl 120 als Produkt. $120 = 10 \cdot 12$
>
> Zerlege die Faktoren solange weiter, bis du nur $= 2 \cdot 5 \cdot 3 \cdot 4$
> noch Primfaktoren hast. Verwende nicht den
> Faktor 1. $= 2 \cdot 5 \cdot 3 \cdot 2 \cdot 2$
>
> Sortiere die Primfaktoren. $= 2 \cdot 2 \cdot 2 \cdot 3 \cdot 5$

Hinweis:
Primfaktorzerlegungen schreibt man auch mit Potenzen:
$120 = 2 \cdot 2 \cdot 2 \cdot 3 \cdot 5$
$ = 2^3 \cdot 3 \cdot 5$

Streifzug

Basisaufgaben

4. Übertrage die Aufgaben in dein Heft und ergänze in den Kästchen den richtigen Primfaktor.
   a) 22 = 2 · ☐   b) 50 = 2 · ☐ · 5   c) 63 = 3 · 3 · ☐   d) 104 = 2 · 2 · 2 · ☐

5. Zerlege die Zahl in Primfaktoren.
   a) 24   b) 57   c) 660   d) 348   e) 735

6. Zerlege die Zahl in Primfaktoren und schreibe gleiche Faktoren als Potenzen.
   a) 72   b) 125   c) 360   d) 1024   e) 567

7. Schreibe die Zahlen wenn möglich als Produkt von Primzahlen. Begründe, warum dies nicht bei allen Teilaufgaben möglich ist.
   a) 81   b) 93   c) 57   d) 29   e) 121

8. Fiona, Robin und Tom wollen die Zahl 180 in Primfaktoren zerlegen.
   Sie rechnen unterschiedlich:

   Fiona   Robin   Tom
   180 = 2 · 90   180 = 18 · 10   180 = 30 · 6

   a) Setze die Zerlegungen von Fiona, Robin und Tom fort.
   b) Zeige, dass sich am Ende immer die gleiche Primfaktorzerlegung ergibt.

Weiterführende Aufgaben

9. Betrachte die folgenden Produkte. Erkläre, wie du ohne zu rechnen feststellen kannst, ob der Wert der Produkte derselbe ist.
   a) 2 · 8 · 25 und 4 · 5 · 20   b) 2 · 4 · 8 und $2^2 \cdot 4^2$ c) 6 · 8 · 27 und $3^3 \cdot 4 \cdot 24$
   d) 7 · 9 · 15 und 21 · 45   e) 6 · 12 · 16 und $2^2 \cdot 144$ f) 4 · 12 · 35 und 5 · 14 · 22

10. Begründe mithilfe der Primfaktorzerlegung.
    a) 15 ist Teiler von 240.
    b) 18 teilt 732.
    c) 345 ist Vielfaches von 23.
    d) 78 ist Vielfaches von 1716.

11. Die Zahl 1500 lässt sich als Produkt aus $2^2 \cdot 3 \cdot 5^3$ darstellen. Nutze dieses Wissen, um die Primfaktorzerlegung anzugeben, ohne den Quotienten zu berechnen.
    a) 1500 : 3   b) 1500 : 4   c) 1500 : 15   d) 1500 : 30   e) 1500 : 75

12. Bestimme zunächst den Wert des Terms und gib dann dessen Teilermenge an.
    a) 2 · 3 · 7   b) 2 · 5 · 7   c) $2^2 \cdot 3^2$ d) $2^3 \cdot 3$ e) 7 · 11

13. Die Zahl 13 ist eine **Mirpzahl**. „Mirp" bedeutet rückwärts gelesen „prim". Die Mirpzahl 13 ist rückwärts gelesen die Primzahl 31. Finde weitere Mirpzahlen.

14. **Forschungsauftrag:** Erforsche die Primfaktorzerlegung von Produkten und Quotienten.
    a) Zerlege beide Zahlen in Primfaktoren.
       ① 4 und 20   ② 6 und 18   ③ 10 und 80   ④ 30 und 90   ⑤ 210 und 15
    b) Welche Primfaktorzerlegung ergibt sich, wenn man beide Zahlen multipliziert?
    c) Welche Primfaktorzerlegung ergibt sich, wenn man beide Zahlen dividiert?

Gemeinsame Teiler und gemeinsame Vielfache

■ Paula und Lars trainieren für einen Sponsorenlauf. Sie starten gleichzeitig an einer Parkbank und stoppen ihre Zeiten. Paula benötigt pro Runde um den See 12 Minuten. Lars benötigt für eine Runde 8 Minuten. Nach wie vielen Runden kommen Paula und Lars gleichzeitig wieder an der Parkbank an, wenn sie für jede Runde etwa die gleiche Zeit benötigen? ■

Bei vielen Fragen sucht man nicht nur nach Vielfachen oder Teilern einer Zahl, sondern man sucht **gemeinsame Vielfache** oder **gemeinsame Teiler** von zwei (oder mehr) Zahlen.

Beispiele: – 5 und 7 haben die gemeinsamen Vielfachen 35, 70, 105, … Unter diesen Vielfachen ist 35 das kleinste.
– 4 und 6 haben die gemeinsamen Vielfachen 12, 24, 36, …
– 3 und 9 haben die gemeinsamen Teiler 1 und 3.
– 12 und 18 haben die gemeinsamen Teiler 1, 2, 3 und 6. Unter diesen Teilern ist 6 der größte.
– 5 und 7 haben nur den gemeinsamen Teiler 1. Daher sind 5 und 7 teilerfremd.

> **Wissen: Kleinstes gemeinsames Vielfaches und größter gemeinsamer Teiler.**
> Das **kleinste gemeinsame Vielfache (kgV)** zweier natürlicher Zahlen ist die kleinste Zahl, die gleichzeitig ein Vielfaches jeder der beiden Zahlen ist.
>
> Der **größte gemeinsame Teiler (ggT)** zweier natürlicher Zahlen ist die größte Zahl, die gleichzeitig beide Zahlen teilt. Ist der größte gemeinsame Teiler zweier Zahlen 1, so heißen die Zahlen **teilerfremd**.

Den größten gemeinsamen Teiler (ggT) und das kleinste gemeinsame Vielfache (kgV) kann man ohne großen Aufwand bestimmen, wenn man die Primfaktorzerlegungen der Zahlen kennt.

Hinweis:
„ggT (24; 60)" liest man „größter gemeinsamer Teiler von 24 und 60".
„kgV (24; 60)" liest man „kleinstes gemeinsames Vielfaches von 24 und 60".

Beispiel 1: Bestimme mithilfe der Primfaktorzerlegungen.
a) ggT(24; 60)   b) kgV(24; 60)

Lösung:
Zerlege 24 und 60 in Primfaktoren. Schreibe gleiche Primfaktoren übereinander.

$24 = 2 \cdot 2 \cdot 2 \cdot 3$
$60 = 2 \cdot 2 \;\;\;\;\; \cdot 3 \cdot 5$

a) Der ggT ergibt sich aus dem Produkt der Primfaktoren, die in **beiden** Zerlegungen vorkommen: $2 \cdot 2 \cdot 3 = 12$

$24 = \boxed{2 \cdot 2} \cdot 2 \cdot \boxed{3}$
$60 = \boxed{2 \cdot 2} \;\;\;\;\; \cdot \boxed{3} \cdot 5$
$\text{ggT}(24; 60) = 2 \cdot 2 \;\;\;\;\; \cdot 3 \;\;\;\;\; = 12$

b) Das kgV ergibt sich aus dem Produkt **aller** Primfaktoren. Allerdings werden Faktoren, die in beiden Zerlegungen vorkommen, nur **einmal** berücksichtigt:
$2 \cdot 2 \cdot 2 \cdot 3 \cdot 5 = 120$

$24 = \boxed{2 \cdot 2 \cdot 2 \cdot 3}$
$60 = \boxed{2 \cdot 2} \;\;\;\;\; \cdot \boxed{3 \cdot 5}$
$\text{kgV}(24; 60) = 2 \cdot 2 \cdot 2 \cdot 3 \cdot 5 = 120$

Aufgaben

1. Gib die gemeinsamen Teiler der Zahlen an.
   a) 4 und 8   b) 18 und 27   c) 12 und 35   d) 48 und 120   e) 15, 45 und 60

2. Gib die ersten vier gemeinsamen Vielfachen der Zahlen an.
   a) 7 und 14   b) 18 und 27   c) 3 und 5   d) 40 und 50   e) 4, 6 und 9

3. Gib den größten gemeinsamen Teiler (ggT) und das kleinste gemeinsame Vielfache (kgV) an.
   a) $12 = 2 \cdot 2 \cdot 3$ und $88 = 2 \cdot 2 \cdot 2 \cdot 11$ b) $90 = 2 \cdot 3 \cdot 3 \cdot 5$ und $140 = 2 \cdot 2 \cdot 5 \cdot 7$

4. Bestimme den ggT mithilfe der Primfaktorzerlegungen.
   a) 12 und 18   b) 21 und 63   c) 100 und 220   d) 126 und 280   e) 30, 36 und 78

5. Bestimme das kgV mithilfe der Primfaktorzerlegungen.
   a) 6 und 9   b) 14 und 20   c) 15 und 60   d) 44 und 121   e) 8, 10 und 12

6. a) Nenne zwei einstellige Zahlen, deren ggT gleich 3 (gleich 4; gleich 1) ist.
   b) Nenne zwei zweistellige Zahlen, deren ggT gleich 5 (gleich 6; gleich 11) ist.
   c) Nenne zwei dreistellige Zahlen, deren ggT gleich 2 (gleich 3; gleich 4) ist.

7. Nenne – falls möglich – zwei (drei; vier) Zahlen, deren kgV die angegebene Zahl ist.
   a) 13   b) 50   c) 144   d) 176   e) 210

8. a) Gib für ■ je drei Zahlen so an, dass die Aussage wahr wird.
   ① Der ggT von 16 und ■ ist 4.   ② Der ggT von ■ und 24 ist 2.
   ③ Das kgV von 4 und ■ ist 36.   ④ Das kgV von ■ und 12 ist 60.
   b) Warum findest du für „Der ggT von 7 und ■ ist 2." keine Lösung?

9. Ein Karton soll vollständig mit Würfeln ausgelegt werden.
   Der Karton ist 6 cm breit, 9 cm lang und 15 cm hoch.
   Gib die größte Kantenlänge an, die ein solcher Würfel haben könnte.

10. Die Buslinien 5 und 7 fahren am Bahnhof beide um 8:00 Uhr, sodass man ohne Wartezeit umsteigen kann. Die Buslinie 5 fährt alle 20 min, die Buslinie 7 alle 25 min. Bestimme die drei nächsten drei Uhrzeiten, bei denen beide Buslinien wieder gleichzeitig abfahren.

11. a) Bestimme den größten gemeinsamen Teiler und das kleinste gemeinsame Vielfache.
    ① 3 und 4   ② 7 und 21   ③ 12 und 16   ④ 36 und 60   ⑤ 80 und 140
    b) Zwischen dem ggT und dem kgV zweier Zahlen a und b gilt der Zusammenhang:
    kgV(a; b) = a · b : ggT(a; b).
    Setze die Zahlen und deine Ergebnisse für den größten gemeinsamen Teiler aus a) in die Formel ein und überprüfe damit deine Ergebnisse für das kleinste gemeinsame Vielfache.
    c) Erläutere für a = 4 und b = 14, warum die Formel in b) gilt. Schreibe dazu die Primfaktorzerlegungen der beiden Zahlen auf.

12. **Forschungsauftrag:** Informiere dich im Internet über den **Euklidischen Algorithmus** zur Bestimmung des größten gemeinsamen Teilers zweier Zahlen. Führe ihn an drei interessanten Beispielen durch und präsentiere die Beispiele deiner Klasse.

1.3 Anteile von einem Ganzen – Brüche

■ Julia hat Geburtstag. Mit ihrer Mutter hat sie ein Blech Kuchen für ihre Klasse gebacken. In der Klasse sind 19 Kinder. Zusammen mit der Klassenlehrerin sind sie also 20 Personen. Zeichne in dein Heft, wie Julia den Kuchen gerecht aufteilen kann. ■

Hinweis: Viertel ist die Kurzform von „vierter Teil". Ein Viertel ist ein Teil von vier gleichen Teilen.

Zerlegt man ein Ganzes gleichmäßig in 2, 3, 4 oder 5 **gleich große Teile**, so erhält man **Halbe**, **Drittel**, **Viertel** oder **Fünftel**.

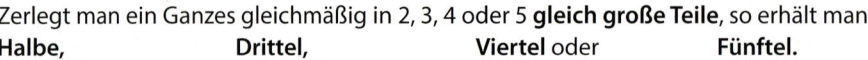

Wissen: Brüche als Anteile von einem Ganzen

Anteile von einem Ganzen können mit **Brüchen** beschrieben werden.

Der **Nenner** eines Bruches gibt an, in wie viele gleich große Teile das Ganze geteilt wurde.
Der **Zähler** gibt die Anzahl der Teile an.

So sind Brüche aufgebaut: $\dfrac{3}{4}$ ← **Zähler:** Anzahl der Teile
← **Bruchstrich**
← **Nenner:** Gesamtzahl der Teile, in die das Ganze aufgeteilt wurde.

Brüche angeben

Beispiel 1: Gib den blau gefärbten Anteil als Bruch an.

a) 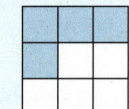 b) c) 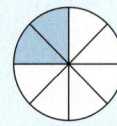 d)

Lösung:
a) Es sind 5 gleich große Teile. 1 Teil ist blau. Also ist $\frac{1}{5}$ des Rechtecks blau.
b) Es sind 6 gleich große Teile. 1 Teil ist blau. Also ist $\frac{1}{6}$ des Kreises blau.
c) Es sind 9 gleich große Teile. 4 Teile sind blau. Also sind $\frac{4}{9}$ des Quadrats blau.
d) Es sind 8 gleich große Teile. 2 Teile sind blau. Also sind $\frac{2}{8}$ des Kreises blau.

Basisaufgaben

1. Ein Ganzes wurde in gleich große Teile geteilt. Ein Teil davon wurde jeweils blau gefärbt. Gib diesen Anteil als Bruch an.

a)  b) 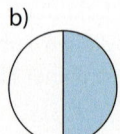 c) 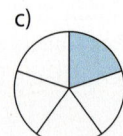 d) 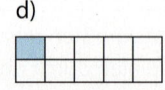 e)

1.3 Anteile von einem Ganzen – Brüche

2. Gib den blau gefärbten Anteil als Bruch an.

   a) 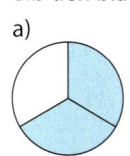　b) 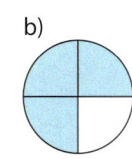　c) 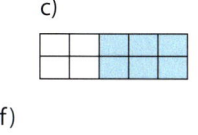　d) 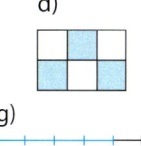　e)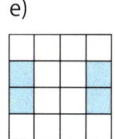

   f) 　g)

Hinweis zu 2:
Hier findest du die Lösungen.

3. Gib zum blau gefärbten Anteil einen Bruch an. Bestimme auch den gelb gefärbten Anteil.

   a) 　b) 　c) 　d）　e)

Brüche zeichnerisch darstellen

Beispiel 2:

a) Zeichne die Figur ab. Färbe $\frac{1}{4}$ davon rot.

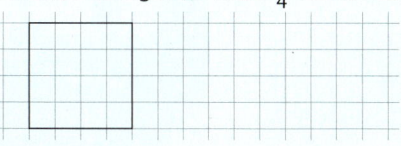

b) Zeichne die Figur ab. Färbe $\frac{3}{5}$ davon gelb.

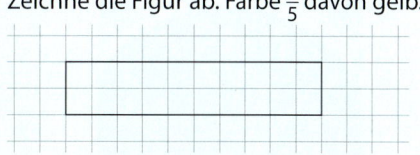

Lösung:

a) Der Nenner 4 von $\frac{1}{4}$ gibt an, dass das Quadrat zuerst in 4 gleich große Teile zerlegt wird. Färbe davon 1 Teil rot.

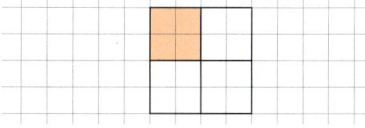

b) Der Nenner 5 von $\frac{3}{5}$ gibt an, dass das Rechteck zuerst in 5 gleich große Teile zerlegt wird. Färbe davon 3 Teile gelb.

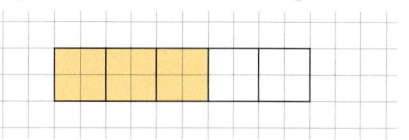

Hinweis:
In der Lösung zu a) und b) siehst du nur eine passende Zerlegung. Es gibt auch andere Möglichkeiten.

Basisaufgaben

4. Zeichne das Rechteck ab und färbe den Anteil.

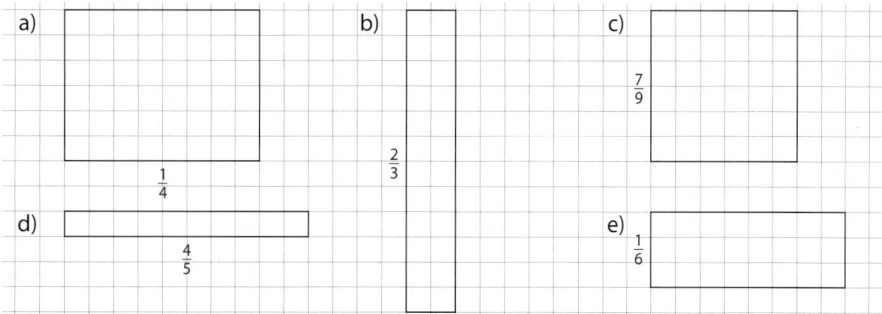

5. Zeichne zu jeder Teilaufgabe ein Rechteck mit 12 Kästchen Länge und 5 Kästchen Breite. Teile in gleich große Teile auf und färbe dann den Anteil.

   a) $\frac{1}{2}$　　b) $\frac{1}{3}$　　c) $\frac{1}{6}$　　d) $\frac{1}{5}$　　e) $\frac{1}{12}$

6. Zeichne zu jeder Teilaufgabe ein Rechteck wie im Bild.
   Färbe dann den angegebenen Anteil.
   a) $\frac{3}{4}$ b) $\frac{3}{6}$ c) $\frac{1}{4}$ d) $\frac{5}{6}$
   e) $\frac{2}{3}$ f) $\frac{3}{8}$ g) $\frac{5}{12}$ h) $\frac{7}{24}$

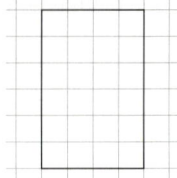

Weiterführende Aufgaben

7. Gib jeweils den gefärbten Anteil an.

   a) 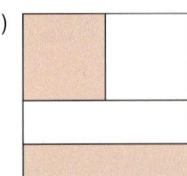   b)   c) 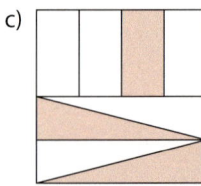   d)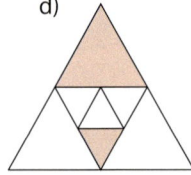

8. Bestimme den Anteil, der auf dem Bild zu sehen ist. Was gibt der Anteil an?

   a)    b) 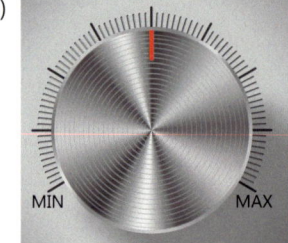   c)

9. a) Begründe, warum alle Bilder den Bruch $\frac{3}{4}$ darstellen.

   ① 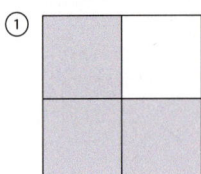   ② 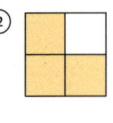   ③ 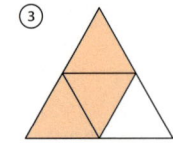   ④ 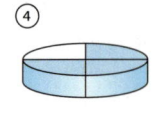   ⑤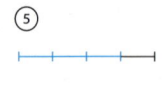

   b) Erläutere an den Figuren ① und ②, dass der Anteil $\frac{3}{4}$ unterschiedlich groß sein kann.

   c) Finde weitere Möglichkeiten, um $\frac{3}{4}$ darzustellen. Zeichne sie in dein Heft.

 10. **Stolperstelle:** Überprüfe die Zeichnungen und begründe, warum sie richtig oder falsch sind. Zeichne eine richtige Lösung ins Heft.

   a) $\frac{1}{4}$ b)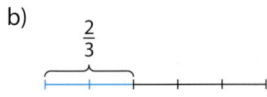

   c) 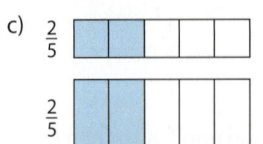   d)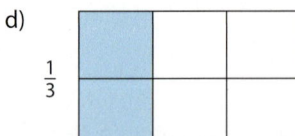

1.3 Anteile von einem Ganzen – Brüche

11. Miriam, Petra und Nina teilen sich einen Schokoriegel. Petra sagt: „Nina hat doppelt so viel bekommen wie Miriam und doppelt so viel wie ich". Welchen Anteil hat Miriam bekommen?

12. Zeichne ein Quadrat mit der Seitenlänge a = 6 cm. Färbe $\frac{1}{6}$ des Quadrats rot. Finde dafür mindestens drei verschiedene Möglichkeiten.

13. Wie viele Teile ergeben ein Ganzes?
   a) Zehntel   b) Achtel   c) Siebtel   d) Halbe   e) Drittel

14. Welcher Anteil fehlt bis zu einem Ganzen?
   a) $\frac{2}{3}$ b) $\frac{6}{8}$ c) $\frac{1}{2}$ d) $\frac{1}{9}$ e) $\frac{11}{15}$

15. Welcher Anteil eines Ganzen könnte dargestellt sein? Übertrage die Figur jeweils in dein Heft und ergänze sie zum Ganzen.

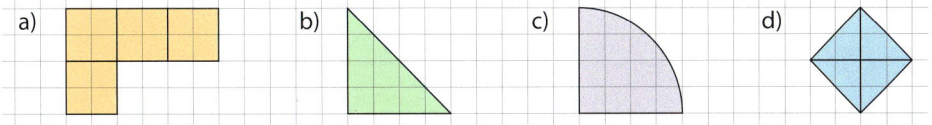

16. Ein Foto im Format 4 cm x 6 cm soll so vergrößert werden, dass es 3-mal so breit und 3-mal so hoch ist. Bestimme den Anteil der Fläche des ursprünglichen Fotos an der Fläche des vergrößerten Fotos. Was fällt dir auf?

17. a) Zeichne auf Karopapier eine 10 cm lange Strecke. Markiere $\frac{3}{5}$ der Strecke blau.
   b) Gib fünf weitere Brüche an, die du an einer solchen Strecke gut darstellen kannst.
   c) Gib drei Brüche an, die du an einer solchen Strecke nicht einfach darstellen kannst.

18. Anteile von einer Menge: 3 von 16 Gummibärchen sind weiß. Der Anteil an weißen Gummibärchen beträgt dann $\frac{3}{16}$.
   a) Gib jeweils den Anteil an roten, gelben, grünen und orangen Gummibärchen an.
   b) Gib die Anteile an, wenn man von jeder Farbe ein Bärchen wegnimmt.

19. Gib Anteile an, mit denen du die Situation beschreiben kannst.
   a) In einer Lostrommel sind 100 Lose. Es gibt zwei Hauptgewinne und 20 Trostpreise. Der Rest sind Nieten.
   b) In einer Klasse sind 10 Mädchen und 14 Jungen.
   c) Kaiserslautern hat 14 Spiele gewonnen, 6 verloren und 14-mal unentschieden gespielt.

20. Ausblick:
   a) Gib für jedes Zimmer den ungefähren Anteil an der Gesamtfläche der Wohnung an.
   b) Zeichne einen Grundriss, in der die Zimmer folgende Anteile an der Gesamtfläche der Wohnung haben.

   Wohnzimmer: $\frac{1}{3}$ Schlafzimmer: $\frac{1}{4}$

   Küche: $\frac{1}{6}$ Badezimmer: $\frac{1}{8}$

   Flur: $\frac{1}{8}$

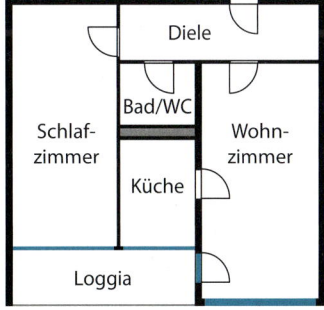

1.4 Brüche erweitern und kürzen

■ Jette: „Vom Apfelkuchen sind nur noch zwei Stücke übrig. Von der Erdbeertorte sind es noch drei. Aber ich esse doch viel lieber Apfelkuchen."
Mutter: „Aber es ist doch von beiden Kuchen noch ein Viertel übrig. Von beiden Kuchen ist genau gleich viel übrig, Jette."
Hat Jette recht oder ihre Mutter? Begründe. ■

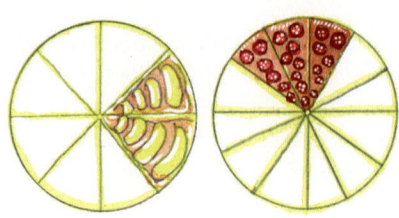

Ein Anteil kann durch verschiedene Brüche beschrieben werden. Durch Verfeinern oder Vergröbern der Einteilung lassen sich zu gleichen Anteilen verschiedene Brüche angeben.

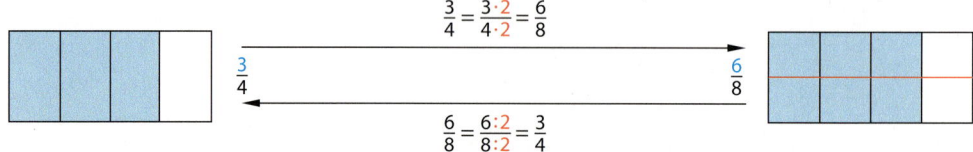

Einteilung verfeinern um den Faktor 2 (Erweitern mit 2)
$$\frac{3}{4} = \frac{3 \cdot 2}{4 \cdot 2} = \frac{6}{8}$$
$$\frac{6}{8} = \frac{6:2}{8:2} = \frac{3}{4}$$
Einteilung vergröbern um den Faktor 2 (Kürzen durch 2)

Hinweis:
Zu jedem Bruch kannst du durch Erweitern beliebig viele gleichwertige Brüche angeben.

> **Wissen: Erweitern und Kürzen**
> Brüche werden **erweitert**, indem man den Zähler und den Nenner mit derselben Zahl (der Erweiterungszahl) multipliziert.
> Brüche werden **gekürzt**, indem man den Zähler und den Nenner durch dieselbe Zahl (die Kürzungszahl) dividiert.
> Der Bruch stellt weiterhin den gleichen Anteil dar.

Brüche erweitern

Beispiel 1: Erweitere den Bruch $\frac{2}{7}$ mit 5.

Lösung: Multipliziere Zähler und Nenner mit 5.
$$\frac{2}{7} = \frac{2 \cdot 5}{7 \cdot 5} = \frac{10}{35}$$

Basisaufgaben

1. Schreibe passende Brüche zu den Darstellungen.

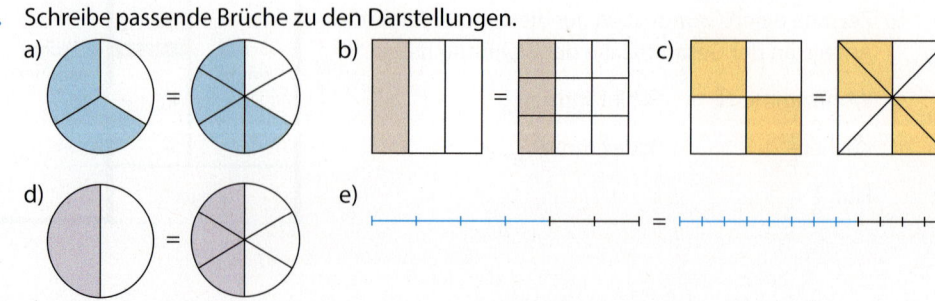

1.4 Brüche erweitern und kürzen

2. Zeichne zur Darstellung von $\frac{1}{3}$ eine verfeinerte Einteilung. Gib dazu den Bruch an. Prüfe, ob es auch andere Verfeinerungen gibt.

3. Erweitere den Bruch.
   a) $\frac{1}{2}$ (mit 6)   b) $\frac{2}{3}$ (mit 4)   c) $\frac{4}{5}$ (mit 3)   d) $\frac{3}{7}$ (mit 4)
   e) $\frac{9}{14}$ (mit 4)   f) $\frac{5}{9}$ (mit 4)   g) $\frac{3}{11}$ (mit 7)   h) $\frac{12}{25}$ (mit 8)

Hinweis zu 3:
Hier findest du die Lösungen.

4. Übertrage die Tabelle in dein Heft. Erweitere die Brüche jeweils mit der oben angegebenen Erweiterungszahl.

	2	3	5	10
$\frac{1}{2}$				
$\frac{3}{4}$				
$\frac{2}{5}$				
$\frac{7}{12}$				

Brüche kürzen

Beispiel 2: a) Kürze $\frac{24}{30}$ mit 6.   b) Kürze $\frac{42}{63}$ so weit wie möglich.

Lösung: Dividiere Zähler und Nenner durch 6.

a) $\frac{24}{30} = \frac{24:6}{30:6} = \frac{4}{5}$

b) Suche Schritt für Schritt gemeinsame Teiler von Zähler und Nenner. Am Ende stehen im Zähler und Nenner zwei Zahlen, die außer 1 keinen gemeinsamen Teiler haben.

$\frac{42}{63} = \frac{42:7}{63:7} = \frac{6}{9} = \frac{6:3}{9:3} = \frac{2}{3}$

Info:
Wenn Zähler und Nenner außer der 1 keinen gemeinsamen Teiler, haben, dann ist der Bruch **vollständig gekürzt**.

Basisaufgaben

5. Schreibe passende Brüche zu den Darstellungen.
   a) 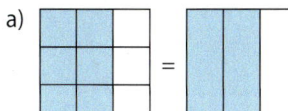   b) 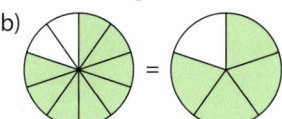   c)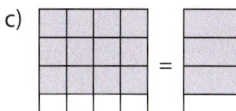

6. Zeichne zur Darstellung von $\frac{6}{8}$ eine vergröberte Einteilung. Gib dazu den Bruch an. Prüfe, ob es auch andere Möglichkeiten der Vergröberung gibt.

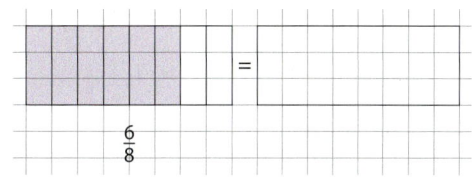

7. Kürze jeweils

a) mit 2: $\frac{4}{6}$, $\frac{8}{10}$, $\frac{12}{14}$, $\frac{24}{36}$, $\frac{84}{100}$,

b) mit 3: $\frac{3}{9}$, $\frac{12}{18}$, $\frac{9}{15}$, $\frac{42}{45}$, $\frac{18}{27}$,

c) mit 5: $\frac{15}{25}$, $\frac{45}{60}$, $\frac{15}{40}$, $\frac{10}{60}$, $\frac{15}{35}$,

d) mit 8: $\frac{8}{16}$, $\frac{24}{56}$, $\frac{16}{64}$, $\frac{32}{48}$, $\frac{16}{40}$,

e) mit 6: $\frac{6}{12}$, $\frac{18}{24}$, $\frac{6}{30}$, $\frac{12}{60}$, $\frac{6}{18}$,

f) mit 9: $\frac{18}{27}$, $\frac{54}{90}$, $\frac{36}{45}$, $\frac{27}{54}$, $\frac{72}{81}$.

8. Übertrage die Tabelle in dein Heft und kürze die angegebenen Brüche jeweils mit der oben angegebenen Kürzungszahl, sofern das möglich ist.

	2	3	4	5
$\frac{60}{84}$				
$\frac{40}{120}$				
$\frac{48}{88}$				
$\frac{50}{55}$				

9. Kürze den Bruch so weit wie möglich.

a) $\frac{16}{20}$ b) $\frac{6}{28}$ c) $\frac{24}{36}$ d) $\frac{64}{48}$ e) $\frac{9}{24}$ f) $\frac{40}{100}$

g) $\frac{36}{54}$ h) $\frac{120}{96}$ i) $\frac{120}{124}$ j) $\frac{36}{144}$ k) $\frac{105}{63}$ l) $\frac{180}{360}$

Weiterführende Aufgaben

10. In den Bildern ist das Erweitern oder das Kürzen eines Bruchs dargestellt. Gib die passenden Brüche und die Erweiterungs- oder die Kürzungszahl an.

a) 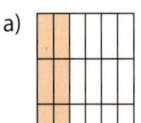 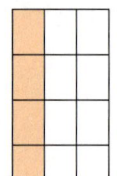   b) 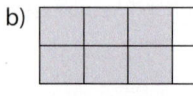 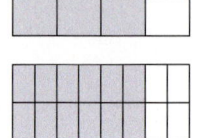   c)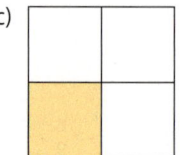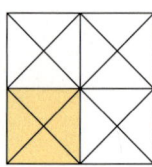

11. Erweitere den Bruch so, dass der Nenner 24 ist. Gib die Erweiterungszahl an.

a) $\frac{1}{2}$ b) $\frac{2}{3}$ c) $\frac{1}{4}$ d) $\frac{5}{6}$ e) $\frac{3}{8}$ f) $\frac{3}{12}$

12. Kürze den Bruch so, dass der Nenner 3 ist. Gib die Kürzungszahl an.

a) $\frac{4}{6}$ b) $\frac{6}{9}$ c) $\frac{18}{27}$ d) $\frac{33}{33}$ e) $\frac{27}{81}$ f) $\frac{72}{96}$

13. Vervollständige im Heft. Gib die Erweiterungs- oder die Kürzungszahl an.

a) $\frac{3}{4} = \frac{\blacksquare}{12}$ b) $\frac{36}{\blacksquare} = \frac{9}{10}$ c) $\frac{\blacksquare}{28} = \frac{1}{4}$ d) $\frac{15}{25} = \frac{\blacksquare}{5}$

e) $\frac{\blacksquare}{56} = \frac{3}{8}$ f) $\frac{2}{3} = \frac{16}{\blacksquare}$ g) $\frac{5}{6} = \frac{15}{\blacksquare}$ h) $\frac{45}{81} = \frac{5}{\blacksquare}$

i) $\frac{12}{\blacksquare} = \frac{3}{7}$ j) $\frac{24}{\blacksquare} = \frac{2}{3}$ k) $\frac{5}{8} = \frac{35}{\blacksquare}$ l) $\frac{12}{13} = \frac{\blacksquare}{156}$

1.4 Brüche erweitern und kürzen

Info:
Bei echten Brüchen ist der Zähler kleiner als der Nenner.

14. Gib alle echten Brüche mit dem Nenner 12 an, die nicht gekürzt werden können.

15. **Stolperstelle:** Timo hat so weit wie möglich gekürzt, aber Fehler gemacht. Kontrolliere seine Lösungen und korrigiere sie gegebenenfalls.

    a) $\dfrac{18}{27} = \dfrac{2}{3}$ b) $\dfrac{30}{44} = \dfrac{10}{11}$ c) $\dfrac{4}{12} = \dfrac{1}{4}$ d) $\dfrac{15}{42} = \dfrac{5}{14}$

    e) $\dfrac{25}{45} = \dfrac{5}{45}$ f) $\dfrac{35}{56} = \dfrac{5}{7}$ g) $\dfrac{21}{126} = \dfrac{7}{42}$ h) $\dfrac{28}{200} = \dfrac{7}{25}$

16. a) Kürze die Brüche rechts zunächst mit 2 und dann so weit wie möglich.
    b) Kürze die Brüche rechts zunächst mit 3 und dann so weit wie möglich.
    c) Vergleiche die Rechenwege und Ergebnisse in a) und b). Formuliere deine Erkenntnis in einem Satz.

    ① $\dfrac{12}{18}$ ② $\dfrac{42}{30}$ ③ $\dfrac{90}{150}$ ④ $\dfrac{144}{108}$

17. Gib drei passende Brüche für den gefärbten Anteil an.

    a) b) c)

18. Gib zu dem Bruch drei verschiedene gleichwertige Brüche an.

    a) $\dfrac{1}{5}$ b) $\dfrac{3}{4}$ c) $\dfrac{7}{14}$ d) $\dfrac{30}{70}$ e) $\dfrac{48}{72}$ f) $\dfrac{22}{55}$

19. Gib zu dem Bruch einen gleichwertigen Bruch mit dem Nenner 100 an.

    a) $\dfrac{1}{10}$ b) $\dfrac{2}{4}$ c) $\dfrac{20}{25}$ d) $\dfrac{36}{300}$ e) $\dfrac{36}{48}$ f) $\dfrac{21}{150}$

20. Prüfe durch Erweitern oder Kürzen, ob die beiden Brüche den gleichen Wert haben.

    a) $\dfrac{2}{12}$ und $\dfrac{8}{48}$ b) $\dfrac{3}{12}$ und $\dfrac{1}{3}$ c) $\dfrac{36}{54}$ und $\dfrac{49}{63}$ d) $\dfrac{40}{50}$ und $\dfrac{72}{96}$

21. Finde passende Brüche.
    a) Gesucht ist ein Bruch, den man mit 3, aber nicht mit 6 kürzen kann.
    b) Gesucht ist ein Bruch, den man auf den Nenner 10 erweitern kann.
    c) Gesucht ist ein Bruch mit einem dreistelligen Nenner, der gleich einem Viertel des Ganzen ist.
    d) Gesucht ist ein Bruch mit einem zweistelligen Zähler und einem dreistelligem Nenner, der gleichwertig zu $\dfrac{2}{3}$ ist.

22. **Ausblick:**
    a) Kürze die Brüche so weit wie möglich: ① $\dfrac{54}{81}$ ② $\dfrac{66}{42}$ ③ $\dfrac{36}{108}$
    b) Schreibe für jeden Bruch die Teiler des Zählers und die Teiler des Nenners auf.
    c) Schreibe für jeden Bruch alle Zahlen auf, mit denen der Bruch gekürzt werden kann.
    d) Kürze die Brüche mit der größtmöglichen Zahl und vergleiche die Ergebnisse mit a).
    e) Vervollständige den Satz: „Man kann einen Bruch so weit wie möglich kürzen, indem man …" Verwende den Begriff Teiler.

1.5 Brüche vergleichen

■ Hier siehst du verschiedene Flaggen. Welche Flagge hat den größten Anteil Rot? Bei welcher Flagge ist der Anteil Rot am kleinsten? ■

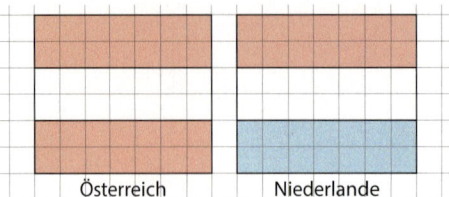
Österreich Niederlande

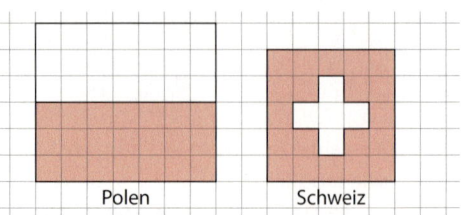
Polen Schweiz

Zum Vergleichen sollten Brüche den gleichen Nenner (**gemeinsamen Nenner**) haben. Dazu muss man meist Erweitern oder Kürzen.
Die Brüche $\frac{3}{5}$ und $\frac{1}{2}$ werden durch Erweitern auf den gemeinsamen Nenner 10 gebracht.

$\frac{3}{5} = \frac{6}{10}$ und $\frac{1}{2} = \frac{5}{10}$

Man nennt dies auch **gleichnamig machen**.

Jetzt kann man die Brüche vergleichen:

$\frac{6}{10} > \frac{5}{10}$, denn 6 > 5. Also ist $\frac{3}{5} > \frac{1}{2}$.

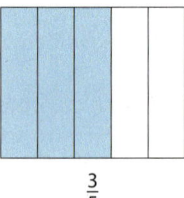
$\frac{3}{5}$

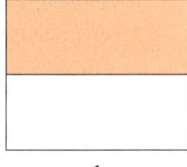
$\frac{1}{2}$

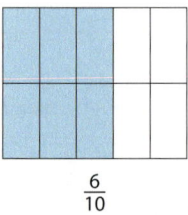
$\frac{6}{10}$

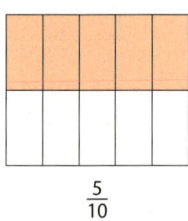
$\frac{5}{10}$

> **Wissen: Brüche vergleichen**
> Bei **Brüchen mit dem gleichen Nenner** ist der Bruch größer, der den größeren Zähler hat.
>
> **Brüche mit unterschiedlichen Nennern** werden zuerst durch Erweitern oder Kürzen **gleichnamig gemacht** und dann verglichen.

Beispiel 1: Bringe auf einen gemeinsamen Nenner und vergleiche die Brüche.
a) $\frac{2}{3}$ und $\frac{7}{9}$
b) $\frac{4}{5}$ und $\frac{7}{8}$

Lösung:
a) Hier kann 9 als gemeinsamer Nenner gewählt werden. Erweitere $\frac{2}{3}$ mit 3. Vergleiche dann die Zähler.

$\frac{2}{3} = \frac{2 \cdot 3}{3 \cdot 3} = \frac{6}{9}$

$\frac{6}{9} < \frac{7}{9}$, denn 6 < 7. Also ist $\frac{2}{3} < \frac{7}{9}$.

b) Erweitere die Brüche jeweils mit dem Nenner des anderen Bruchs. Erweitere also $\frac{4}{5}$ mit 8 und $\frac{7}{8}$ mit 5. Der gemeinsame Nenner ist 40. Vergleiche dann die Zähler.

$\frac{4}{5} = \frac{4 \cdot 8}{5 \cdot 8} = \frac{32}{40}$ und $\frac{7}{8} = \frac{7 \cdot 5}{8 \cdot 5} = \frac{35}{40}$

$\frac{32}{40} < \frac{35}{40}$, denn 32 < 35. Also ist $\frac{4}{5} < \frac{7}{8}$.

Hinweis:
Man kann immer auf das Produkt der Nenner erweitern wie bei b). Wenn man einen kleineren gemeinsamen Nenner findet, sind die Rechnungen aber einfacher wie bei a).

1.5 Brüche vergleichen

Basisaufgaben

1. Vergleiche die gleichnamigen Brüche.
   a) $\frac{2}{5}$ und $\frac{3}{5}$ b) $\frac{7}{9}$ und $\frac{4}{9}$ c) $\frac{5}{12}$ und $\frac{10}{12}$ d) $\frac{8}{8}$ und $\frac{7}{8}$ e) $\frac{34}{100}$ und $\frac{43}{100}$

2. Gib an, welche Brüche dargestellt sind. Vergleiche sie.
   a) 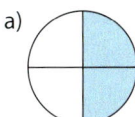   b) 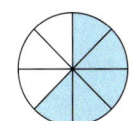   c)

3. Bringe die Brüche auf einen gemeinsamen Nenner und vergleiche sie.
   a) $\frac{3}{5}$ und $\frac{4}{5}$ b) $\frac{3}{4}$ und $\frac{2}{3}$ c) $\frac{3}{4}$ und $\frac{7}{12}$ d) $\frac{2}{3}$ und $\frac{3}{5}$ e) $\frac{7}{8}$ und $\frac{3}{4}$
   f) $\frac{2}{5}$ und $\frac{2}{7}$ g) $\frac{3}{8}$ und $\frac{3}{5}$ h) $\frac{2}{11}$ und $\frac{9}{44}$ i) $\frac{3}{10}$ und $\frac{3}{5}$ j) $\frac{10}{100}$ und $\frac{5}{10}$

4. Übertrage ins Heft. Setze das richtige Zeichen <, > oder = ein.
   a) $\frac{3}{4}$ ■ $\frac{4}{8}$ b) $\frac{1}{8}$ ■ $\frac{5}{24}$ c) $\frac{3}{10}$ ■ $\frac{1}{2}$ d) $\frac{14}{18}$ ■ $\frac{7}{9}$ e) $\frac{15}{21}$ ■ $\frac{8}{14}$
   f) $\frac{6}{7}$ ■ $\frac{3}{4}$ g) $\frac{3}{8}$ ■ $\frac{4}{7}$ h) $\frac{3}{4}$ ■ $\frac{5}{8}$ i) $\frac{11}{18}$ ■ $\frac{4}{6}$ j) $\frac{7}{8}$ ■ $\frac{9}{10}$
   k) $\frac{2}{3}$ ■ $\frac{4}{7}$ l) $\frac{10}{12}$ ■ $\frac{40}{48}$ m) $\frac{3}{8}$ ■ $\frac{2}{7}$ n) $\frac{1}{32}$ ■ $\frac{1}{64}$ o) $\frac{13}{20}$ ■ $\frac{31}{50}$

Weiterführende Aufgaben

5. Samira sagt: „Um $\frac{1}{10}$ und $\frac{4}{5}$ zu vergleichen, muss ich nicht viel rechnen.
   Ich weiß, das $\frac{1}{10} < \frac{1}{2}$ ist und $\frac{1}{2} < \frac{4}{5}$. Also muss $\frac{1}{10} < \frac{4}{5}$ sein."
   Finde drei eigene Beispiele für solche Vergleiche. Erläutert sie euch gegenseitig.

6. Bringe die Brüche auf einen gemeinsamen Nenner und ordne sie.
   a) $\frac{2}{3}, \frac{4}{9}, \frac{1}{3}$ b) $\frac{5}{8}, \frac{1}{2}, \frac{3}{4}, \frac{7}{8}$ c) $\frac{8}{4}, \frac{7}{10}, \frac{1}{4}, \frac{1}{2}, \frac{4}{5}$
   d) $\frac{3}{4}, \frac{3}{2}, \frac{3}{3}, \frac{3}{5}$ e) $\frac{3}{7}, \frac{1}{7}, \frac{7}{3}, \frac{7}{7}, \frac{1}{3}$ f) $\frac{5}{12}, \frac{3}{4}, \frac{3}{8}, \frac{7}{24}$

   Hinweis:
   Schreibe die Brüche als Ordnungskette:
   $\frac{1}{5} < \frac{3}{5} < \frac{7}{5}$

7. Gib die dargestellten Brüche an und ordne sie der Größe nach.
   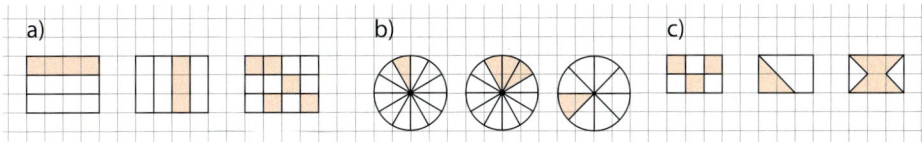

8. Setze für ■ einen Bruch mit dem Nenner 12 so ein, dass eine wahre Aussage entsteht.
   a) $\frac{5}{12} < ■ < \frac{7}{12}$ b) $0 < ■ < \frac{1}{6}$ c) $\frac{2}{3} < ■ < \frac{11}{12}$ d) $\frac{5}{6} < ■ < 1$

9. **Stolperstelle:** Was stimmt nicht an dem Vergleich? Begründe.
   a) Anton: *Am gefärbten Anteil im Bild rechts sieht man $\frac{1}{3} < \frac{1}{4}$.*
   b) Jasper: $\frac{1}{3} < \frac{1}{4}$, da $3 < 4$.

   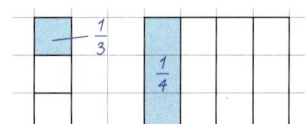

10. a) Gib alle Brüche mit dem Nenner 5 an, die größer als $\frac{3}{5}$ und kleiner als 1 sind.
    b) Gib alle Brüche mit dem Nenner 12 an, die größer als $\frac{1}{4}$ und kleiner als $\frac{2}{3}$ sind.

11. **Brüche mit gleichem Zähler vergleichen:** Überprüfe die Aussage an Beispielen.
    „Haben zwei Brüche den gleichen Zähler, dann ist derjenige der kleinere Bruch, der den größeren Nenner hat."
    Ist die Aussage immer richtig? Begründe mithilfe von Zeichnungen und Beispielen.

12. Gib jeweils Beispiele an und erläutere deine Lösungen.
    a) zwei Brüche, bei denen man nur den Zähler betrachten muss, um sie zu vergleichen
    b) drei Brüche, von denen einer kleiner als $\frac{1}{2}$, einer gleich $\frac{1}{2}$ und einer größer als $\frac{1}{2}$ ist
    c) zwei Brüche, die man ohne zu rechnen vergleichen kann
    d) zwei Brüche, die man gut an einem Zahlenstrahl vergleichen kann

13. Ordne die Brüche der Größe nach. Erläutere dein Vorgehen.
    a) $\frac{7}{13}, \frac{7}{9}$
    b) $\frac{1}{6}, \frac{5}{42}$
    c) $\frac{2}{3}, \frac{29}{32}$
    d) $\frac{11}{16}, \frac{5}{12}$
    e) $\frac{6}{15}, \frac{15}{15}, \frac{9}{15}$
    f) $\frac{9}{12}, \frac{5}{6}, \frac{4}{5}$
    g) $\frac{3}{5}, \frac{14}{25}, \frac{1}{2}$
    h) $\frac{1}{2}, \frac{11}{12}, \frac{2}{11}$

14. Landwirt Huber behauptet: „Ich baue mehr Roggen an als du."
    Landwirt Staller sagt: „Das kann ja gar nicht sein. Mein Roggenfeld ist viel größer als dein gesamter Acker."
    Wer von den beiden hat recht? Begründe.

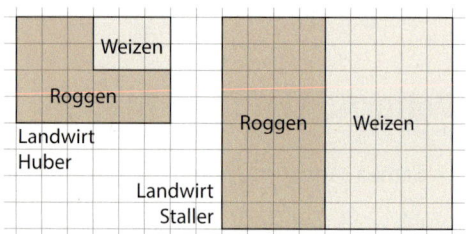

Hinweis: Wenn ein gemeinsamer Nenner schwer zu finden ist, kannst du die Anteile auch anhand eines gemeinsamen Zählers vergleichen.

15. Begründe, welche Schule als „Jungenschule" bezeichnet werden kann.

Goethegymnasium:
1000 Schüler insgesamt
450 Jungen

Schillerschule:
300 Jungen
350 Mädchen

Lessinggymnasium:
$\frac{3}{7}$ Jungen

Erich-Kästner-Schule:
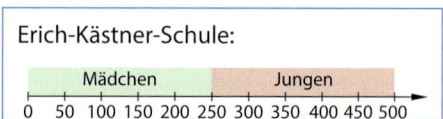

Hinweis zu 16: Brüche, die durch Erweitern oder Kürzen auseinander hervorgehen, bezeichnen dieselbe Bruchzahl.

16. a) Gib drei Bruchzahlen an, die zwischen $\frac{4}{7}$ und $\frac{5}{7}$ liegen.
    b) Daniel meint: „Ich kann beliebig viele Bruchzahlen angeben, die zwischen $\frac{4}{7}$ und $\frac{5}{7}$ liegen." Hat Daniel recht? Begründe.

17. **Ausblick:** Martin hat in einem Mathematikbuch den „Kreuztest" für Brüche $\frac{a}{b}$ und $\frac{c}{d}$ entdeckt:
    Kreuztest: Wenn für die Zähler und Nenner der beiden Brüche $a \cdot d < c \cdot b$ gilt, dann gilt auch $\frac{a}{b} < \frac{c}{d}$.
    a) Führe den Kreuztest mit geeigneten Beispielen durch.
    b) Erläutere, warum dieses Verfahren immer zum Vergleichen zweier Brüche dienen kann.

1.6 Brüche und Größen

■ Robin hat auf dem Flohmarkt altes Spielzeug verkauft. Am Ende des Tages hat er 63 Euro eingenommen. Allein zwei Drittel des Geldes hat sein altes Kinderfahrrad eingebracht.
Wie viel Geld hat er für das Fahrrad bekommen? ■

Teile von Größen berechnen

Beispiel 1: a) Berechne $\frac{3}{4}$ von 8 kg. b) Berechne $\frac{3}{8}$ von 1 kg.

Lösung:

a) Drei Viertel von … bedeutet:
Teile etwas in **vier** gleich große Teile und nimm **drei** davon.

Das heißt:
Teile 8 kg durch 4.
Multipliziere anschließend das Ergebnis mit 3.

$$8 \text{ kg} \xrightarrow{:4} 2 \text{ kg} \xrightarrow{\cdot 3} 6 \text{ kg}$$

$\frac{3}{4}$ von 8 kg = (8 kg : 4) · 3
$\phantom{\frac{3}{4} \text{ von 8 kg}} = 2 \text{ kg} \cdot 3 = 6 \text{ kg}$

$\frac{3}{4}$ von 8 kg sind 6 kg.

b) Da man 1 kg nicht direkt in acht gleich große Teile teilen kann, wandle 1 kg zunächst in eine **kleinere Maßeinheit** um.

$\frac{3}{8}$ von 1000 g bedeutet: Teile 1000 g durch 8 und multipliziere anschließend mit 3.

1 kg = 1000 g

$$1000 \text{ g} \xrightarrow{:8} 125 \text{ g} \xrightarrow{\cdot 3} 375 \text{ g}$$

$\frac{3}{8}$ von 1 kg = (1 kg : 8) · 3 = (1000 g : 8) · 3
$\phantom{\frac{3}{8} \text{ von 1 kg}} = 125 \text{ g} \cdot 3 = 375 \text{ g}$

$\frac{3}{8}$ von 1 kg sind 375 g.

Basisaufgaben

1. Berechne.
   a) $\frac{1}{2}$ von 8 t
   b) $\frac{1}{3}$ von 24 h
   c) $\frac{2}{5}$ von 20 cm
   d) $\frac{3}{8}$ von 56 €
   e) $\frac{2}{3}$ von 63 cm
   f) $\frac{7}{10}$ von 500 g
   g) $\frac{7}{9}$ von 27 ℓ
   h) $\frac{3}{8}$ von 200 km

2. Berechne.
   a) $\frac{1}{5}$ von 1 cm
   b) $\frac{1}{10}$ von 1 kg
   c) $\frac{1}{4}$ von 2 km
   d) $\frac{9}{10}$ von 1 g
   e) $\frac{4}{5}$ von 1 min
   f) $\frac{2}{5}$ von 3 €
   g) $\frac{2}{3}$ von 5 h
   h) $\frac{3}{20}$ von 5 m

3. Zeichne jeweils eine 6 cm lange Strecke. Färbe dann den Anteil an der Strecke. Gib die Länge der gefärbten Strecke in cm an.
   a) $\frac{1}{3}$ von 6 cm
   b) $\frac{2}{3}$ von 6 cm
   c) $\frac{1}{6}$ von 6 cm
   d) $\frac{4}{6}$ von 6 cm

Hinweis zu 4:
Hier findest du die Lösungen.

4. Berechne die Anteile der gegebenen Größen.
   a) $\frac{3}{4}$ von 200 kg; 16 ℓ; 1 h
   b) $\frac{2}{5}$ von 60 kg; 3 min; 8 m
   c) $\frac{7}{10}$ von 7 t; 2 ℓ; 40 min

5. Ordne passend zu.

6. Berechne die Anteile der Größen.

	1 t	2 dm	40 min	2,50 €
$\frac{1}{10}$ von				
$\frac{5}{8}$ von	4 kg	64 km	2 h	3,20 €
$\frac{4}{5}$ von	2 kg	120 m	1 h	1 €

7. Familie Brenner fährt mit dem Auto in den Urlaub nach Italien. Die Strecke ist 1197 km lang. Herr Brenner fährt $\frac{7}{9}$ der Strecke, Frau Brenner $\frac{2}{9}$. Wie viele km ist jeder von beiden gefahren?

Anteile bestimmen

Beispiel 2: Gib den Anteil 4 cm von 10 cm als Bruch an.

Lösung:
Zeichne zur Verdeutlichung eine 10 cm lange Strecke. Teile diese Strecke in 1 cm lange Abschnitte und markiere davon 4.

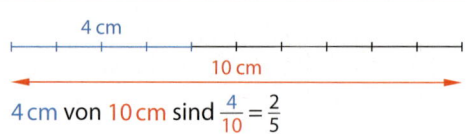

4 cm von 10 cm sind $\frac{4}{10} = \frac{2}{5}$

Basisaufgaben

8. Zeichne wie in Beispiel 2. Gib den Anteil dann als Bruch an.
   a) 7 cm von 9 cm
   b) 4 cm von 6 cm
   c) 3 cm von 12 cm

9. Gib zu dem Anteil zwei passende Brüche an.
   a) 3 € von 9 €
   b) 8 € von 12 €
   c) 12 € von 15 €

   d) 6 € von 8 €
   e) 4 € von 10 €
   f) 5 € von 20 €

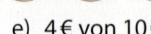

1.6 Brüche und Größen

10. Gib den Anteil als vollständig gekürzten Bruch an.
   a) 10 min von 20 min
   b) 6 h von 10 h
   c) 3 s von 24 s

11. Gib den Anteil als Bruch an. Rechne zunächst in die gleiche Einheit um.
Beispiel: 750 g von 1 kg sind 750 g von 1000 g. Der Anteil ist $\frac{750}{1000} = \frac{3}{4}$.
   a) 6 mm von 1 cm
   b) 15 min von 1 h
   c) 700 g von 1 kg
   d) 500 m von 3 km
   e) 80 s von 2 min
   f) 75 Cent von 2 €

Weiterführende Aufgaben

12. Brüche als Maßzahlen: Gib in der nächstkleineren Einheit an. Gehe vor wie rechts.
   a) $\frac{1}{4}$ km
   b) $\frac{1}{6}$ h
   c) $\frac{1}{5}$ m
   d) $\frac{3}{100}$ g
   e) $\frac{2}{5}$ ℓ
   f) $\frac{5}{6}$ min
   g) $\frac{7}{10}$ t
   h) $\frac{4}{5}$ dm

Beispiel zu Aufgabe 12:
$\frac{2}{5}$ kg sind $\frac{2}{5}$ von 1 kg.
Man rechnet:
1 kg = 1000 g 200 g 600 g
       : 5 · 3
Also gilt $\frac{2}{5}$ kg = 600 g.

13. Ordne die Größen im linken Kasten den Größen im rechten Kasten richtig zu.
   a)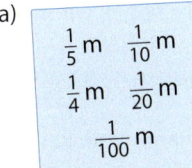
   b)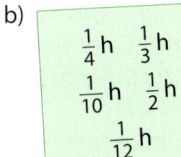

14. a) Welcher der beiden Angaben ist jeweils größer? Vergleiche die Brüche.
   ① $\frac{3}{4}$ kg ■ $\frac{1}{2}$ kg
   ② $\frac{1}{4}$ km ■ $\frac{1}{5}$ km
   ③ $\frac{4}{5}$ m ■ $\frac{7}{10}$ m
   ④ $\frac{2}{5}$ min ■ $\frac{1}{3}$ min
   ⑤ $\frac{11}{20}$ h ■ $\frac{7}{12}$ h
   ⑥ $2\frac{4}{5}$ ℓ ■ $2\frac{3}{4}$ ℓ
   b) Kontrolliere deine Ergebnisse aus a), indem du die Größenangaben in eine kleinere Einheit umrechnest.

15. Ergänze die fehlenden Angaben im Heft.
   a) $\frac{1}{4}$ von 80 g sind ■.
   b) $\frac{■}{■}$ von 11 m sind 5 m.
   c) $\frac{1}{10}$ kg = ■ g
   d) $\frac{1}{5}$ von 1 h sind ■.
   e) $\frac{■}{7}$ von 140 t sind 80 t.
   f) $\frac{5}{8}$ ℓ = ■ mℓ
   g) $\frac{7}{16}$ von 8 km sind ■.
   h) $\frac{■}{18}$ von 3 h sind 50 min.
   i) $\frac{9}{50}$ m = ■ cm

16. Zeichne jeweils eine 6 cm lange Strecke. Färbe dann den Anteil an der Strecke. Gib die Länge der gefärbten Strecke in mm an.
   a) $\frac{1}{10}$ von 6 cm
   b) $\frac{4}{5}$ von 6 cm
   c) $\frac{3}{4}$ von 6 cm
   d) $\frac{7}{12}$ von 6 cm

17. Gib die Anteile mit einem möglichst einfachen Bruch an.
   a) Von 22 Flaschen Saft sind noch 11 voll.
   b) Von einem 36 m² großen Hausgiebel sind 24 m² verglast.
   c) Von 20 Liter Milch wurden 15 Liter verkauft.
   d) Von 28 Schülern kommen 12 mit dem Bus zur Schule.
   e) Ein Mensch schläft täglich etwa 8 Stunden.
   f) Laura hat im Training 30-mal aufs Tor geworfen. Sie hat 15-mal ins Tor getroffen und zweimal daneben geworfen. 13-mal hat die Torhüterin gehalten.

18. Stolperstelle:
   a) Beschreibe Annikas Fehler, und korrigiere sie.

   ① $\frac{2}{3}$ von 18 kg sind 27 kg.   ② $\frac{1}{1000}$ g = 1 kg

   ③ $\frac{2}{5}$ m = 4 cm   ④ 2 mm von 10 cm sind der Anteil $\frac{1}{5}$.

   b) Ein Sportreporter berichtet im Radio: „In der Basketball-Bundesliga trennten sich die BG Göttingen und die Baskets Oldenburg 60 zu 90. Damit erzielte Göttingen zwei Drittel aller Körbe." Beschreibe, welchen Fehler der Reporter gemacht hat. Formuliere die Nachricht richtig.

Merke:
Teile durch den Zähler, Multipliziere mit dem Nenner.

19. Berechne das Ganze:

Beispiel: $\frac{3}{4}$ einer Strecke sind 21 km. Also sind $\frac{1}{4}$ der Strecke 21 km : 3 = 7 km.
Die Strecke ist 7 km · 4 = 28 km

   a) $\frac{2}{5}$ einer Strecke sind 100 km.   b) $\frac{45}{100}$ einer Flüssigkeit entsprechen 900 mℓ.

   c) $\frac{1}{8}$ eines Films dauern 14 min.   d) $\frac{6}{5}$ eines Geldbetrages sind 240 €.

   e) $\frac{9}{15}$ einer Lkw-Ladung wiegen 2700 kg.   f) $2\frac{1}{2}$ Kürbisse wiegen 10 kg.

20. a) Bei einer Wanderung sagt Ingos Vater nach 5 km Weg: $\frac{1}{3}$ der Strecke haben wir schon geschafft. Wie viele km müssen die beiden noch gehen?

   b) Heinz hat bei einer Diät ein Fünftel seines Gewichts verloren und wiegt jetzt noch 84 kg. Wie viel wog er vor der Diät?

   c) Ein Gärtner hat ein Drittel seines Gartens mit Gemüsebeeten bepflanzt. Vom Rest sind $\frac{3}{4}$ Rasenfläche und 15 m² Blumenbeete. Wie groß ist der ganze Garten?

Hinweis:
Die Figuren beim Schach:
- Turm
- Springer
- Läufer
- König
- Dame
- Bauer

21. Gib die Anteile der Felder an, die von den einzelnen Figurentypen auf einem Schachbrett belegt werden. Unterscheide auch Farben.
Bilde Sätze wie:
$\frac{1}{4}$ der hellen Felder sind mit Bauern belegt.

22. Ausblick: Bei einer Umfrage wurden 3600 Schüler nach ihrem Lieblingssport befragt. Das Ergebnis wurde in einem Kreisdiagramm dargestellt. Bestimme, wie viele Schüler welche Sportart genannt haben.

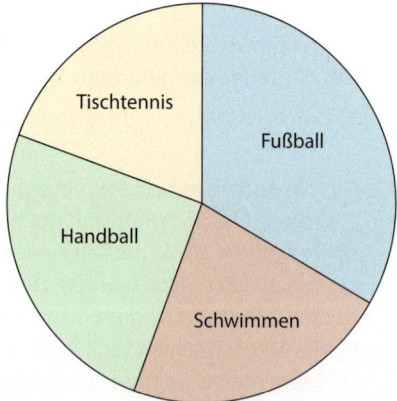

1.7 Unechte Brüche und gemischte Zahlen

■ Ein Rezept für einen Kuchen sieht eine halbe Tasse Schokoflocken und eine viertel Tasse Rosinen vor. In einer Bäckerei soll der Teig für fünf Kuchen hergestellt werden. Wie viele Tassen Schokoflocken sind nötig? Wie viele Tassen Rosinen sind nötig? Wie würdest du diese Menge abmessen? ■

Mit **Messbechern** werden Flüssigkeiten gemessen. Es ist damit möglich, auch Mengen abzumessen, die größer als 1 Liter sind, zum Beispiel $\frac{3}{2}$ Liter. Das bedeutet: drei halbe Liter. Dies ist so viel wie ein ganzer Liter und ein halber Liter. Man schreibt dafür kurz: $1\frac{1}{2}$ Liter.

Auch beim **gerechten Verteilen auf mehrere Personen** können Brüche auftreten, die größer als 1 sind. Es sind drei Situationen möglich.

① Das Ergebnis ist eine natürliche Zahl.

   Beispiel:
   6 Flaschen Limo zu je 1 Liter werden auf 3 Personen aufgeteilt.
   6 Liter : 3 = 2 Liter
   Jeder bekommt 2 Liter Limo.

② Das Ergebnis ist ein Bruch, der kleiner als 1 ist.

   Beispiel:
   6 Flaschen Limo zu je 1 Liter werden auf 12 Personen aufgeteilt.

   6 Liter : 12 = $\frac{6}{12}$ Liter = $\frac{1}{2}$ Liter

   Jeder bekommt $\frac{1}{2}$ Liter Limo.

③ Das Ergebnis ist ein Bruch, der größer als 1 ist.

   Beispiel:
   6 Flaschen Limo zu je 1 Liter werden auf 4 Personen aufgeteilt.

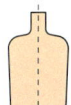  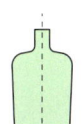 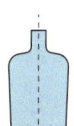 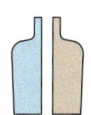 

   6 Liter : 4 = $\frac{6}{4}$ Liter = $\frac{3}{2}$ Liter = $1\frac{1}{2}$ Liter

   Jeder bekommt $1\frac{1}{2}$ Liter Limo.

> **Wissen: Unechte Brüche und gemischte Zahlen**
>
> $\frac{1}{5}$ oder $\frac{2}{3}$ sind Beispiele für **echte Brüche**. Sie sind kleiner als ein Ganzes.
> Bei echten Brüchen ist der Zähler kleiner als der Nenner.
>
> $\frac{5}{2}$ oder $\frac{7}{4}$ sind Beispiele für **unechte Brüche**. Sie sind größer als ein Ganzes.
> Bei unechten Brüchen ist der Zähler größer als der Nenner oder genauso groß.
>
> $\frac{5}{2}$ und $\frac{7}{4}$ schreibt man auch als **gemischte Zahlen** $2\frac{1}{2}$ und $1\frac{3}{4}$. Die gemischte Schreibweise ist eine Kurzschreibweise für die Summe aus einer natürlichen Zahl und einem echten Bruch.

Beispiel 1: 6 Kinder wollen sich 10 Waffeln gerecht teilen.
Gib den Anteil, den jedes Kind bekommt, als Bruch an.

Lösung:
10 Waffeln werden auf 6 Kinder aufgeteilt: $10 : 6 = \frac{10}{6}$.
Jedes Kind bekommt $\frac{10}{6}$ Waffeln.

Basisaufgaben

1. Gib den Anteil, den jede Person bekommt, als Bruch an.
   a) Sechs Kinder wollen sich fünf Lakritzstangen gerecht teilen.
   b) 7 Sportler bestellen drei große Familienpizzen. Sie wollen gerecht teilen.
   c) 30 Schüler teilen 7 Tafeln Schokolade gerecht auf.

2. Zeichne Strecken mit den angegebenen Längen.
   a) $\frac{5}{2}$ cm   b) $4\frac{1}{2}$ cm   c) $\frac{9}{4}$ cm   d) $\frac{3}{2}$ cm   e) $1\frac{1}{5}$ dm

3. Wie viele Pizzen wurden hier auf wie viele Personen verteilt?
   Gib auch als Bruch an, welchen Anteil jede Person bekommt.

   a)   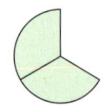   b)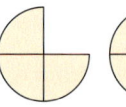

4. Gib an, wie viele Ganze durch den unechten Bruch dargestellt werden.
   Beispiele: $\frac{3}{3} = 1$, $\frac{6}{3} = 2$, $\frac{9}{3} = 3$
   a) $\frac{4}{2}$ b) $\frac{12}{3}$ c) $\frac{4}{4}$ d) $\frac{25}{5}$ e) $\frac{30}{10}$
   f) $\frac{15}{5}$ g) $\frac{68}{4}$ h) $\frac{25}{25}$ i) $\frac{3}{1}$ j) $\frac{78}{6}$

Unechte Brüche in gemischte Zahlen umwandeln

Beispiel 2: Schreibe den Bruch $\frac{8}{3}$ als gemischte Zahl.

Lösung:
Berechne die Division $8 : 3$. $8 : 3 = 2$ Rest 2
$\frac{8}{3}$ sind also 2 Ganze und $\frac{2}{3}$. $\frac{8}{3} = 2\frac{2}{3}$

Hinweis:
Brüche, bei denen Zähler und Nenner gleich sind, ergeben immer 1: $\frac{6}{6} = 1$
Brüche, bei denen der Nenner 1 ist, stellen immer Ganze dar:
$\frac{6}{1} = 6$

Basisaufgaben

5. Schreibe den Bruch als gemischte Zahl.
   a) $\frac{5}{2}$ b) $\frac{11}{2}$ c) $\frac{15}{4}$ d) $\frac{21}{4}$ e) $\frac{4}{3}$
   f) $\frac{11}{3}$ g) $\frac{10}{6}$ h) $\frac{7}{5}$ i) $\frac{17}{10}$ j) $\frac{23}{10}$
   k) $\frac{15}{7}$ l) $\frac{29}{14}$ m) $\frac{101}{100}$ n) $\frac{211}{100}$ o) $\frac{491}{100}$

6. Gib die Division als unechten Bruch an und wandle in eine gemischte Zahl um.
   a) $5 : 3$ b) $12 : 7$ c) $36 : 8$ d) $112 : 3$ e) $450 : 40$

1.7 Unechte Brüche und gemischte Zahlen

Gemischte Zahlen in unechte Brüche umwandeln

Beispiel 3: Schreibe die gemischte Zahl $2\frac{1}{4}$ als unechten Bruch.

Lösung:
Schreibe 2 Ganze als Viertel.   2 Ganze $= \frac{8}{4}$

Gib an, wie viele Viertel es insgesamt sind. $2\frac{1}{4} = \frac{9}{4}$

Basisaufgaben

7. Schreibe die gemischte Zahl als unechten Bruch.
   a) $2\frac{1}{2}$ b) $3\frac{1}{4}$ c) $3\frac{3}{4}$ d) $1\frac{2}{3}$ e) $3\frac{1}{3}$
   f) $4\frac{5}{6}$ g) $2\frac{3}{5}$ h) $3\frac{1}{5}$ i) $4\frac{9}{10}$ j) $1\frac{3}{7}$
   k) $2\frac{5}{7}$ l) $4\frac{3}{14}$ m) $1\frac{3}{100}$ n) $5\frac{21}{100}$ o) $3\frac{57}{100}$

8. Sarah soll $2\frac{1}{6}$ in einen unechten Bruch umwandeln. Sie sagt: „Ich rechne $2 \cdot 6 + 1 = 13$. 13 ist der Zähler des Bruchs. Den Nenner 6 lasse ich unverändert. $2\frac{1}{6}$ ist gleich $\frac{13}{6}$."
   Prüfe Sarahs Rechenweg mit den gemischten Zahlen aus Aufgabe 7 a) – e).

9. Stelle die gemischte Zahl grafisch dar und schreibe sie anschließend als unechten Bruch.

   Beispiel: $2\frac{3}{4} = \frac{11}{4}$

   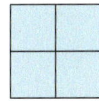 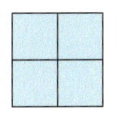 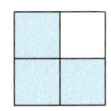

   a) $1\frac{1}{4}$ b) $2\frac{1}{3}$ c) $4\frac{1}{2}$ d) $3\frac{6}{10}$ e) $4\frac{4}{5}$

Weiterführende Aufgaben

10. Finde eine Situation, in der etwas geteilt wird und die zu dem Bruch passt.
    a) $\frac{3}{5}$ b) $\frac{5}{3}$ c) $\frac{8}{6}$ d) $\frac{17}{7}$

11. Vier Kinder wollen fünf Tafeln Schokolade gerecht aufteilen.
    a) Moritz teilt jede Tafel in vier gleich große Teile. Fertige eine Skizze an. Welchen Anteil erhält jeder? Gib als Bruch und als gemischte Zahl an.
    b) Lisa sagt: „Du musst doch gar nicht alle Tafeln Schokolade zerteilen." Woran denkt Lisa?

12. **Stolperstelle**
    a) Was meinst du zu den Aussagen von Christin, Inga und Lili?

    Christin: Inga:
    „Hier sind $1\frac{3}{4}$ markiert."   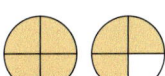   „Nein, hier sind $\frac{7}{8}$ markiert."

    Lili: „Ich glaube, ihr habt beide recht."
    b) Was würden Christin und Inga sagen, welcher Anteil jeweils markiert ist?

① 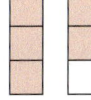   ②   ③

13. Zeichne auf Karopapier ein Rechteck mit den angegebenen Flächeninhalten.

a) $\frac{7}{2}$ cm² b) $6\frac{1}{2}$ cm² c) $3\frac{3}{4}$ cm²
d) $1\frac{1}{2}$ dm² e) $1\frac{2}{5}$ dm² f) $2\frac{3}{10}$ dm²

14. Gemischte Zahlen als Maßzahlen: Schreibe die Größenangabe in der nächstkleineren Einheit.

Beispiel: $2\frac{3}{4}$ kg = 2 kg + $\frac{3}{4}$ kg = 2000 g + 750 g = 2750 g

a) $2\frac{1}{2}$ cm b) $1\frac{5}{8}$ kg c) $3\frac{4}{10}$ g d) $1\frac{1}{4}$ km e) $1\frac{1}{2}$ h

f) $1\frac{1}{10}$ t g) $2\frac{1}{6}$ min h) $3\frac{2}{5}$ m i) $1\frac{3}{8}$ km j) $1\frac{3}{20}$ ℓ

15. Daniel und Samira sind um 17 Uhr zum Kino verabredet.
Daniel kommt um 14:15 Uhr nach Hause. Für das Mittagessen braucht er eine halbe Stunde. Dann hat er $1\frac{3}{4}$ h Training auf den Sportplatz nebenan. Für den Weg zum Kino braucht Daniel mit dem Fahrrad 20 Minuten.
Wird er pünktlich sein?

16. Welche der Brüche und gemischten Zahlen sind
a) weniger als ein Ganzes,
b) mehr als ein Ganzes und weniger als zwei Ganze,
c) mehr als zwei Ganze?

17. Gemischte Zahlen vergleichen: Thea möchte $2\frac{1}{6}$ und $2\frac{2}{5}$ vergleichen. Sie meint: „Da die Ganzen gleich sind, muss ich nur die echten Brüche vergleichen."
a) Erläutere, was Thea meint, und führe den Vergleich durch.
b) Übertrage ins Heft. Setze das richtige Zeichen < oder > ein.

① $3\frac{7}{10}$ ■ $3\frac{1}{2}$ ② $9\frac{3}{7}$ ■ $9\frac{2}{5}$ ③ $8\frac{2}{7}$ ■ $3\frac{3}{5}$ ④ $1\frac{9}{13}$ ■ $6\frac{1}{12}$

c) Schreibe eine Anleitung, wie man zwei gemischte Zahlen vergleichen kann. Erläutere dein Vorgehen an Beispielen.

18. a) Vergleiche die unechten Brüche, indem du sie durch Erweitern oder Kürzen auf den gleichen Nenner bringst.

① $\frac{5}{3}$ und $\frac{7}{2}$ ② $\frac{23}{7}$ und $\frac{12}{5}$ ③ $\frac{35}{3}$ und $\frac{71}{6}$ ④ $\frac{21}{4}$ und $\frac{63}{12}$

b) Vergleiche die unechten Brüche, indem du sie als gemischte Zahlen schreibst.
c) Welches Verfahren ist einfacher? Begründe deine Meinung.

19. Übertrage ins Heft und setze das richtige Zeichen <, > oder = ein. Begründe deine Entscheidung.

a) $\frac{2}{7}$ ■ $\frac{5}{7}$ b) $\frac{3}{3}$ ■ 1   c) $2\frac{1}{3}$ ■ $\frac{6}{3}$ d) $\frac{4}{7}$ ■ $\frac{4}{3}$ e) $\frac{2}{5}$ ■ $\frac{2}{7}$

20. Ausblick: Was meinst du zu den Behauptungen? Begründe deine Meinung.
a) Raiko sagt: „$\frac{0}{3}$ ist 0. Wenn drei Personen Pizza essen wollen, aber keine Pizza da ist, bekommt jeder null Pizzen."
b) Oskar erwidert: „$\frac{3}{0}$ ist auch 0. Wenn es drei Pizzen gibt, aber keiner ist da, dann kann auch keiner was essen."
c) Lotta entgegnet: „$\frac{3}{0}$ geht nicht. Wenn es drei Pizzen gibt, aber keiner ist da, dann kann auch keiner die Pizzen teilen."

1.8 Brüche am Zahlenstrahl

■ Eine Tankanzeige gibt an, wie voll der Tank noch ist.
Zu welchem Anteil ist der Tank noch gefüllt?
Für welchen Anteil steht ein Kästchen? ■

Jedem Bruch lässt sich genau ein Punkt auf dem Zahlenstrahl zuordnen.

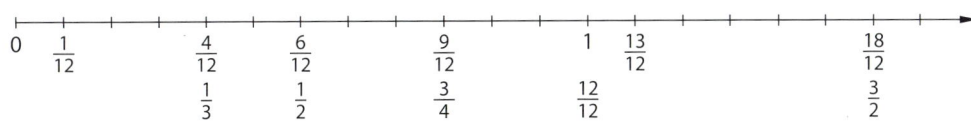

> **Wissen: Brüche auf dem Zahlenstrahl**
> Brüche, die durch Erweitern und Kürzen auseinander hervorgehen, gehören zu demselben Punkt auf dem Zahlenstrahl. Sie bezeichnen dieselbe **Bruchzahl**.

Beispiel 1: Zeichne die Brüche $\frac{2}{3}$ und $\frac{3}{4}$ jeweils auf einem Zahlenstrahl ein.

Lösung:
Zeichne einen Zahlenstrahl. Teile die Strecke von 0 bis 1 in 3 gleich große Teile. Markiere dann $\frac{2}{3}$.

Zeichne einen Zahlenstrahl. Teile die Strecke von 0 bis 1 in 4 gleich große Teile. Markiere dann $\frac{3}{4}$.

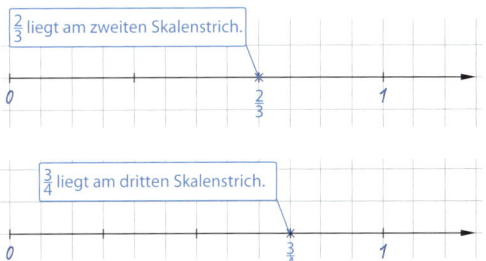

Tipp:
Die Anzahl der Kästchen zwischen der 0 und der 1 auf dem Zahlenstrahl sollte ein Vielfaches des Nenners des einzutragenden Bruches sein.

Basisaufgaben

1. Gib die markierten Brüche an.

   a) 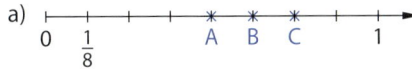   b)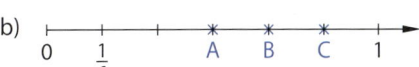

2. Zähle zuerst, in wie viele Teile die Strecke von 0 bis 1 auf dem Zahlenstrahl unterteilt ist. Gib dann für jeden Buchstaben zwei Brüche an.

   a)    b)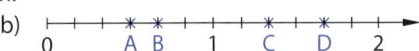

3. Gib für jeden Buchstaben einen Bruch und – falls möglich – eine gemischte Zahl an.

   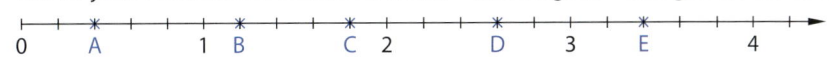

4. Zeichne einen Zahlenstrahl in dein Heft. Die Strecke von 0 bis 1 soll 10 Kästchen lang sein. Markiere auf diesem Zahlenstrahl die folgenden Brüche.

   a) $\frac{3}{10}, \frac{4}{10}, \frac{9}{10}$ b) $\frac{2}{5}, \frac{8}{20}, \frac{40}{100}$ c) $\frac{1}{5}, \frac{1}{2}, \frac{9}{15}$

5. Zeichne jeweils einen Zahlenstrahl und markiere die Brüche. Überlege gut, wie viele Kästchen die Strecke von 0 bis 1 haben soll.

   a) $\frac{1}{3}, \frac{2}{3}, \frac{5}{6}$ b) $\frac{3}{8}, \frac{1}{4}, \frac{7}{16}$ c) $\frac{2}{7}, \frac{3}{4}, \frac{12}{14}$

Erinnere dich:
Gemischte Zahlen bestehen aus einer natürlichen Zahl und einem echten Bruch, z. B. 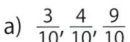.

Weiterführende Aufgaben

6. **Brüche am Zahlenstrahl vergleichen:** Auf dem Zahlenstrahl liegt der kleinere von zwei Brüchen immer links vom anderen Bruch.
   a) Zeichne einen passenden Zahlenstrahl in dein Heft. Markiere jeweils zwei Brüche und vergleiche sie.
      ① $\frac{3}{15}$ und $\frac{1}{5}$ ② $\frac{7}{15}$ und $\frac{2}{5}$ ③ $\frac{2}{3}$ und $\frac{4}{5}$ ④ $\frac{19}{15}$ und $\frac{4}{3}$
   b) Markiere auf deinem Zahlenstahl die gemischten Zahlen $1\frac{1}{15}$ und $1\frac{2}{5}$. Vergleiche sie ebenfalls.

7. Markiere die Brüche auf einem geeigneten Zahlenstrahl und vergleiche sie.
   a) $\frac{2}{5}, \frac{4}{5}, \frac{6}{5}$ b) $\frac{1}{6}, \frac{5}{6}, \frac{7}{6}, \frac{11}{6}$ c) $\frac{1}{12}, \frac{2}{3}, \frac{1}{2}, \frac{5}{12}$ d) $\frac{2}{5}, \frac{1}{3}, \frac{4}{5}$

8. **Stolperstelle:** Moritz vergleicht $\frac{1}{3}$ und $\frac{1}{4}$ am Zahlenstrahl. Was meinst du dazu?
   Der kleinere Bruch liegt am Zahlenstrahl weiter links. Also ist $\frac{1}{3} < \frac{1}{4}$.

9. Rechnen ist nicht immer nötig. Du kannst auch argumentieren.
   a) Liegt der Bruch im blauen, roten, grünen oder schwarzen Bereich des vorgegebenen Zahlenstrahls? $\frac{3}{5}, \frac{2}{7}, \frac{17}{10}, \frac{7}{8}, \frac{7}{12}, \frac{6}{17}, \frac{15}{13}, \frac{13}{11}$

   b) Durch Vergleich mit 1 oder $\frac{1}{2}$ lässt sich manchmal ganz leicht erkennen, welcher der Brüche der größere ist. Vergleiche die Brüche.
      ① $\frac{3}{5}$ und $\frac{2}{7}$ ② $\frac{13}{11}$ und $\frac{7}{8}$ ③ $\frac{6}{17}$ und $\frac{7}{12}$ ④ $\frac{15}{13}$ und $\frac{17}{10}$
   c) Finde in der Liste aus a) den größten und den kleinsten Bruch.

10. a) Zeichne einen geeigneten Zahlenstrahl und markiere die Brüche.
    $\frac{1}{2}, \frac{18}{12}, \frac{5}{6}, \frac{4}{4}, 1\frac{1}{2}, \frac{6}{12}, 1\frac{9}{12}, \frac{7}{4}, \frac{3}{3}, \frac{2}{4}, 1\frac{3}{4}, \frac{10}{12}, \frac{9}{6}$
    b) Wie viele verschiedene Bruchzahlen sind es?

11. a) Lies die markierten Zahlen ab.

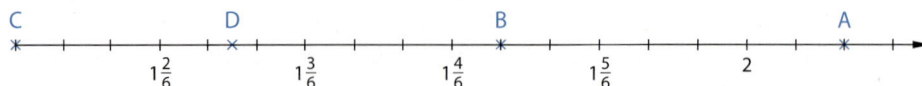

    b) Zeichne einen geeigneten Ausschnitt eines Zahlenstrahls und markiere: $5\frac{3}{10}, 5\frac{7}{10}, 6\frac{1}{5}, \frac{26}{5}$

12. Setze im Heft passende Brüche oder gemischte Zahlen ein.
    a) $2\frac{1}{5} = \blacksquare = \blacksquare = \blacksquare$ b) $\frac{7}{3} = \blacksquare = \blacksquare = \blacksquare$ c) $1\frac{2}{10} = \blacksquare = \blacksquare = \blacksquare$

● 13. **Ausblick:**
    a) Gib drei Bruchzahlen an, die zwischen $\frac{4}{7}$ und $\frac{5}{7}$ liegen.
    b) Daniel meint: „Ich kann beliebig viele Bruchzahlen angeben, die zwischen $\frac{4}{7}$ und $\frac{5}{7}$ liegen." Hat Daniel recht? Begründe.

Streifzug

Mischungsverhältnisse

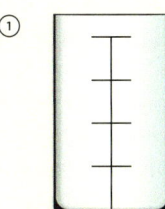
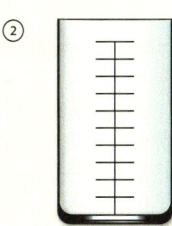

■ Für ein Getränk sollen gemischt werden:
3 Teile Mangopüree, 4 Teile Joghurt, 3 Teile Wasser.
Es stehen zwei Messbecher mit unterschiedlichen
Einteilungen zur Verfügung.
Wie kann das Getränk hergestellt werden? ■

Bei Mischungen wird oft angegeben, wie viele Teile der Zutaten verwendet werden.

Beispiel 1: Rosa kann man aus den Farben Weiß und Rot mischen.
a) Gib das Mischungsverhältnis von 2 Teilen roter und 6 Teilen weißer Farbe an.
b) Gib als Bruch an, welcher Anteil Rot und Weiß in der gemischten Farbe enthalten ist.

Lösung:
a)  Das Mischungsverhältnis von Rot zu Weiß ist 2 : 6.

b) 2 von insgesamt 8 Teilen sind rot, Der Anteil Rot ist $\frac{2}{8}$ und der Anteil Weiß $\frac{6}{8}$.
6 von 8 Teilen sind weiß.

Hinweis:
Bei einer Mischung mit 3 Teilen Saft und 1 Teil Wasser sagt man, die Zutaten stehen im Verhältnis 3 zu 1. Man schreibt dafür auch 3 : 1.

Aufgaben

1. Der Behälter wird bis zum obersten Skalenstrich mit Wasser aufgefüllt. Gib das Mischungsverhältnis an.

   a) 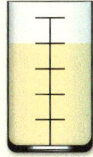 b) 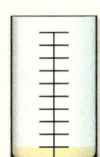 c)  d) 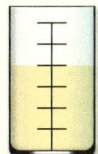 e)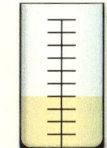

   f) Welches Mischungsverhältnis könnte zu einer Zitronenlimonade passen? Begründe.

2. Aus Gelb und Blau können Grüntöne gemischt werden.

Grünton	Farbton 1	Farbton 2	Farbton 3	Farbton 4
Verhältnis von Gelb zu Blau	1 zu 5	1 zu 1	3 zu 5	2 zu 1

   a) Welcher Grünton wird eher heller und welcher dunkler?
      Ordne die vier Grüntöne von hell nach dunkel.
   b) Gib für jeden Grünton den Anteil Gelb und den Anteil Blau als Bruch an.
   c) Herr Peerson möchte seine Wohnzimmerwand in dem Farbton 1 streichen. Er benötigt
      10 Liter Farbe. Berechne, wie viel Liter gelbe und blaue Farbe er kaufen muss.

3. Welche Kärtchen passen zusammen? Ordne zu.

   | 200 mℓ Rot 800 mℓ Gelb | Rot und Gelb im Verhältnis 1:2 | $\frac{1}{5}$ Rot und $\frac{4}{5}$ Gelb | Rot und Gelb im Verhältnis 1 : 4 |
   | 1 Eimer Rot 2 Eimer Gelb | $\frac{1}{3}$ Rot und $\frac{2}{3}$ Gelb | 5 ℓ Rot und 10 ℓ Gelb | Viermal so viel Gelb wie Rot |

1.9 Gleichnamige Brüche addieren und subtrahieren

■ Nele, Raphael und Phillip haben jeweils einen Teil ihrer Schokoladentafel aufgegessen. Nele hat noch drei Zwölftel, Raphael 4 Zwölftel und Phillip 5 Zwölftel der Tafel übrig.
Nele meint: „Jetzt bleibt uns gemeinsam noch eine ganze Tafel." Was meinst du dazu? ■

$\frac{1}{4}$ heißt, dass ein Ganzes in 4 gleich große Teile zerlegt wird und 1 Teil gefärbt wird. Kommen $\frac{2}{4}$ dazu, färbt man weitere 2 der 4 Teile.
Insgesamt sind 3 von 4 Teilen gefärbt.
Das Ergebnis von $\frac{1}{4} + \frac{2}{4}$ ist also $\frac{3}{4}$.

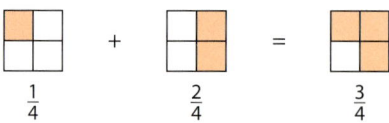

Hinweis:
Gleichnamige Brüche haben den selben Nenner.

Wissen: Gleichnamige Brüche addieren und subtrahieren
Gleichnamige Brüche werden addiert (oder subtrahiert), indem die Zähler addiert (oder subtrahiert) werden. Der Nenner wird beibehalten.

$\frac{1}{5} + \frac{2}{5} = \frac{1+2}{5} = \frac{3}{5}$ $\qquad$ $\frac{5}{8} - \frac{2}{8} = \frac{5-2}{8} = \frac{3}{8}$

Wenn man gemischte Zahlen addiert oder subtrahiert, ist es meistens sinnvoll, zunächst in einen Bruch umzuwandeln und dann zu addieren oder subtrahieren.

$1\frac{2}{3}$ $\qquad$ $1\frac{2}{3}$ $\qquad$ $\frac{5}{3}$ $\qquad$ $\frac{5}{3}$ $\qquad$ $\frac{10}{3} = 3\frac{1}{3}$

Beispiel 1: Berechne.
a) $\frac{2}{9} + \frac{4}{9}$ $\qquad$ b) $\frac{6}{7} - \frac{2}{7}$ $\qquad$ c) $4\frac{3}{5} - 2\frac{4}{5}$

Lösung:

Zähler plus Zähler $\qquad$ *Kürze mit 3. 6 : 3 = 2 und 9 : 3 = 3*

a) $\frac{2}{9} + \frac{4}{9} = \frac{2+4}{9} = \frac{6}{9} = \frac{\overset{2}{6}}{\underset{3}{9}} = \frac{2}{3}$

Zähler minus Zähler

b) $\frac{6}{7} - \frac{2}{7} = \frac{6-2}{7} = \frac{4}{7}$

Wandle die gemischten Zahlen in Brüche um.

c) $4\frac{3}{5} - 2\frac{4}{5} = \frac{23}{5} - \frac{14}{5} = \frac{23-14}{5} = \frac{9}{5} = 1\frac{4}{5}$

1.9 Gleichnamige Brüche addieren und subtrahieren

Basisaufgaben

1. Schreibe die Rechnung mit Brüchen auf.

   a)    b)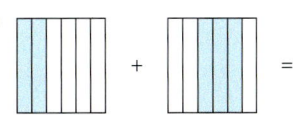

   c) 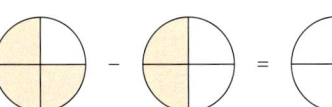   d) 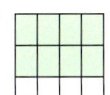   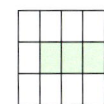

2. Veranschauliche die Rechnung mit Kreisen oder Rechtecken wie in Aufgabe 1.
   Gib auch das Ergebnis an.
   a) $\frac{2}{6} + \frac{3}{6}$ b) $\frac{7}{8} - \frac{2}{8}$ c) $\frac{3}{10} + \frac{4}{10}$ d) $\frac{1}{2} - \frac{1}{2}$ e) $\frac{5}{16} + \frac{7}{16}$

3. Berechne.
   a) $\frac{1}{9} + \frac{4}{9}$ b) $\frac{3}{8} + \frac{2}{8}$ c) $\frac{10}{17} + \frac{5}{17}$ d) $\frac{3}{5} + \frac{4}{5}$ e) $\frac{19}{7} + \frac{5}{7}$
   f) $\frac{4}{5} - \frac{2}{5}$ g) $\frac{4}{100} - \frac{3}{100}$ h) $\frac{10}{7} - \frac{4}{7}$ i) $\frac{13}{2} - \frac{6}{2}$ j) $\frac{26}{6} - \frac{7}{6}$

4. Berechne. Kürze das Ergebnis.
   a) $\frac{7}{12} + \frac{1}{12}$ b) $\frac{9}{10} + \frac{7}{10}$ c) $\frac{1}{4} + \frac{3}{4}$ d) $\frac{21}{8} + \frac{7}{8}$ e) $\frac{2}{3} + \frac{4}{3}$
   f) $\frac{8}{9} - \frac{2}{9}$ g) $\frac{6}{25} - \frac{1}{25}$ h) $\frac{7}{10} - \frac{3}{10}$ i) $\frac{9}{5} - \frac{4}{5}$ j) $\frac{17}{4} - \frac{11}{4}$

5. Wandle in Brüche um und berechne.
   a) $2\frac{1}{5} + 1\frac{2}{5}$ b) $\frac{1}{4} + 1\frac{2}{4}$ c) $2\frac{3}{10} + 1\frac{7}{10}$ d) $2\frac{5}{6} + 3\frac{4}{6}$ e) $5\frac{5}{9} + \frac{7}{9}$
   f) $1\frac{4}{9} - \frac{3}{9}$ g) $2\frac{1}{3} - 1\frac{2}{3}$ h) $1\frac{7}{12} - 1\frac{5}{12}$ i) $2 - \frac{3}{4}$ j) $3\frac{2}{25} - \frac{8}{25}$

Weiterführende Aufgaben

6. Gib den Anteil der blauen und der gelben Fläche als Bruch an und addiere beide Anteile.
   Schreibe die vollständige Rechnung auf und kürze so weit wie möglich.

   a) 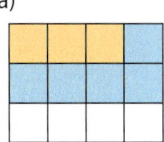   b) 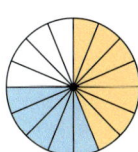   c)    d)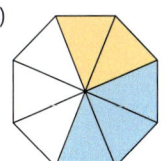

7. Schreibe eine passende Subtraktion mit Brüchen auf. Gib das Ergebnis – falls möglich – auch gekürzt an.

   a) 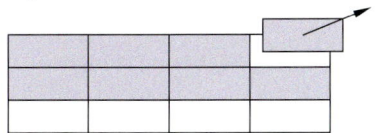   b)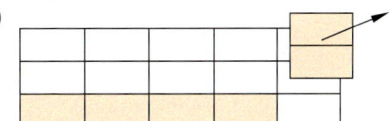

8. a) Erläutere, wie Alex und Mark rechnen. Prüfe ihre Ergebnisse.
b) Rechne – falls möglich – wie Alex oder Mark.
① $1\frac{3}{8} + 2\frac{3}{8}$ ② $4 + 3\frac{3}{4}$ ③ $2\frac{5}{6} + 1\frac{5}{6}$
④ $7\frac{2}{6} - 2\frac{1}{6}$ ⑤ $9\frac{1}{2} - 8$ ⑥ $3\frac{1}{5} - 1\frac{3}{5}$
c) Überprüfe deine Ergebnisse aus b), indem du die gemischten Zahlen zuerst in Brüche umwandelst.

Alex
$2\frac{6}{7} + 4\frac{3}{7}$
$2 + 4 = 6$ und $\frac{6}{7} + \frac{3}{7} = \frac{9}{7} = 1\frac{2}{7}$
Also: $2\frac{6}{7} + 4\frac{3}{7} = 6 + 1\frac{2}{7} = 7\frac{2}{7}$

Mark
$8\frac{7}{9} - 5\frac{2}{9}$
$8 - 5 = 3$ und $\frac{7}{9} - \frac{2}{9} = \frac{5}{9}$
Also: $8\frac{7}{9} - 5\frac{2}{9} = 3 + \frac{5}{9} = 3\frac{5}{9}$

9. Stolperstelle: Erläutere die Fehler, die Lea gemacht hat, und korrigiere sie.
a) $\frac{4}{10} + \frac{5}{10} = \frac{9}{20}$ b) $5\frac{1}{2} - 2\frac{1}{2} = 3\frac{1}{2}$ c) $1\frac{1}{7} + 1\frac{1}{7} = 1\frac{2}{7}$

10. Kürze zuerst und berechne anschließend.
Beispiel: $\frac{8}{20} + \frac{3}{10} = \frac{8:2}{20:2} + \frac{3}{10} = \frac{4}{10} + \frac{3}{10} = \frac{7}{10}$
a) $\frac{2}{6} + \frac{1}{3}$ b) $\frac{3}{2} - \frac{5}{10}$ c) $\frac{9}{300} + \frac{4}{400}$ d) $\frac{14}{21} - \frac{10}{15}$

Hinweis zu 11:
Hier findest du die Lösungen.

11. Berechne.
a) $\frac{1}{10} + \frac{5}{10} + \frac{3}{10}$ b) $\frac{13}{6} - \frac{1}{6} - \frac{4}{6}$ c) $\frac{7}{2} - \frac{5}{2} + \frac{3}{2}$ d) $\frac{20}{4} - \frac{7}{4} + \frac{1}{4} - \frac{12}{4}$
e) $\frac{8}{3} + 6 + \frac{2}{3}$ f) $3 - 2\frac{4}{9} - \frac{3}{9}$ g) $\frac{11}{8} - \frac{6}{8} + 1\frac{1}{8}$ h) $4\frac{2}{5} - \frac{1}{5} + \frac{3}{5} - 3\frac{4}{5}$

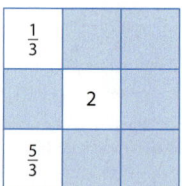

12. a) Von welcher Zahl muss man $\frac{7}{2}$ abziehen, um $\frac{5}{2}$ zu erhalten?
b) Gib zwei Brüche mit dem Nenner 10 an, deren Differenz 2 ist.
c) Gib zwei Brüche an, deren Summe 1 ist.
d) Gib vier Brüche an, deren Summe 3 ist.
e) Welche Zahl muss man zu $\frac{2}{3}$ addieren, um 4 zu erhalten?

13. Ling kauft auf dem Wochenmarkt $3\frac{1}{2}$ kg Kartoffeln, 2 kg Möhren, ein halbes Kilogramm Hühnerfleisch und $2\frac{1}{2}$ kg Wassermelonen. Wie schwer ist sein Einkauf insgesamt?

● **14.** Drei Freunde teilen sich 2 Pizzen. Einer erhält $\frac{7}{8}$, der zweite $\frac{6}{8}$ und der dritte $\frac{5}{8}$ Pizzen. Was hältst du von der Aufteilung?

● **15.** Fülle das magische Quadrat im Heft aus:
In jeder Zeile, Spalte und Diagonale soll die Summe der drei Zahlen 6 ergeben.

	$\frac{1}{3}$	
		2
$\frac{5}{3}$		

● **16. Ausblick:** Setze für jedes Kästchen eine Zahl ein, sodass die Rechnung stimmt.
a) $\frac{13}{29} + \frac{\square}{29} = \frac{20}{29}$ b) $\frac{9}{11} - \frac{7}{\square} = \frac{2}{\square}$ c) $\frac{\square}{\square} + \frac{7}{12} = \frac{3}{2}$ d) $\frac{3}{10} - \frac{\square}{\square} = \frac{1}{5}$
e) $\frac{1}{\square} + \frac{1}{8} = \frac{\square}{4}$ f) $6 - \frac{\square}{\square} = 1\frac{2}{3}$ g) $3\frac{1}{5} + 5\frac{\square}{5} = 8\frac{3}{5}$ h) $2\frac{5}{8} + \frac{\square}{8} = 8\frac{1}{2}$

1.10 Ungleichnamige Brüche addieren und subtrahieren

■ Moritz möchte auf seiner Geburtstagsfeier alkoholfreie Cocktails mixen. Er findet folgendes Rezept im Internet:
„Zubereitung des Caribbean: $\frac{1}{5}$ ℓ Maracujasaft, $\frac{1}{8}$ ℓ Ananassaft, $\frac{1}{10}$ ℓ Mangosirup und $\frac{1}{10}$ ℓ Sahne im Cocktailshaker kurz schütteln. Den Inhalt in ein Glas füllen, Limette über dem Drink auspressen und mit einem Blatt frischer Minze servieren."
Der Shaker fasst $\frac{2}{5}$ ℓ. Passen alle Zutaten hinein? ■

Man kann sich $\frac{1}{3}$ und $\frac{1}{2}$ jeweils als Anteil eines Rechtecks vorstellen.
Die Brüche können aber so nicht addiert werden, da eine gemeinsame Einteilung fehlt.
Erst durch Verfeinern der Einteilung (durch Erweitern der Brüche), lassen sich beide Brüche addieren.

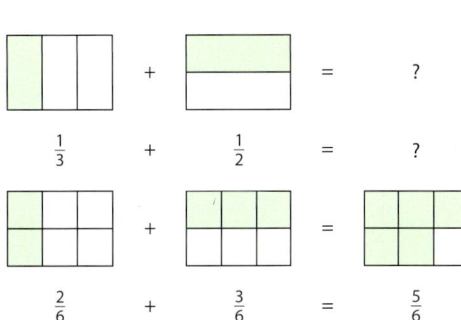

> **Wissen: Ungleichnamige Brüche addieren und subtrahieren**
> Ungleichnamige Brüche werden addiert (oder subtrahiert), indem man die Brüche auf einen gemeinsamen Nenner erweitert.
> Anschließend lassen sich die gleichnamigen Brüche addieren oder subtrahieren.
>
> $\frac{1}{5} + \frac{2}{3} = \frac{1 \cdot 3}{5 \cdot 3} + \frac{2 \cdot 5}{3 \cdot 5}$
> $\quad\quad = \frac{3}{15} + \frac{10}{15} = \frac{3+10}{15} = \frac{13}{15}$
>
> $\frac{3}{4} - \frac{1}{2} = \frac{3}{4} - \frac{1 \cdot 2}{2 \cdot 2}$
> $\quad\quad = \frac{3}{4} - \frac{2}{4} = \frac{3-2}{4} = \frac{1}{4}$

Ungleichnamige Brüche zeichnerisch addieren und subtrahieren

Beispiel 1: Löse die Aufgabe $\frac{2}{5} + \frac{1}{3}$ zeichnerisch.

Lösung:

Zeichne zwei Rechtecke (5 Kästchen breit, 3 Kästchen hoch). Markiere die Brüche $\frac{2}{5}$ und $\frac{1}{3}$.
Verfeinern ergibt eine gemeinsame Einteilung. Im ersten Rechteck sind $\frac{6}{15}$ gefärbt, im zweiten Rechteck $\frac{5}{15}$. Zeichne als Ergebnis ein Rechteck, in dem 11 Kästchen gefärbt sind ($\frac{11}{15}$).

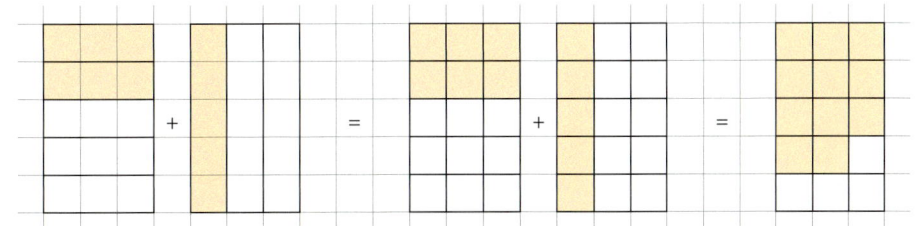

Basisaufgaben

1. Schreibe auf, welche Aufgaben hier zeichnerisch gelöst wurden.

   a)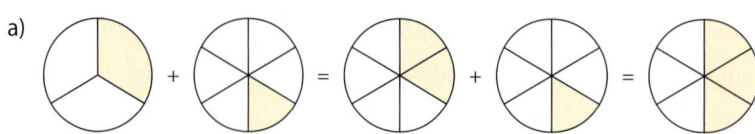

   b) (Streifenbilder)

   c) (Rechteckbilder)

   d) (Kreisbilder)

2. Löse zeichnerisch.

   ① $\frac{1}{5} + \frac{1}{2}$ ② $\frac{2}{3} + \frac{1}{4}$ ③ $\frac{3}{5} - \frac{1}{2}$ ④ $\frac{3}{4} - \frac{1}{3}$

3. Addieren am Zahlenstrahl
   a) Zeichne auf Karopapier einen Zahlstrahl von 0 bis 2 (1 Längeneinheit = 8 cm). Markiere auf dem Zahlenstrahl $\frac{3}{4}$.
   b) Erläutere, wie man am Zahlenstrahl die Aufgabe $\frac{3}{4} + \frac{5}{8}$ zeichnerisch lösen kann.
   c) Löse am Zahlenstrahl die Aufgabe $\frac{3}{4} + \frac{1}{2}$.
   d) Löse am Zahlenstrahl die Aufgabe $\frac{1}{4} + \frac{7}{8}$.

Ungleichnamige Brüche rechnerisch addieren und subtrahieren

Beispiel 2: Berechne.

a) $\frac{7}{8} + \frac{1}{4}$ b) $\frac{3}{4} - \frac{2}{5}$ c) $\frac{5}{12} + \frac{8}{15}$

Lösung:

a) $\frac{7}{8} + \frac{1}{4} = \frac{7}{8} + \frac{1 \cdot 2}{4 \cdot 2} = \frac{7}{8} + \frac{2}{8} = \frac{7+2}{8} = \frac{9}{8}$

> Da 8 ein Vielfaches von 4 ist, erweitere auf den gemeinsamen Nenner 8.

b) $\frac{3}{4} - \frac{2}{5} = \frac{3 \cdot 5}{4 \cdot 5} - \frac{2 \cdot 4}{5 \cdot 4} = \frac{15}{20} - \frac{8}{20} = \frac{15-8}{20} = \frac{7}{20}$

> Erweitere auf das Produkt der Nenner $4 \cdot 5 = 20$.

c) $\frac{5}{12} + \frac{8}{15} = \frac{5 \cdot 5}{12 \cdot 5} + \frac{8 \cdot 4}{15 \cdot 4} = \frac{25}{60} + \frac{32}{60} = \frac{25+32}{60} = \frac{57}{60} = \frac{19}{20}$

> Das kleinste gemeinsame Vielfache von 12 und 15 ist 60. Erweitere auf den gemeinsamen Nenner 60.

> Kürze mit 3. $57 : 3 = 19$ und $60 : 3 = 20$.

1.10 Ungleichnamige Brüche addieren und subtrahieren

Basisaufgaben

Hinweis zu 6:
Hier findest du die Lösungen.

4. Erweitere einen der beiden Brüche so, dass du anschließend addieren oder subtrahieren kannst. Berechne das Ergebnis.

   a) $\frac{1}{2} + \frac{1}{6}$ b) $\frac{3}{4} + \frac{1}{20}$ c) $\frac{3}{10} + \frac{3}{100}$ d) $\frac{2}{5} + \frac{9}{10}$ e) $\frac{19}{56} + \frac{3}{7}$

   f) $\frac{2}{3} - \frac{1}{6}$ g) $\frac{9}{10} - \frac{1}{2}$ h) $\frac{2}{5} - \frac{4}{25}$ i) $\frac{7}{2} - \frac{2}{14}$ j) $\frac{1}{3} - \frac{8}{33}$

5. Berechne.

   a) $\frac{2}{7} + \frac{1}{4}$ b) $\frac{1}{5} + \frac{2}{3}$ c) $\frac{6}{7} + \frac{1}{2}$ d) $\frac{5}{4} + \frac{4}{5}$ e) $\frac{3}{10} + \frac{2}{11}$

   f) $\frac{2}{3} - \frac{1}{4}$ g) $\frac{5}{2} - \frac{7}{9}$ h) $\frac{7}{12} - \frac{2}{5}$ i) $\frac{13}{2} - \frac{6}{2}$ j) $\frac{7}{12} - \frac{1}{13}$

Hinweis zu 7:
Hier findest du die Lösungen.

6. Erweitere die Brüche auf einen möglichst kleinen gemeinsamen Nenner und berechne das Ergebnis.

   a) $\frac{3}{4} + \frac{1}{6}$ b) $\frac{7}{9} + \frac{5}{6}$ c) $\frac{7}{8} + \frac{17}{12}$ d) $\frac{1}{20} + \frac{1}{50}$ e) $\frac{7}{15} + \frac{3}{25}$

   f) $\frac{1}{10} - \frac{1}{15}$ g) $\frac{5}{4} - \frac{1}{16}$ h) $\frac{11}{30} - \frac{3}{20}$ i) $\frac{9}{20} - \frac{1}{15}$ j) $\frac{3}{40} - \frac{3}{100}$

7. Kürze zuerst und berechne anschließend.

   Beispiel: $\frac{12}{18} + \frac{7}{21} = \frac{2}{3} + \frac{1}{3} = \frac{3}{3} = 1$

   a) $\frac{15}{100} + \frac{36}{40}$ b) $\frac{22}{99} + \frac{13}{26}$ c) $\frac{110}{40} - \frac{49}{56}$ d) $\frac{28}{35} + \frac{40}{48}$ e) $\frac{60}{144} - \frac{5}{75}$

Weiterführende Aufgaben

8. a) Finde je ein farbiges Rechteck, das $\frac{15}{144}$ und $\frac{5}{72}$ darstellt. Finde auch ein Rechteck, dass das Ergebnis der Aufgabe $\frac{15}{144} + \frac{5}{72}$ darstellt.

   b) Prüfe, ob es zwei Teilflächen gibt, die zusammen $\frac{5}{48}$ der Fläche des Musters einnehmen.

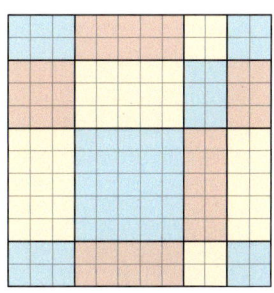

9. **Stolperstelle:** Die Schüler der Klasse 6d berechnen $\frac{5}{6} + \frac{4}{9}$. Welche Rechnungen sind richtig, welche falsch? Korrigiere die falschen Rechnungen.

   a) Peter: $\frac{5}{6} + \frac{4}{9} = \frac{9}{15} = \frac{3}{5}$ b) Mara: $\frac{5}{6} + \frac{4}{9} = \frac{5}{54} + \frac{4}{54} = \frac{9}{54}$

   c) Leon: $\frac{5}{6} + \frac{4}{9} = \frac{15}{18} + \frac{8}{18} = \frac{23}{18}$ d) Michael: $\frac{5}{6} + \frac{4}{9} = \frac{5}{9} + \frac{4}{9} = \frac{9}{9} = 1$

10. Berechne und überprüfe dein Ergebnis mit der Umkehroperation.

    Beispiel: $\frac{1}{2} - \frac{1}{6} = \frac{3}{6} - \frac{1}{6} = \frac{2}{6} = \frac{1}{3}$ Umkehroperation: $\frac{1}{3} + \frac{1}{6} = \frac{2}{6} + \frac{1}{6} = \frac{3}{6} = \frac{1}{2}$

    a) $\frac{1}{5} - \frac{1}{7}$ b) $\frac{3}{5} - \frac{19}{40}$ c) $\frac{5}{8} - \frac{3}{10}$ d) $\frac{1}{2} + \frac{1}{3}$ e) $\frac{23}{45} + \frac{2}{9}$

Erinnere dich:
Addition und Subtraktion sind Umkehroperationen:

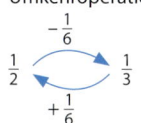

11. In einer Flasche sind $\frac{7}{10}$ ℓ Orangensaft. Anna schüttet davon $\frac{1}{4}$ ℓ in ein Glas. Wie viel Liter Saft sind noch in der Flasche?

12. a) Erkläre die Begriffe.

   gleichnamig   *Zähler*   *erweitern*
   kürzen   *Nenner*   *ungleichnamig*   *gemeinsamer Nenner*

b) Berechne und erläutere dein Vorgehen. Verwende dabei die Begriffe aus a).

① $\frac{1}{5} + \frac{1}{3}$ ② $\frac{7}{24} + \frac{5}{6}$ ③ $\frac{11}{10} + \frac{4}{25}$ ④ $\frac{1}{2} - \frac{7}{20}$ ⑤ $\frac{7}{6} - \frac{4}{5}$

13. Ergänze einen vollständig gekürzten Bruch, sodass die Rechnung stimmt.

a) $\frac{4}{15} + \frac{\blacksquare}{\blacksquare} = \frac{7}{15}$ b) $\frac{5}{8} + \frac{\blacksquare}{\blacksquare} = \frac{23}{24}$ c) $\frac{\blacksquare}{\blacksquare} - \frac{1}{3} = \frac{1}{6}$ d) $\frac{\blacksquare}{\blacksquare} + \frac{1}{4} = \frac{1}{3}$

e) $\frac{\blacksquare}{\blacksquare} - \frac{1}{10} = \frac{1}{100}$ f) $\frac{\blacksquare}{\blacksquare} - \frac{2}{5} = \frac{21}{60}$ g) $\frac{3}{10} + \frac{\blacksquare}{\blacksquare} = \frac{11}{20}$ h) $\frac{2}{3} - \frac{\blacksquare}{\blacksquare} = \frac{5}{9}$

14. Addiere bzw. subtrahiere die gemischten Zahlen.

a) $1\frac{1}{2} + \frac{3}{8}$ b) $\frac{2}{5} + 1\frac{2}{3}$ c) $2\frac{3}{4} + \frac{1}{8}$ d) $3\frac{2}{3} + 1\frac{1}{6}$ e) $1\frac{1}{12} + 1\frac{3}{8}$

f) $5\frac{3}{8} - 1\frac{3}{4}$ g) $2\frac{3}{5} - \frac{3}{10}$ h) $1\frac{2}{3} - \frac{8}{9}$ i) $2\frac{3}{7} - 1\frac{1}{2}$ j) $4\frac{1}{2} - 3\frac{1}{4}$

15. Berechne.

a) $\frac{5}{8} + \frac{1}{4} + \frac{3}{16}$ b) $\frac{1}{2} + \frac{2}{3} + \frac{3}{4}$ c) $\frac{11}{15} - \frac{3}{25} + \frac{29}{75}$ d) $\frac{19}{18} + \frac{2}{3} - \frac{7}{27}$

e) $4 - \frac{3}{10} - \frac{3}{5}$ f) $\frac{1}{3} + \frac{1}{4} - \frac{1}{5}$ g) $\frac{1}{2} + 5 - 1\frac{2}{3}$ h) $4\frac{3}{4} - 2\frac{1}{2} - 1\frac{1}{5}$

16. Patrick möchte Tennisprofi werden. Vormittags trainiert er drei Stunden auf dem Platz, eine Viertelstunde davon macht er Pause. Am Nachmittag absolviert er $1\frac{1}{2}$ h Krafttraining. Später spielt er noch eine Dreiviertelstunde gegen seinen Trainer. Wie viele Stunden hat Patrick insgesamt trainiert?

17. Vervollständige das magische Quadrat in deinem Heft. In jeder Zeile, Spalte und Diagonale soll die Summe denselben Wert haben.

a)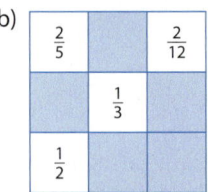

18. Ausblick: Die geometrische Reihe

a) Gib A_1, A_2, A_3, A_4 und A_5 als Bruch an. Was fällt dir auf?

b) Berechne die Summen
① $A_1 + A_2$ ② $A_1 + A_2 + A_3$
③ $A_1 + A_2 + A_3 + A_4$ ④ $A_1 + A_2 + A_3 + A_4 + A_5$

c) Stelle eine Vermutung für den Wert der Summe $A_1 + A_2 + A_3 + A_4 + A_5 + \ldots + A_{10}$ auf. Begründe.

d) Felix behauptet: „Wenn man die Flächeninhalte $A_1 + A_2 + A_3 + A_4 + A_5 + \ldots + A_n$ immer weiter addiert, kommt 1 heraus." Was meinst du dazu?

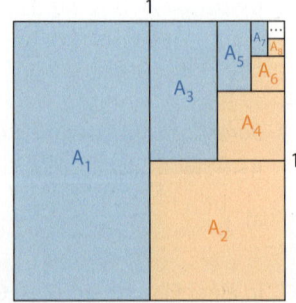

1.11 Vermischte Aufgaben

1. Benenne sowohl den farbigen als auch den weißen Anteil und kürze, wenn möglich.

   a) 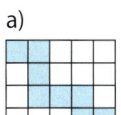 b) 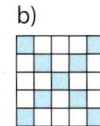 c) 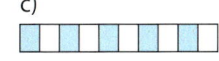 d)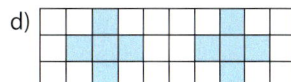

2. Mit dem Sieb des Eratosthenes kann man Primzahlen finden:
   Schreibe Zahlen von 1 ausgehend der Reihe nach auf. Streiche die 1 durch, denn sie ist keine Primzahl. Unterstreiche die 2, denn sie ist eine Primzahl. Streiche nun alle anderen Vielfachen von 2 durch. Gehe bei der 3 und ihren Vielfachen vor wie bei der 2. Zahlen, die bereits durchgestrichen sind, kannst du auslassen. Also brauchst du bei der 4 und ihren Vielfachen nichts mehr machen. Fahre mit der 5 und ihren Vielfachen fort und so weiter.
   1̸ 2 3 4̸ 5 6̸ 7 8̸ 9 1̸0̸

   Hinweis:
   Eratosthenes von Kyrene (etwa 275–194 v. Chr.) war ein äußerst vielseitiger griechischer Gelehrter.
   Unter anderem berechnete er erstaunlich genau den Erdumfang.

   a) Wie kannst du anschließend erkennen, welche Zahlen Primzahlen sind und welche nicht?
   b) Bestimme mit dem Sieb des Eratosthenes alle Primzahlen von 1 bis 100. Überlege, warum du keine Zahlen mehr durchstreichen musst, wenn du bei der 11 angekommen bist.

3. Finde die kleinste Zahl, die durch alle einstelligen Zahlen teilbar ist.

4. Wer bin ich?
   a) Ich bin ein gemeinsamer Teiler von 18 und 48 und bin ungerade.
   b) Ich habe 8 Teiler, bin größer als 40 und kleiner als 50.
   c) Ich bin ein Vielfaches von 6 und 9 und bin kleiner als 20.
   d) Ich habe 5 Teiler und bin kleiner als 40.
   e) Denke dir selbst ein solches Zahlenrätsel aus und tausche es mit deinem Partner.

5. a) Welche Kärtchen gehören zusammen?

6. In der Abbildung siehst du ein altes chinesisches Legespiel, das Tangram genannt wird. Es besteht aus einzelnen geometrischen Teilstücken und kann zu verschiedenen Formen, wie zum Beispiel einem Hasen oder einer Ente zusammengelegt werden. Das große zusammengelegte Quadrat ist achtmal so groß wie das kleine Quadrat Nr. 4.
   a) Den wievielten Anteil des Flächeninhalts vom großen Quadrat haben die anderen Teilstücke? Begründe deine Antwort.
   b) Bestimme den Flächeninhalt von jedem Teilstück, wenn das große Quadrat 10 cm lange Seiten hat.
   c) Wie groß ist der Flächeninhalt von Teilstück 2, wenn das kleine Quadrat (Teilstück 4) 2 cm² groß ist?
   d) Denk dir eigene Zuordnungsaufgaben aus und lasse sie von einem Mitschüler lösen.

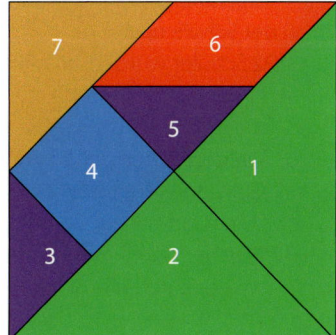
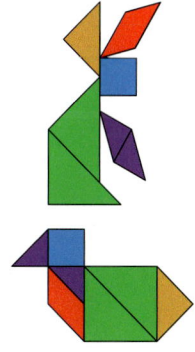

7. Die Piraten Hinkelbein und Einauge möchte ihre Beute teilen. Sie besteht aus fünf Goldbarren. Jeder Barren wiegt 500 Gramm.
   a) Wie können die beiden ihre Beute sinnvoll aufteilen? Beschreibe eine Möglichkeit.
   b) Wie müsste die Beute aufgeteilt werden, wenn es sieben Piraten sind? Jeder soll die gleiche Menge Gold erhalten.

8. Der abgebildete Messbecher hat zwei Skalen: eine in Millilitern und eine andere in Pint. Diese Maßeinheit für Flüssigkeiten wird zum Beispiel in Großbritannien verwendet.
   a) Lies ab, wie viel Milliliter ungefähr $\frac{1}{4}$ Pint ($\frac{1}{2}$ Pint; $\frac{3}{4}$ Pint) entsprechen.
   b) Ermittle anhand des Bildes eine näherungsweise Regel zur Umrechnung von Pint in Liter und umgekehrt.
   c) Prüfe deine Regeln aus b) durch eine Recherche (Internet, Nachschlagewerke).

9. Vergleiche und ersetze ■ so durch =, < oder >, dass eine wahre Aussage entsteht.
   a) $\frac{3}{4}$ von 4 m ■ $\frac{1}{2}$ von 4 m
   b) $\frac{2}{6}$ von 30 kg ■ $\frac{1}{3}$ von 30 kg
   c) $\frac{3}{5}$ von 10 € ■ $\frac{4}{5}$ von 10 €
   d) $\frac{3}{5}$ von 20 € ■ $\frac{4}{5}$ von 15 €

10. Peter sagt: „Ich bin $1\frac{3}{4}$ m groß." „Dann bist du 8 cm größer als ich", meint Paula. Wie groß ist Paula in cm?

11. Die Redakteure der Schülerzeitung haben an die 250 Unterstufenschüler des Adenauer-Gymnasiums Fragebögen verteilt. Sie wollen wissen, was in der Schule verbessert werden könnte und gaben vier Möglichkeiten vor, von denen genau eine angekreuzt werden soll. Anschließend haben sie die Ergebnisse aller 250 Fragebögen zusammengefasst:
    – 115 Schüler wünschen sich einen Süßigkeiten-Automaten,
    – 73 Schüler hätten gerne eine „Chillecke" speziell für die Unterstufenschüler,
    – 40 Schüler wünschen sich Spinde mit Schlössern in der Schule und
    – 22 Schüler würden sich über Gratis-WLAN freuen.
    a) In der Schülerzeitung steht: „Die Hälfte der Schüler möchte einen Süßigkeiten-Automaten!" Prüfe diese Aussage.
    b) Welcher Anteil der Schüler hätte gern eine „Chillecke"? Überschlage. Gib einen möglichst einfachen Bruch an, der etwa dem genauen Anteil entspricht.
    c) „Nicht einmal ein Zehntel der Schüler spricht sich für Gratis-WLAN aus". Stimmt das?
    d) Welcher Anteil der Schüler wünscht sich Spinde mit Schlössern? Gib einen möglichst weit gekürzten Bruch an.

1.11 Vermischte Aufgaben

12. a) Beschreibe die Regelmäßigkeiten im folgenden Bild mithilfe von Brüchen.

b) Erstelle selbst eine solche Zeichnung. Wähle die Maße der Ausgangsstrecke oben so, dass du die Anteile möglichst einfach darstellen kannst.

c) Vergleicht die Ausgangsmaße in der Klasse. Welche Maße kommen häufig vor? Konntet ihr das Muster damit gut zeichnen? Wobei gab es Schwierigkeiten?

13. Gib zwei vollständig gekürzte Brüche an, die zu der Rechnung passen.

Beispiel: ■ + ▼ = $\frac{4}{8} + \frac{2}{8} = \frac{6}{8}$, ■ = $\frac{1}{2}$, ▼ = $\frac{1}{4}$

a) ■ + ▼ = $\frac{16}{48} + \frac{30}{48} = \frac{46}{48}$

b) ■ − ▼ = $\frac{36}{60} - \frac{15}{60} = \frac{21}{60}$

c) ■ + ▼ = $\frac{12}{54} + \frac{18}{54} = \frac{30}{54}$

d) ■ − ▼ = $4\frac{14}{56} - 2\frac{32}{56} = \frac{238}{56} - \frac{144}{56} = \frac{94}{56} = 1\frac{38}{56}$

14. Wie verändert sich die Summe $\frac{a}{b} + \frac{c}{d}$ (b ≠ 0; d ≠ 0) durch die angegebenen Änderungen? Setze zunächst Zahlen ein und verallgemeinere dann.

a) d wird kleiner, a, b und c bleiben gleich.
b) c und d werden verdreifacht, a und b bleiben gleich.
c) b und d werden größer, a und c bleiben gleich.

15. Erfinde zu jedem Ergebnis eine Additions- und eine Subtraktionsaufgabe.

a) $\frac{1}{4}$ b) $\frac{4}{10}$ c) 2,5 d) 0,01 e) $\frac{3}{5}$ f) $\frac{7}{8}$ g) 5

Hinweis zu 14:
Du kannst mit einem Partner zusammenarbeiten: Tauscht eure Aufgaben gegenseitig und kontrolliert eure Rechnungen.

16. Rechnen mit Noten

Auch in der Musik wird mit Brüchen gerechnet. Welchem Wert eine Note entspricht, kannst du der Tabelle entnehmen.

Addiert man alle Notenwerte innerhalb eines Taktes, erhält man die Taktart, z.B.:

$\frac{4}{4}$ (–Takt) = $\frac{1}{8} + \frac{1}{8} + \frac{1}{8} + \frac{1}{8} + \frac{1}{4} + \frac{1}{4} = \frac{1}{2} + \frac{1}{4} + \frac{1}{4} = \frac{1}{16} + \frac{1}{2} + \frac{1}{4} + \frac{1}{16} + \frac{1}{8}$

Vervollständige den $\frac{4}{4}$-Takt in drei verschiedenen Varianten.

Gib drei verschiedene Möglichkeiten für einen $\frac{3}{4}$-Takt an.

Gegeben ist eine Sechzehntelnote. Welche Noten kannst du hinzufügen, um einen $\frac{3}{8}$-Takt zu erhalten?

halbe Note	♩	$\frac{1}{2}$
Viertelnote	♩	$\frac{1}{4}$
Achtelnote	♪	$\frac{1}{8}$
Sechzehntelnote	♬	$\frac{1}{16}$

Gegeben sind drei Sechzehntel-, zwei Achtel-, drei Viertel- und eine halbe Note. Welche Noten kannst du streichen, um einen $\frac{4}{4}$-Takt zu erhalten?

Prüfe dein neues Fundament

1. Brüche

Lösungen
S. 207

1. a) Gib die drei kleinsten Vielfachen der Zahl 6 an.
   b) Gib die fünf kleinsten Vielfachen der Zahl 14 an.
   c) Gib die Vielfachen von 6 zwischen 100 und 130 an.

2. Prüfe, ob die Aussage richtig oder falsch ist.
   a) 30 ist ein Vielfaches von 8. b) 12 ist ein Teiler von 48.
   c) 60 ist teilbar durch 15. d) 39 teilt 13.

3. Bestimme alle Teiler der Zahl und gib sie als Teilermenge an.
   a) 12 b) 19 c) 36 d) 100 e) 144 f) 260

4. Untersuche, ob die Zahl durch 2 (durch 5; durch 10) teilbar ist.
   a) 32 b) 75 c) 290 d) 523 e) 1094 f) 2025

5. Untersuche, ob die Zahl durch 3 (durch 9) teilbar ist.
   a) 57 b) 83 c) 679 d) 789 e) 1332 f) 8562

6. Untersuche, ob die Zahl durch 4 teilbar ist.
   a) 166 b) 280 c) 1536 d) 721 462 e) 202 892

7. Auf einem Schulfest wird Kuchen zu 2 € pro Stück verkauft. Am Abend sind bei der Abrechnung 1311 € in der Kasse. Kann das stimmen? Begründe deine Antwort.

8. Gib den gefärbten Anteil als Bruch an.

   a) 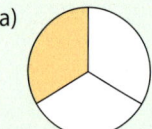 b) 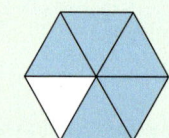 c) 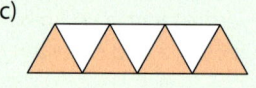 d)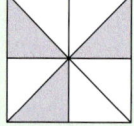

9. Zeichne zu jeder Aufgabe ein Rechteck wie im Bild. Färbe dann den angegebenen Anteil.
   a) $\frac{1}{6}$ b) $\frac{7}{12}$ c) $\frac{2}{3}$

   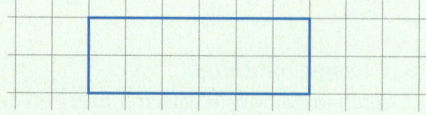

10. a) Erweitere $\frac{3}{5}$ mit 2, 5 und 8. b) Kürze $\frac{36}{48}$ durch 12, 4, 3 und 2.

11. Kürze so weit wie möglich.
    a) $\frac{6}{21}$ b) $\frac{25}{50}$ c) $\frac{30}{24}$ d) $\frac{100}{60}$ e) $\frac{18}{160}$ f) $\frac{108}{144}$

12. Übertrage ins Heft. Setze das richtige Zeichen < oder > ein.
    a) $\frac{6}{16}$ ■ $\frac{5}{16}$ b) $\frac{3}{4}$ ■ $\frac{4}{5}$ c) $\frac{7}{12}$ ■ $\frac{11}{16}$ d) $3\frac{7}{10}$ ■ $3\frac{1}{2}$

13. Berechne den Anteil.
    a) $\frac{1}{3}$ von 63 € b) $\frac{7}{20}$ von 400 g c) $\frac{1}{6}$ von 5 min d) $\frac{3}{10}$ von 2 cm

14. Gib den Anteil als Bruch an. Kürze so weit wie möglich.
    a) 40 g von 100 g b) 14 m von 21 m c) 5 min von 1 h d) 250 mℓ von 2 ℓ

Prüfe dein neues Fundament

15. Schreibe in der nächstkleineren Einheit.
  a) $\frac{1}{10}$ kg b) $\frac{1}{2}$ g c) $\frac{2}{5}$ dm d) $\frac{3}{8}$ ℓ e) $5\frac{1}{2}$ km f) $2\frac{3}{4}$ h

16. Peter und Marie schießen auf eine Torwand. Peter trifft bei 1 von 10 Schüssen, Marie bei 1 von 5 Schüssen. Wer hat die höhere Trefferquote, also einen höheren Anteil von Schüssen, die zum Tor führten?

17. Wie viel erhält jeder, wenn gerecht geteilt wird?
  a) 4 Kinder teilen sich 9 Pfannkuchen.
  b) 11 Donuts sind noch übrig. 2 Kinder möchten die Donuts mitnehmen.
  c) Mareike und ihre fünf Freunde bestellen zwei Pizzen.

18. Schreibe als unechten Bruch.
  a) $6\frac{1}{2}$ b) $1\frac{1}{5}$ c) $2\frac{2}{3}$ d) $7\frac{3}{10}$ e) $2\frac{1}{17}$ f) $5\frac{3}{11}$

19. Schreibe als gemischte Zahl.
  a) $\frac{4}{3}$ b) $\frac{6}{5}$ c) $\frac{19}{2}$ d) $\frac{17}{4}$ e) $\frac{29}{10}$ f) $\frac{44}{7}$

20. Welche Additionsaufgabe mit gleichnamigen Brüchen ist hier dargestellt?

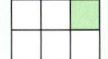 + 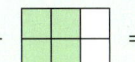 =

21. Berechne.
  a) $\frac{8}{9} - \frac{4}{9}$ b) $\frac{4}{7} + \frac{5}{7}$ c) $\frac{1}{10} + \frac{3}{5}$ d) $\frac{2}{3} + \frac{3}{4}$ e) $\frac{3}{16} - \frac{1}{12}$

22. Berechne. Kürze so weit wie möglich.
  a) $\frac{9}{10} + \frac{6}{10}$ b) $\frac{6}{12} - \frac{2}{5}$ c) $\frac{3}{9} + \frac{2}{12}$ d) $\frac{5}{6} - \frac{14}{36}$ e) $\frac{19}{20} + \frac{10}{25}$

23. Berechne. Gib das Ergebnis als natürliche oder gemischte Zahl an.
  a) $3\frac{2}{3} + 5\frac{1}{3}$ b) $1\frac{3}{4} - \frac{1}{7}$ c) $2\frac{3}{5} + 2\frac{9}{10}$ d) $12 - 6\frac{1}{2}$ e) $3\frac{2}{3} - 1\frac{8}{9}$

24. a) Gib drei gleichnamige Brüche an, deren Summe 2 ist.
  b) Gib zwei ungleichnamige Brüche an, deren Differenz $\frac{3}{8}$ ist.
  c) Welche Zahl musst du von $\frac{1}{2}$ abziehen, um $\frac{1}{10}$ zu erhalten?

25. Überprüfe die Rechnungen. Korrigiere, falls sie fehlerhaft sind.
  a) $\frac{1}{6} + \frac{1}{6} = \frac{1}{3}$ b) $\frac{11}{30} - \frac{4}{20} = \frac{7}{10}$

26. In einer Bäckerei sind von den Himbeertorten am Mittag noch $3\frac{1}{2}$ Torten vorhanden. Für den Nachmittag liegen Bestellungen über eine halbe und eine drei Viertel Himbeertorte vor. Wie viele Himbeertorten können noch an andere Kunden verkauft werden?

Zusammenfassung

1. Brüche

Teiler und Vielfache	Ein **Teiler** einer Zahl ist eine natürliche Zahl, welche diese Zahl ohne Rest teilt.	21 ist durch 7 teilbar, denn 21 : 7 = 3. Man schreibt: 7 | 21 7 ist kein Teiler von 18, denn 18 : 7 = 2 Rest 4. Man schreibt: (7 ∤ 18)
	Multipliziert man eine Zahl mit 1, 2, 3, 4, …, so erhält man ein **Vielfaches** dieser Zahl.	24 ist ein Vielfaches von 4, denn 4 · 6 = 24. Multipliziert man eine Zahl mit 1, 2, 3, 4, …, so erhält man ein Vielfaches dieser Zahl.
Brüche	Anteile von einem Ganzen können mit **Brüchen** beschrieben werden. Der **Nenner** eines Bruches gibt an, in wie viele gleiche Teile das Ganze geteilt ist. Der **Zähler** gibt die Anzahl der Teile an. Bei **echten Brüchen** ist der Zähler stets kleiner als der Nenner. Bei **unechten Brüchen** ist der Zähler stets größer als der Nenner. Unechte Brüche kann man auch als **gemischte Zahlen** schreiben.	Zähler — $\frac{4}{5}$ — Bruchstrich — Nenner 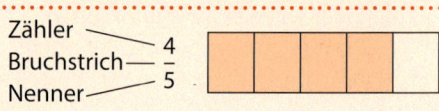 Beachte: Der Nenner darf nie 0 sein. **Echte Brüche:** $\frac{1}{2}, \frac{3}{4}, \frac{5}{7}$ **Unechte Brüche:** $\frac{3}{2}, \frac{7}{4}, \frac{15}{7}$ **Gemischte Zahlen:** $\frac{3}{2} = 1\frac{1}{2}, \frac{7}{4} = 1\frac{3}{4}, \frac{15}{7} = 2\frac{1}{7}$
Kürzen und Erweitern von Brüchen	Beim **Erweitern** werden Zähler und Nenner mit der gleichen Zahl multipliziert. Beim **Kürzen** werden Zähler und Nenner durch die gleiche Zahl dividiert.	$\frac{2}{3} = \frac{2 \cdot 4}{3 \cdot 4} = \frac{8}{12}$ $\frac{8}{12} = \frac{8 : 4}{12 : 4} = \frac{2}{3}$ 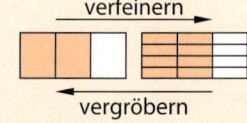
Brüche vergleichen	Von zwei **gleichnamigen Brüchen** ist der Bruch mit dem größeren Zähler der größere. **Ungleichnamige Brüche** werden zuerst gleichnamig gemacht und dann verglichen.	$\frac{3}{7} < \frac{4}{7}$, denn 3 < 4. $\frac{2}{3} < \frac{3}{4}$, denn $\frac{2}{3} = \frac{2 \cdot 4}{3 \cdot 4} = \frac{8}{12}$, $\frac{3}{4} = \frac{3 \cdot 3}{4 \cdot 3} = \frac{9}{12}$ und $\frac{8}{12} < \frac{9}{12}$.
Anteile von Größen	Brüche können **Anteile von Größen** angeben.	$\frac{3}{4}$ h = 45 min $2\frac{1}{2}$ kg = 2500 g $\frac{3}{8}$ ℓ = 0,375 ℓ
Gleichnamige Brüche addieren und subtrahieren	**Gleichnamige Brüche** kannst du **addieren** (**subtrahieren**), indem du 1. die Zähler addierst (subtrahierst) und 2. den gemeinsamen Nenner der Brüche beibehältst.	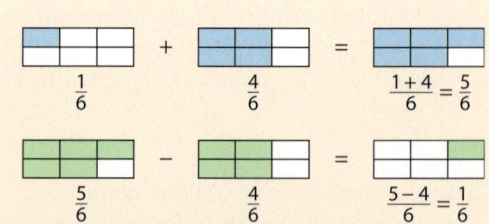
Ungleichnamige Brüche addieren und subtrahieren	**Ungleichnamige Brüche** kannst du addieren (**subtrahieren**), indem du 1. die Brüche gleichnamig machst und 2. die gleichnamigen Brüche addierst (subtrahierst).	$\frac{2}{5} + \frac{1}{3} = \frac{2 \cdot 3}{5 \cdot 3} + \frac{1 \cdot 5}{3 \cdot 5} = \frac{6+5}{15} = \frac{11}{15}$ $\frac{3}{4} - \frac{2}{3} = \frac{3 \cdot 3}{4 \cdot 3} - \frac{2 \cdot 4}{3 \cdot 4} = \frac{9-8}{12} = \frac{1}{12}$ 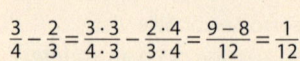 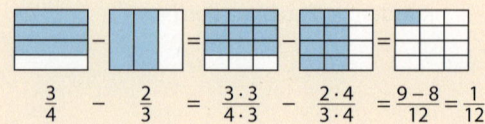

2. Dezimalzahlen

Ein Dartpfeil trifft einen Ballon, der mit Wasser gefüllt ist. Um einen solchen Moment festzuhalten, darf nur für sehr kurze Zeit Licht durch die Linse des Fotoapparats fallen, zum Beispiel 0,000 05 Sekunden lang. Das ist weniger als eine Zehntausendstel Sekunde.

Nach diesem Kapitel kannst du …
- die Dezimalschreibweise für Zahlen verwenden,
- Dezimalzahlen runden, vergleichen und ordnen,
- mit Dezimalzahlen rechnen,
- die Prozentschreibweise verwenden.

Dein Fundament

2. Dezimalzahlen

Lösungen
S. 208

Natürliche Zahlen darstellen

1. Gib die Zahlen an, die auf dem Zahlenstrahl markiert sind.

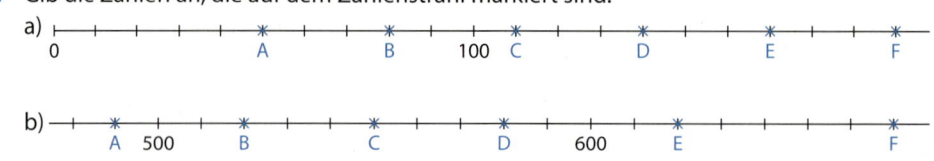

2. a) Ordne die Zahlen aus der Stellenwerttafel der Größe nach. Beginne mit der kleinsten Zahl.
    b) Gib jeweils den Vorgänger und den Nachfolger an.
    c) Gib die größte Zahl an, die in dieser Stellenwerttafel notiert werden kann.

Mio.	HT	ZT	T	H	Z	E
	9	0	5	8	7	1
		8	5	0	0	0
1	0	7	2	9	9	9
	9	5	0	8	7	1
	9	0	5	7	8	1

3. Zeichne einen Zahlenstrahl. Wähle für 2 Kästchen so viele Einheiten, dass der Zahlenstrahl gut in dein Heft passt. Markiere dann die Zahlen.
   a) 10; 30; 50; 65; 85; 100; 120
   b) 40; 80; 100; 160; 200; 240

4. Erstelle eine Stellenwerttafel für Zahlen bis 999 999 999.
   a) Trage darin die Zahlen ein und lies sie laut vor.
   b) Gib die fünftgrößte Zahl an, die in dieser Stellenwerttafel notiert werden kann.

5. Ordne die Zahlen der Größe nach. Beginne mit der größten Zahl.
   a) 98; 89; 980; 109; 901; 19; 80
   b) 4536; 6153; 118; 930; 9999; 7266

6. Runde die Zahlen.
   a) auf Hunderter: 891; 10 226; 9450
   b) auf Tausender: 44 716; 6499; 819 500

Größen auf verschiedene Weise angeben

7. Je zwei Größen sind gleich. Finde passende Paare.

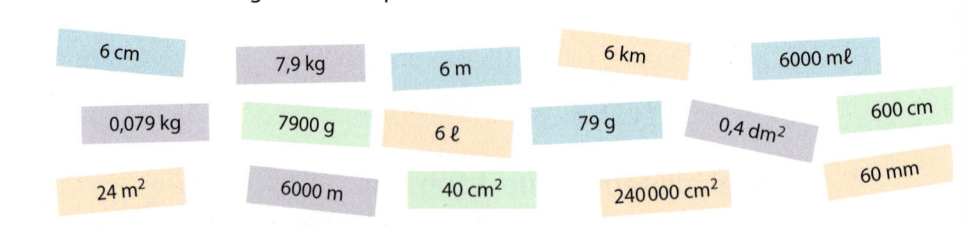

8. Rechne in die angebenenen Größen um.
   a) 40 cm (in mm)
   b) 3,6 cm (in mm)
   c) 700 mm (in cm)
   d) 68 mm (in cm)
   e) 6 kg (in g)
   f) 2,5 kg (in g)
   g) 40 000 g (in kg)
   h) 7200 g (in kg)

Dein Fundament

9. Die Strecken im Bild wurden gleichmäßig unterteilt. Finde vier unterschiedliche Möglichkeiten, die Länge der rot gefärbten Strecke anzugeben.

   a)

   b)

Grundrechenoperationen ausführen

10. Berechne.
    a) 690 + 321   b) 91 854 + 3969 + 110   c) 2051 – 730   d) 6353 – 4381
    e) 82 · 6   f) 42 · 518   g) 520 : 8   h) 21 714 : 33

11. Setze im Heft eine Zahl ein, sodass die Rechnung stimmt.
    a) 837 + ■ = 3615   b) ■ · 14 = 812   c) 98 · ■ = 9702   d) ■ – 837 = 1947

12. Ermittle nur durch Überschlagen, welches Ergebnis stimmt.
    a) 75 · 103   225; 975; 5875; 7725; 77 250; 125 015
    b) 9362 : 302   3; 13; 31; 310; 3100; 9060; 77 250; 2 827 324
    a) 82 781 – 3050   52 281; 69 731; 72 731; 79 731; 85 831

13. Bilde aus den Ziffern 0, 1, 2, 3 und 5 und einem Rechenzeichen +, ·, – oder :
    diejenige Aufgabe mit dem größtmöglichen Ergebnis.

Brüche

14. Gib den gefärbten Anteil als Bruch an.

    a) 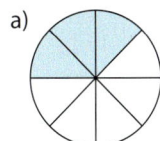   b)    c) 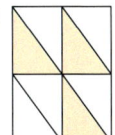   d) 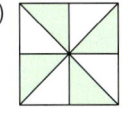   e)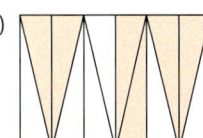

15. Erweitere $\frac{3}{5}$ mit 4, 6 und 10.

16. Zeichne zu jeder Aufgabe ein Rechteck, dass 8 Kästchen lang und 3 Kästchen breit ist.
    Färbe dann den angegebenen Anteil blau. Gib als Bruch an: Welcher Anteil bleibt weiß?
    a) $\frac{3}{24}$ b) $\frac{1}{3}$ c) $\frac{3}{4}$ d) $\frac{3}{6}$ e) $\frac{7}{8}$

17. Jeweils drei Brüche bzw. gemischte Zahlen sind gleich. Schreibe sie in dein Heft.

2.1 Dezimalzahlen

■ Tims Bestzeit beim 80-m-Sprint liegt bei rund elfeinhalb Sekunden. Welche der folgenden Ergebnisse könnten von ihm sein?
11,25 s; 10,88 s; 10,50 s; 11,52 s; 11,77 s; 10,99 s; 11,91 s; 11,60 s ■

Erinnere dich:
$1\frac{1}{4}\,\ell = 1250\,m\ell$
$1{,}25\,\ell = 1250\,m\ell$

Dezimalzahlen sind aus dem Alltag bekannt. Statt „$1\frac{1}{4}\,\ell$ Milch" sagt man auch „$1{,}25\,\ell$ Milch". Der **Bruch** $1\frac{1}{4}$ und die **Dezimalzahl 1,25** sind unterschiedliche Schreibweisen für dieselbe Zahl.

Für Dezimalzahlen wird die Stellenwerttafel für die Stellen nach dem Komma erweitert.
Zu den bekannten Stellenwerten Einer (E), Zehner (Z), Hunderter (H) kommen neue Stellenwerte hinzu: Zehntel (z), Hundertstel (h), Tausendstel (t), Zehntausendstel (zt), …

Die Dezimalzahl 1,25 bedeutet dann 1 Einer, 2 Zehntel ($\frac{2}{10}$) und 5 Hundertstel ($\frac{5}{100}$).

Man kann auch sagen, dass die Dezimalzahl 1,25 aus 1 Einer und 25 Hundertstel ($\frac{25}{100}$) besteht.

Wissen: Dezimalzahlen

Zahlen mit einem Komma heißen **Dezimalzahlen**.
Die Stellen links vom Komma sind die Ganzen.
Die Zahlen nach dem Komma werden **Dezimalstellen** genannt.

1,25 → Ganze | Dezimalstellen

H	Z	E	z	h	t	Dezimalzahl	
		1,	2			1,2 = 1 Einer und $\frac{2}{10}$	
	1	5,	9	8		15,98 = 1 Zehner, 5 Einer, $\frac{9}{10}$ und $\frac{8}{100}$	oder: 1 Zehner, 5 Einer und $\frac{98}{100}$
		0,	1	3	5	0,135 = 0 Einer, $\frac{1}{10}$, $\frac{3}{100}$ und $\frac{5}{1000}$	oder: 0 Einer und $\frac{135}{1000}$

Hinweis:
Lies die Stellen nach dem Komma ziffernweise.
15,98: fünfzehn Komma neun acht

Dezimalzahlen in Brüche oder gemischte Zahlen umwandeln

Beispiel 1: Schreibe als Bruch oder als gemischte Zahl und kürze so weit wie möglich.
a) 0,4   b) 4,26   c) 0,015

Lösung:
Lies aus der Stellenwerttafel ab. Fasse dabei die Stellen nach dem Komma zusammen:

	E	z	h	t
a)	0,	4		
b)	4,	2	6	
c)	0,	0	1	5

$0{,}4 = \frac{4}{10} = \frac{2}{5}$

$4{,}26 = 4\frac{26}{100} = 4\frac{13}{50}$

$0{,}015 = \frac{15}{1000} = \frac{3}{200}$

2.1 Dezimalzahlen

Basisaufgaben

1. Schreibe als Bruch.
   a) 0,1   b) 0,3   c) 0,7   d) 0,03   e) 0,101   f) 0,023

2. Schreibe als gemischte Zahl.
   a) 2,1   b) 1,33   c) 1,73   d) 5,03   e) 10,17   f) 5,051

3. Schreibe als Bruch oder als gemischte Zahl. Kürze, wenn möglich.
   a) 0,2   b) 2,5   c) 3,7   d) 0,12   e) 5,18   f) 6,15
   g) 0,98   h) 10,025   i) 2,88   j) 0,125   k) 4,258   l) 9,089

4. Schreibe die Zahl in der Stellenwerttafel als Dezimalzahl, als Bruch und – wenn möglich – als gemischte Zahl.

	T	H	Z	E	z	h	t	zt
a)			2	1,	0	3	2	
b)	1	0	3	2,	2	1		
c)				4,	6	0	0	1
d)				0,	0	1	0	3

Brüche und gemischte Zahlen in Dezimalzahlen umwandeln

Beispiel 2: Schreibe als Dezimalzahl.
a) $\frac{8}{25}$ b) $4\frac{7}{200}$ c) $\frac{18}{300}$ d) $1\frac{3}{15}$

Lösung:
Beim Umwandeln von Brüchen und gemischten Zahlen in Dezimalzahlen gibt es mehrere Möglichkeiten.

a) und b) **Erweitern**
Erweitere den Bruch so, dass der Nenner 10, 100, 1000 … ist (Zehnerbruch). Schreibe dann das Ergebnis auf.

a) $\frac{8}{25} = \frac{8 \cdot 4}{25 \cdot 4} = \frac{32}{100} = 0{,}32$

b) $4\frac{7}{200} = 4\frac{7 \cdot 5}{200 \cdot 5} = 4\frac{35}{1000} = 4{,}035$

c) **Kürzen**
$\frac{18}{300}$ kannst du durch Kürzen auf einen Zehnerbruch bringen.

c) $\frac{18}{300} = \frac{18 : 3}{300 : 3} = \frac{6}{100} = 0{,}06$

d) **Kürzen und Erweitern**
Manchmal musst du einen Bruch erst kürzen, bevor du ihn auf einen Zehnerbruch erweitern kannst.

d) $1\frac{3}{15} = 1\frac{3:3}{15:3} = 1\frac{1}{5} = 1\frac{1 \cdot 2}{5 \cdot 2} = 1\frac{2}{10} = 1{,}2$

Hinweis:
Der Zehnerbruch bestimmt die Anzahl der Nachkommastellen:

Nenner 10: $\frac{1}{10} = 0{,}1$

Nenner 100: $\frac{1}{100} = 0{,}01$

Nenner 1000: $\frac{1}{1000} = 0{,}001$

Oder du bestimmst die Nachkommastellen in der Stellenwerttafel:

	E	z	h	t
a)	0,	3	2	
b)	4,	0	3	5
c)	0,	0	6	
d)	1,	2		

Hinweis zu 6:
Hier findest du die Zahlen, die in die Lücken gehören.

5. Schreibe als Dezimalzahl.
   a) $\frac{3}{10}$ b) $\frac{8}{10}$ c) $\frac{7}{100}$ d) $\frac{36}{100}$ e) $\frac{772}{1000}$ f) $\frac{1}{10\,000}$
   g) $4\frac{1}{10}$ h) $3\frac{9}{10}$ i) $2\frac{76}{100}$ j) $5\frac{8}{100}$ k) $6\frac{125}{1000}$ l) $1\frac{73}{1000}$

6. Vervollständige die Rechnung im Heft. Schreibe als Dezimalzahl.
   a) $\frac{3}{5} = \frac{\square}{10} = \square$ b) $\frac{3}{4} = \frac{\square}{100} = \square$ c) $\frac{9}{50} = \frac{\square}{100} = \square$ d) $4\frac{5}{20} = 4\frac{\square}{100} = \square$ e) $\frac{1}{8} = \frac{\square}{1000} = \square$

7. Die Brüche werden zunächst gekürzt und dann als Dezimalzahl geschrieben. Ordne passend zu und begründe.

$\dfrac{9}{30}$ $\dfrac{105}{500}$ $\dfrac{150}{600}$ $\dfrac{28}{140}$ = $\dfrac{3}{10}$ $\dfrac{21}{100}$ $\dfrac{2}{10}$ $\dfrac{25}{100}$ = 0,25 0,2 0,21 0,3

8. Schreibe als Dezimalzahl. Erweitere oder kürze geschickt.
   a) $\dfrac{1}{4}$ b) $6\dfrac{1}{2}$ c) $\dfrac{21}{70}$ d) $2\dfrac{124}{200}$ e) $\dfrac{7}{8}$ f) $1\dfrac{40}{500}$

9. Schreibe als Dezimalzahl. Kürze zuerst und erweitere dann.
   a) $\dfrac{9}{15}$ b) $3\dfrac{3}{6}$ c) $\dfrac{14}{35}$ d) $1\dfrac{3}{150}$ e) $\dfrac{12}{75}$ f) $\dfrac{55}{88}$

Weiterführende Aufgaben

10. Ordne passend zu und begründe.
    a) 1,6 0,6   0,06 0,16   0,016 0,01 | $1\dfrac{6}{10}$ $\dfrac{6}{10}$ $\dfrac{16}{1000}$ $\dfrac{16}{100}$ $\dfrac{1}{100}$ $\dfrac{6}{100}$
    b) 0,9 2,5   1,5 0,25   0,8 0,375 | $1\dfrac{1}{2}$ $\dfrac{4}{5}$ $\dfrac{1}{4}$ $\dfrac{3}{8}$ $\dfrac{9}{10}$ $2\dfrac{1}{2}$

11. Gib den farbigen Anteil in Bruch- und in Dezimalschreibweise an.
    a)   b)   c)   d)   e)   f)

12. **Dezimalzahlen und unechte Brüche**
    a) Schreibe erst als gemischte Zahl und dann als unechten Bruch.
       ① 1,3   ② 10,7   ③ 1,23   ④ 9,5   ⑤ 4,44   ⑥ 13,129
    b) Schreibe erst als gemischte Zahl und dann als Dezimalzahl.
       ① $\dfrac{19}{10}$ ② $\dfrac{135}{10}$ ③ $\dfrac{276}{100}$ ④ $\dfrac{5125}{1000}$ ⑤ $\dfrac{14}{5}$ ⑥ $\dfrac{81}{20}$
    c) Beschreibe allgemein, wie man beim Umwandeln von Dezimalzahlen in unechte Brüche und umgekehrt vorgeht.

13. Welche Zahlen sind gleich?
    $\dfrac{9}{4}$ $2\dfrac{1}{2}$ 2,5 $\dfrac{5}{2}$ 2,25 $\dfrac{225}{100}$ 2,50 $2\dfrac{5}{10}$

14. ① „Morgen komme ich $\dfrac{1}{4}$ Stunde früher."
    ② „Morgen komme ich 0,25 Stunden früher."
    Welche der beiden Aussagen würdest du im Alltag verwenden?
    Finde eigene Beispiele, in denen man eher einen Bruch bzw. eine Dezimalzahl verwendet.
    Versuche jeweils zu begründen, warum das so ist.

2.1 Dezimalzahlen

15. Stolperstelle: Erkläre Katharinas Fehler.
a) $\frac{47}{10} = 0{,}47$ b) $\frac{7}{5} = 7{,}5$ c) $0{,}80 = \frac{8}{100}$ d) $3\frac{2}{5} = 3{,}25$

16. Übersetzt die Zahlenfolgen – so schnell wie möglich – mündlich in Dezimalzahlen. Arbeitet zu zweit.
a) $\frac{1}{2}, \frac{2}{2}, \frac{3}{2}, \frac{4}{2}, \frac{5}{2}, \ldots$ b) $\frac{1}{10}, \frac{2}{10}, \frac{3}{10}, \frac{4}{10}, \frac{5}{10}, \ldots$ c) $\frac{1}{5}, \frac{2}{5}, \frac{3}{5}, \frac{4}{5}, \frac{5}{5}, \ldots$
d) $\frac{1}{4}, \frac{2}{4}, \frac{3}{4}, \frac{4}{4}, \frac{5}{4}, \ldots$ e) $\frac{1}{25}, \frac{2}{25}, \frac{3}{25}, \frac{4}{25}, \frac{5}{25}, \ldots$ f) $\frac{1}{50}, \frac{2}{50}, \frac{3}{50}, \frac{4}{50}, \frac{5}{50}, \ldots$

17. Vervollständige die Tabelle im Heft. Beschreibe dein Vorgehen.

Gekürzter Bruch	$\frac{9}{50}$			$1\frac{5}{8}$		
Zehnerbruch		$\frac{124}{1000}$				$3\frac{84}{100}$
Dezimalzahl			0,33		2,4	

18. a) Welche Nullen kannst du weglassen und welche nicht? Schreibe die Größenangaben mit möglichst wenig Nullen.
① 1,50 m ② 3,10 km ③ 0,008 mg ④ 100,0700 kg ⑤ 4,0 s ⑥ 20,00 cm
b) Formuliere eine Regel, welche Nullen man bei Dezimalzahlen weglassen kann.

19. a) Für einen Kuchen benötigt Sam $\frac{1}{4}$ kg Mehl, $\frac{1}{10}$ kg Butter, $\frac{1}{8}$ ℓ Milch und 3 Eier. Gib die Größen mithilfe von Dezimalzahlen an.
b) Wandle die Größen auch in die nächstkleinere Einheit um.

Erinnere dich:
$\frac{3}{5}$ kg sind $\frac{3}{5}$ von 1000 g.
Also sind $\frac{3}{5}$ kg = 600 g.

20. Die deutsche 4 × 100-m-Staffel der Frauen hat bei der Leichtathletik-Weltmeisterschaft 2013 die Bronze-Medaille knapp verpasst:
1. Jamaika: 41,29 s
2. USA: 42,75 s
3. Großbritannien: 42,87 s
4. Deutschland: 42,90 s
a) Ludwig meint: „Die deutsche Staffel hat 42 Sekunden und 9 Zehntelsekunden gebraucht".
Mara meint: „Es waren 42 Sekunden und 90 Hundertstelsekunden." Wer hat recht?
b) Um wie viel Sekunden hat die deutsche Staffel Bronze verpasst?
c) Gib die Zeit der USA-Staffel als gemischte Zahl an.

21. Schreibe die Einwohnerzahl ohne Komma.
Beispiel: Berlin: 3,5 Mio. = 3 Millionen 5 Hunderttausend = 3 500 000
a) Estland: 1,3 Mio. b) Island: 0,33 Mio.
c) Luxemburg: 0,55 Mio. d) Andorra: 0,085 Mio.

22. Ausblick: Nicht jeder Bruch lässt sich auf einen Zehnerbruch bringen.
Beispiel: $\frac{1}{3}$ lässt sich nur auf $\frac{3}{9}, \frac{33}{99}, \frac{333}{999} \ldots$ erweitern.
Kannst du den Bruch in eine Dezimalzahl umformen? Begründe.
a) $\frac{9}{30}$ b) $\frac{20}{30}$ c) $\frac{10}{45}$ d) $\frac{54}{45}$ e) $\frac{1}{6}$ f) $\frac{50}{11}$

2.2 Dezimalzahlen vergleichen

■ Julia nahm an einem 200-m-Lauf teil. Ihre Zeit betrug 23,15 s.
Die Zeiten der anderen Läuferinnen betrugen: 22,98 s; 23,51 s; 23,05 s; 23,18 s; 23,79 s; 24,05 s; 23,76 s.
Welchen Platz hat Julia belegt?
Welche war die schnellste gelaufene Zeit?
Welche war die langsamste Zeit? ■

Dezimalzahlen stellenweise vergleichen

Wissen: Dezimalzahlen vergleichen
Dezimalzahlen werden **stellenweise** von links nach rechts verglichen. Die Zahl mit dem größeren Stellenwert **an der ersten unterschiedlichen Stelle** ist größer als die andere Zahl.

Beispiel 1: Welche der beiden Zahlen ist kleiner?
a) 2,45 oder 3,41   b) 4,37 oder 4,14   c) 0,125 oder 0,13

Lösung:
a) 2,45 < 3,41, denn   b) 4,14 < 4,37, denn   c) 0,125 < 0,13, denn
   2 Einer < 3 Einer.   1 Zehntel < 3 Zehntel.   2 Hundertstel < 3 Hundertstel.

Basisaufgaben

1. Setze zwischen die Zahlen das richtige Zeichen < oder > ein.
   a) 1,35 ■ 3,15   b) 1,2 ■ 1,1   c) 3,4 ■ 3,7   d) 0,79 ■ 0,97
   e) 3,83 ■ 3,84   f) 3,8 ■ 3,74   g) 1,245 ■ 1,241   h) 1,24 ■ 1,245

2. Welche Zahl ist die kleinste, welche die größte? Begründe deine Wahl.
   a) 0,9; 1,1; 0,7   b) 0,98; 1,01; 0,89   c) 3,02; 2,9; 3,021
   d) 14,1; 13,6; 15,7   e) 4; 4,13; 4,1   f) 7,6; 6,7; 7,06

3. Gib die beiden Nachbarzahlen mit einer Nachkommastelle an, zwischen denen die Zahl liegt.
   Beispiel: 4,5 = 4,50 < 4,56 < 4,60 = 4,6
   a) 3,73   b) 4,82   c) 0,33   d) 1,05   e) 7,94   f) 6,325

4. Ordne die Zahlen der Größe nach. Beginne mit der kleinsten.
   a) 8,3; 8,1; 8,7; 7,8   b) 0,91; 0,19; 0,37; 0,73   c) 0,42; 0,49; 0,43; 0,48
   d) 1,67; 1,7; 1,6; 1,62   e) 4,39; 4,3; 4,387; 4,388   f) 15,01; 14,98; 14,899; 15,001

5. Ordne die Zahlen aus der Stellenwerttafel der Größe nach.

Z	E	z	h	t
	4,	3	7	8
	0,	5	7	
	4,	9		
	4,	3	8	

2.2 Dezimalzahlen vergleichen

Dezimalzahlen am Zahlenstrahl darstellen

Bei der Darstellung von Dezimalzahlen teilt man die Strecke für ein Ganzes (ein Zehntel, ein Hundertstel) in 10 gleich große Teile.

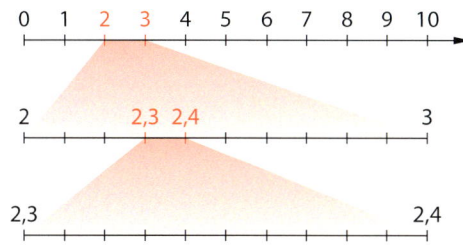

> **Wissen: Dezimalzahlen am Zahlenstrahl vergleichen**
> Auf dem **Zahlenstrahl** liegt die größere von zwei Dezimalzahlen rechts von der anderen Dezimalzahl.

Beispiel 2: Markiere die Zahlen auf einem Zahlenstrahl.
a) 0,3 und 0,5 b) 0,7 und 1,6 c) 0,82 und 0,83

Lösung:
a) Teile die Strecke von 0 bis 1 in zehn gleich große Teile ein. Die Striche markieren Zehntel.

b) Zeichne einen Zahlenstrahl von 0 bis 2. Teile jedes Ganze in zehn Teile, also Zehntel.

c) Zeichne einen Ausschnitt von 0,8 bis 0,9. Teile das Zehntel von 0,8 bis 0,9 in zehn gleich große Teile – also Hundertstel – ein.

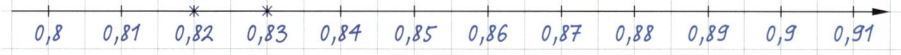

Hinweis zu Beispiel 1c): Ein Zahlenstrahl muss nicht immer bei Null anfangen.

Basisaufgaben

6. Lies die markierten Zahlen ab.

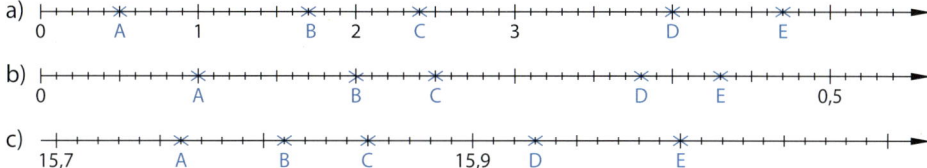

7. Zeichne auf Karopapier einen Zahlenstrahl von 0 bis 2. Wähle für ein Zehntel ein Kästchen. Markiere auf dem Zahlenstrahl 0,2; 0,5; 0,6; 1,1 und 1,8.

8. Zeichne auf einem Zahlenstrahl die angegebenen Zahlen ein. Wähle die Einteilung sinnvoll.
a) 15,6; 15,8; 16,2; 17   b) 112,1; 111,9; 109,6; 110,2   c) 4,17; 4,21; 4,1; 4,25

9. Gib je zwei Zahlen an, die zwischen A und B (B und C; C und D; D und E) liegen.

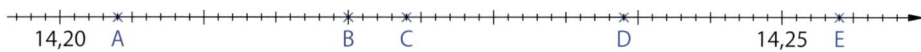

Weiterführende Aufgaben

10. a) Ordne die Zahlen der Größe nach.
① 7,04; 7,59; 7,02 ② 3,05; 3,6; 3,19 ③ 72,34; 72,39; 73,3 ④ 45,3; 45,5; 45,1
b) Welche der Zahlen aus a) kannst du leicht am Zahlenstrahl darstellen?
Welche lassen sich nur schwer markieren? Begründe.

11. Stolperstelle: Ist die Aussage richtig oder falsch? Begründe deine Entscheidung.
a) 3,13 ist größer als 3,1, weil 13 größer als 1 ist.
b) 0,40 und 0,04 und 0,4 sind gleich groß. Die Null nach dem Komma kann man weglassen.
c) Zum Ordnen von Dezimalzahlen müssen die Ziffern rechts vom Komma stellenweise verglichen werden.

12. a) Finde drei Dezimalzahlen, die zwischen den angegebenen Zahlen liegen.
① 8,3 und 8,8 ② 0,15 und 0,19 ③ 0,003 und 0,014 ④ 0,03 und 0,031
b) Welche Dezimalzahl liegt jeweils genau in der Mitte zwischen den Zahlen aus ① bis ④?

13. Gib für jeden markierten Punkt auf dem Zahlenstrahl eine Dezimalzahl und einen gekürzten Bruch an.

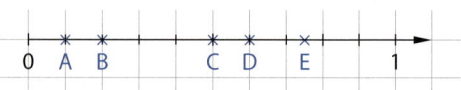

14. Übertrage ins Heft und setze das richtige Zeichen <, > oder = ein.
a) $\frac{3}{4}$ ■ 0,7   b) 0,0001 ■ $\frac{1}{1000}$ c) $\frac{6}{10}$ ■ 0,60   d) $\frac{1}{3}$ ■ 0,3
e) 7,65 ■ $\frac{765}{100}$ f) 1,98 ■ $2\frac{9}{25}$ g) 3,5 ■ $\frac{25}{6}$ h) $4\frac{2}{5}$ ■ 4,25

15. Setze ein Komma so, dass die Zahl kleiner als 5000 wird. Wie viele Möglichkeiten gibt es?
a) 645091   b) 1987612   c) 55555555   d) 499482705

16. Ordne die Volumenangaben der Größe nach: 0,33 ℓ; 250 mℓ; $\frac{3}{4}$ ℓ; 0,2 ℓ; 0,7 ℓ; $\frac{1}{2}$ ℓ; 100 mℓ.

17. Übertrage das Koordinatensystem in dein Heft. Trage die angegebenen Punkte ein und verbinde sie der Reihe nach.
A(0,3|0,2); B(0,6|1,1); C(0,8|0,7); D(1|1,1);
E(1,3|0,2); F(1,1|0,2); G(1|0,8); H(0,8|0,5);
I(0,6|0,8); J(0,5|0,2)

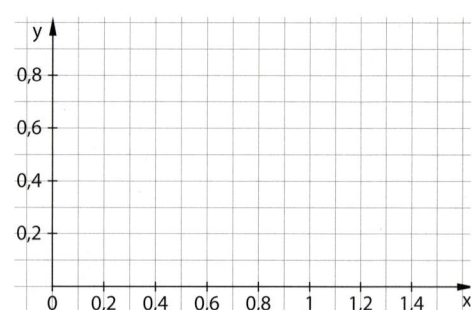

18. a) Ordne die Länder nach ihrer Einwohnerzahl.

Kroatien	4,23 Mio.	Albanien	3,16 Mio.	Montenegro	0,62 Mio.
Irland	4,59 Mio.	Malta	0,42 Mio.	Norwegen	5,02 Mio.
Lettland	2,03 Mio.	Slowenien	2,06 Mio.	Liechtenstein	0,04 Mio.

b) Finde Aussagen der Art: „… hat ungefähr …-mal so viele Einwohner wie …"

19. Ausblick: Finde mindestens zwei verschiedene Dezimalzahlen, die …
a) größer als $\frac{1}{5}$ und kleiner als $\frac{1}{4}$ sind.   b) größer als $\frac{1}{9}$ und kleiner als $\frac{1}{7}$ sind.

Erinnere dich:
Mio. = Millionen

2.3 Abbrechende und periodische Dezimalzahlen

■ 1 mg Pulver eines Medikaments sollen gleichmäßig auf mehrere Kapseln verteilt werden. Wie viel Milligramm Pulver kommen in eine Kapsel, wenn das Pulver auf 10 Kapseln (auf 3 Kapseln) verteilt werden soll? ■

$\frac{1}{4}$ bedeutet, dass man ein Ganzes in vier Teile aufteilt. Deshalb kann man $\frac{1}{4}$ auch als Division 1 : 4 schreiben.
Das Ergebnis von 1 : 4 ist eine Dezimalzahl.

> **Wissen: Brüche in Dezimalzahlen umwandeln**
> Man kann einen Bruch in eine Dezimalzahl umwandeln, indem man den Zähler durch den Nenner dividiert.

Abbrechende Dezimalzahlen

Beispiel 1: Wandle in eine Dezimalzahl um, indem du eine schriftliche Division durchführst.

a) $\frac{1}{4}$ b) $\frac{6}{16}$

Lösung:

a) Rechne nach dem Verfahren der schriftlichen Division. Wenn keine Ziffer heruntergezogen werden kann, ergänzt man einfach eine Null. Wenn du die 1. Null ergänzt, dann setzt du im Ergebnis ein Komma.

b) Bei $\frac{6}{16}$ kannst du zuerst auf $\frac{3}{8}$ kürzen. Rechne dann 3 : 8 statt 6 : 16.

Hinweis:
Die ergänzten Nullen kommen von der Zehntel-, Hundertstel-, Tausendstelstelle, denn:
1 : 4 = 1,000… : 4
3 : 8 = 3,000… : 8

Basisaufgaben

1. Wandle in eine Dezimalzahl um, indem du eine schriftliche Division durchführst.

   a) $\frac{1}{5}$ b) $\frac{1}{8}$ c) $\frac{5}{8}$ d) $\frac{6}{25}$ e) $\frac{7}{16}$ f) $\frac{9}{40}$

2. Kürze und wandle dann in eine Dezimalzahl um.

   a) $\frac{18}{24}$ b) $\frac{14}{16}$ c) $\frac{21}{60}$ d) $\frac{27}{48}$ e) $\frac{51}{75}$ f) $\frac{30}{96}$

Periodische Dezimalzahlen

Beispiel 2: Wandle den Bruch in eine Dezimalzahl um.

a) $\frac{2}{3}$ b) $\frac{7}{6}$ c) $\frac{4}{11}$

Lösung:

a) Die schriftliche Division von 2 : 3 geht nicht auf.
Es bleibt immer der Rest 2.

Die Rechnung ließe sich immer weiter fortsetzen.

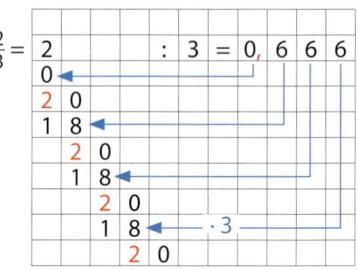

Schreibe das Ergebnis deshalb als Periode („null Komma Periode 6").

$\frac{2}{3} = 0{,}666\ldots = 0{,}\overline{6}$

Hinweis:
Periodos (griechisch): Kreislauf, Herumgehen, regelmäßige Wiederkehr.

b)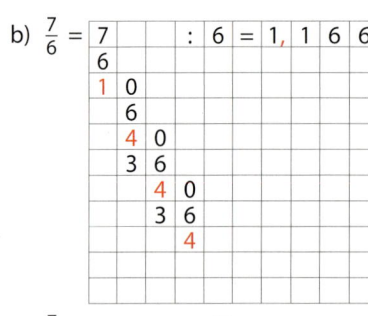

$\frac{7}{6} = 1{,}166\ldots = 1{,}1\overline{6}$

c)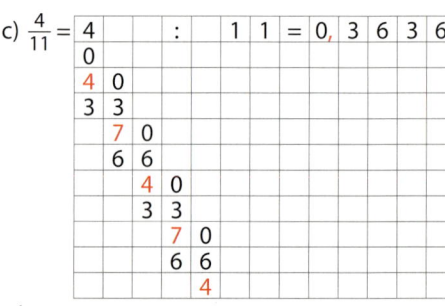

$\frac{4}{11} = 0{,}3636\ldots = 0{,}\overline{36}$

Hinweis:
Die Periodenlänge gibt die Anzahl der sich wiederholenden Ziffern an.
$\frac{7}{22} = 0{,}3181818\ldots$
$= 0{,}3\overline{18}$
↑
Periode 18
Periodenlänge 2

> **Wissen: Abbrechende und periodische Dezimalzahlen**
> Jeder Bruch lässt sich entweder als **abbrechende Dezimalzahl** oder als **periodische Dezimalzahl** schreiben.
>
> Bei periodischen Dezimalzahlen wiederholen sich eine oder mehrere Ziffern nach dem Komma unendlich oft. Diese sich wiederholenden Ziffern nennt man **Periode**.
>
> $\frac{5}{6} = 0{,}83333\ldots = 0{,}8\overline{3}$
> „null Komma 8 Periode 3"

Basisaufgaben

3. Schreibe die Zahl mit Periodenstrich.
   a) 0,2222… b) 0,13333… c) 0,82828282… d) 0,2502020202…

4. Wandle in eine periodische Dezimalzahl um.
   a) $\frac{1}{3}$ b) $\frac{5}{9}$ c) $\frac{6}{11}$ d) $\frac{11}{6}$ e) $\frac{25}{9}$ f) $\frac{8}{15}$

5. Kürze, wenn möglich, und wandle dann in eine periodische Dezimalzahl um.
   a) $\frac{21}{9}$ b) $\frac{16}{60}$ c) $\frac{7}{18}$ d) $\frac{26}{12}$ e) $\frac{35}{110}$ f) $\frac{77}{90}$

2.3 Abbrechende und periodische Dezimalzahlen

Weiterführende Aufgaben

6. Finde die zusammengehörenden Paare von Brüchen und Dezimalzahlen.

   $\frac{20}{25}$ 1,75 0,24 $\frac{14}{8}$ 0,8 $\frac{10}{16}$ $\frac{36}{150}$ 0,625

7. Ada und Henry wandeln $\frac{3}{20}$ unterschiedlich in eine Dezimalzahl um.

   Ada rechnet: $3 : 20 = 0{,}15$ Henry rechnet: $\frac{3}{20} = \frac{15}{100} = 0{,}15$

   a) Wandle $\frac{5}{8}$ und $\frac{43}{50}$ in Dezimalzahlen um. Welcher Rechenweg ist jeweils einfacher?

   b) Schreibe als Dezimalzahl. Entscheide vorher, ob du wie Ada oder wie Henry rechnest.

   ① $\frac{18}{20}$ ② $\frac{28}{50}$ ③ $\frac{18}{30}$ ④ $\frac{13}{5}$ ⑤ $\frac{15}{12}$ ⑥ $\frac{336}{300}$

8. Finde die zusammengehörenden Paare von Brüchen und periodischen Dezimalzahlen.

   $1{,}\overline{1}$ $\frac{1}{11}$ $\frac{70}{63}$ $\frac{29}{24}$ $0{,}1\overline{36}$ $0{,}\overline{09}$ $\frac{3}{22}$ $1{,}208\overline{3}$

9. Wandle in eine abbrechende oder periodische Dezimalzahl um.

   a) $\frac{15}{50}$ b) $\frac{22}{99}$ c) $\frac{69}{90}$ d) $\frac{26}{8}$ e) $\frac{7}{33}$ f) $\frac{10}{27}$

   Hinweis zu 9: Hier findest du die Lösungen.

10. Wandle in eine Dezimalzahl um. Formuliere dann eine Regel.

    a) $\frac{1}{5}, \frac{1}{50}, \frac{1}{500}$ b) $\frac{1}{3}, \frac{1}{30}, \frac{1}{300}$ c) $\frac{7}{3}, \frac{7}{30}, \frac{7}{300}$

11. a) Wandle die folgenden Brüche in eine Dezimalzahl um: $\frac{1}{6}, \frac{16}{99}$ und $\frac{4}{25}$. Worin unterscheiden sich die drei Dezimalzahlen?

    b) Erkläre, wie du anhand der Umwandlung eines Bruches in eine Dezimalzahl erkennen kannst, ob die Dezimalzahl abbrechend oder periodisch ist.

    c) Erkläre, wie du anhand der schriftlichen Division beim Umwandeln von Brüchen in Dezimalzahlen erkennen kannst, an welcher Stelle nach dem Komma die Periode beginnt und welche Länge sie hat.

12. **Stolperstelle:** Richtig oder falsch? Korrigiere, wenn ein Fehler vorliegt.

    a) $0{,}121212\ldots = 0{,}1\overline{21}$ b) $\frac{1}{12}$ und $\frac{2}{12}$ sind periodisch, $\frac{3}{12}$ nicht.

    c) $\frac{222}{1000} = 0{,}222 = 0{,}\overline{2}$ d) $\frac{4}{9} = 0{,}444$

13. Setze im Heft zwischen die Zahlen das richtige Zeichen < oder > ein.

    a) $0{,}6 \;\square\; 0{,}\overline{6}$ b) $1{,}\overline{3} \;\square\; 1{,}34$ c) $3{,}\overline{36} \;\square\; 3{,}3\overline{6}$ d) $5{,}\overline{7} \;\square\; 5{,}71$

14. Ordne die Zahlen von klein nach groß.

    a) $\frac{6}{5}$; $1\frac{2}{9}$; $1{,}22$; $\frac{51}{50}$; $0{,}12$ b) $2{,}34$; $\frac{69}{30}$; $\frac{14}{6}$; $2{,}\overline{34}$; $2\frac{66}{200}$ c) $3{,}46$; $3\frac{45}{99}$; $3{,}455$; $3\frac{45}{100}$; $\frac{42}{12}$

15. **Ausblick:** Aus Beispiel 2 weißt du bereits, dass $\frac{4}{11} = 0{,}\overline{36}$ ist.

    a) Wandle $\frac{1}{11}$ und $\frac{2}{11}$ in Dezimalzahlen um. Stelle eine Vermutung auf, welche Dezimalzahlen zu $\frac{3}{11}$ und $\frac{5}{11}$ gehören. Überprüfe durch eine Rechnung.

    b) Jana meint: „$\frac{10}{11}$ und $\frac{12}{11}$ haben die gleiche Periode." Was meinst du dazu?

Streifzug

2. Dezimalzahlen

Unendliche Dezimahlzahlen in Brüche umwandeln

■ Lisa, Timo und Carlo diskutieren darüber, ob man jede Dezimalzahl in einen Bruch umwandeln kann. „Klar geht das", meint Lisa. Timo hat auch ein Beispiel. Carlo ist skeptisch: „Was ist denn mit 0,5555…?"
a) Wie könnte der zugehörige Bruch lauten?
b) Lisa behauptet, dass $0{,}5555\ldots = \frac{5}{9}$ gilt. Hilft Lisa hier ein Taschenrechner weiter? ■

Dezimalzahlen können unendlich viele Nachkommastellen haben. Wiederholen sich Ziffernfolgen ab einer bestimmten Stelle, so kannst du diese Dezimalzahlen in Brüche umformen. Die Anzahl der Ziffern, die sich wiederholen, nennt man die **Länge der Periode**.
0,13131313… hat die Periode 13. Die Länge der Periode ist 2. Schreibe kurz: $0{,}\overline{13}$
42,92144444… hat die Periode 4. Die Länge dieser Periode ist 1. Schreibe kurz: $42{,}921\overline{4}$

Beispiel 1: Wandle die Dezimalzahl in einen Bruch um.
a) $0{,}222222\ldots = 0{,}\overline{2}$
b) $1{,}4545454545\ldots = 1{,}\overline{45}$

Lösung:

a) Mit unendlich vielen Nachkommastellen kann man schlecht rechnen. Es hilft ein Rechentrick, um die Nachkommastellen zu entfernen. Zuerst multiplizierst du diese Dezimalzahl mit 10. Dann subtrahierst du von dieser Zahl die Ausgangszahl, sodass du die Zahl 2 erhältst.
Mit dem Distributivgesetz kannst du den Rechenausdruck anders schreiben. Es entsteht ein Produkt.
Bilde nun eine passende Umkehraufgabe.
Als Ergebnis erhältst du die Dezimalzahl mit unendlich vielen Nachkommastellen als Bruch.

$0{,}222222\ldots \cdot 10 = 2{,}2222\ldots$
$\boxed{2{,}2222\ldots} - \boxed{0{,}2222\ldots} = 2$

$2 = \boxed{10} \cdot 0{,}2222\ldots - \boxed{1} \cdot 0{,}22222\ldots$
$2 = (10 - 1) \cdot 0{,}2222\ldots$
$2 = 9 \cdot 0{,}2222\ldots$

$2 : 9 = \frac{2}{9} = 0{,}2222\ldots = 0{,}\overline{2}$

Erinnere dich:
Umkehraufgabe zu
$5 \cdot 4 = 20$ ist $20 : 5 = 4$.

b) Da die Periode hier die Länge 2 hat, musst du das Komma um 2 Stellen verschieben. Also multiplizierst du mit der Stufenzahl 100.
Dann rechnest du genau wie bei a) mit der Umkehraufgabe.

$1{,}4545454545\ldots \cdot 100 = 145{,}45454545\ldots$
$\boxed{145{,}45454545\ldots} - \boxed{1{,}45454545\ldots} = 144$

$144 = \boxed{100} \cdot 1{,}45454545\ldots - \boxed{1} \cdot 1{,}45454545\ldots$
$144 = (100 - 1) \cdot 1{,}45454545\ldots$
$144 = 99 \cdot 1{,}45454545\ldots$
$144 : 99 = \frac{144}{99} = \frac{16}{11} = 1\frac{5}{11} = 1{,}454545\ldots = 1{,}\overline{45}$

Aufgaben

1. Wandle in einen Bruch um.
   a) 0,4444…
   b) 0,282828…
   c) 4,187187187…

2. Wandle die Dezimalzahl in einen Bruch um und kürze so weit wie möglich.
   a) $0,\overline{25}$
   b) $0,\overline{8}$
   c) $0,\overline{36}$
   d) $3,\overline{5}$
   e) $2,\overline{67}$

   Hinweis zu 2:
   Überprüfe deine Ergebnisse mit dem Lösungswort.

I	$\frac{4}{11}$
A	$\frac{25}{99}$
N	$2\frac{67}{99}$
S	$\frac{8}{9}$
E	$3\frac{5}{9}$

3. Welche Zahlen sind gleich? Ordne passend zu.

   $3,1\overline{6}$ $3,\overline{60}$ $3,\overline{16}$ $3,\overline{160}$ $\frac{313}{99}$ $3\frac{1}{16}$ $3\frac{160}{999}$ $\frac{119}{33}$

4. Für diese Aufgabe benötigst du einen einfachen Taschenrechner.
   a) Berechne 999 999 : 7 schriftlich und bestätige dein Ergebnis mithilfe eines Taschenrechners.
   b) Gib nun die Brüche $1 : 7 = \frac{1}{7}$, $2 : 7 = \frac{2}{7}$ und $3 : 7 = \frac{3}{7}$ in einen Taschenrechner ein. Vergleiche die Ziffern der Periode mit den Ziffern der Zahl aus a). Was fällt dir auf? Kannst du diese Tatsache begründen?
   c) Ein Taschenrechner gibt für $\frac{5}{7} = 5 : 7$ das Ergebnis 0,714286 aus. Wie erklärst du diese Ausgabe?

   Hinweis zu 4:
   Bald arbeitest du mit einem Taschenrechner. Hier sammelst du erste Erfahrungen.

5. Die Dezimalzahl $0,\overline{1}$ lässt sich in den Bruch $\frac{1}{9}$ umwandeln.
   a) Wandle die periodischen Dezimalzahlen $1,\overline{2}$ und $12,\overline{3}$ in Brüche um. Was fällt dir auf?
   b) Formuliere eine Regel.
   c) Wandle die Dezimalzahlen $123,\overline{4}$ und $1\,234,\overline{5}$ in Brüche um, ohne zu rechnen.

6. **Forschungsauftrag:**
   Mathematik kann auch sportlich sein! Hast du schon einmal vom *Pi*-Sport gehört? Man hat festgelegt, dass ein Kreis mit dem Durchmesser 1 einen Umfang von Pi (π = 3,14159…) hat. Diese Zahl hat unendlich viele Nachkommastellen und ist nicht periodisch. Es ist zu einem Sport geworden, sich möglichst viele Nachkommaziffern von *Pi* in der richtigen Reihenfolge zu merken. Im Jahr 2005 stellte der Chinese Chao Lu einen offiziellen Weltrekord im *Pi*-Sport auf. Er nannte 67 890 Nachkommaziffern von *Pi* in 24 Stunden und 4 Minuten.
   a) Viele *Pi*-Sportler benutzen Merkregeln und Tricks, um sich an die Nachkommaziffern zu erinnern. Was für Tricks könnten das sein?
   b) Betreibe selber *Pi*-Sport und versuche, dir möglichst viele Nachkommaziffern von *Pi* zu merken.
   c) Wie viele Nachkommastellen von Pi sind heute bekannt? Recherchiere im Internet.
   d) Finde heraus, welcher Tag als „Pi-Day" bezeichnet wird.

   Hinweis zu 6:
   π = 3,14159 26535 89793 23846 26433 83279 50288 41971 69399 37510 58209 74944 59230 78164 06286 20899 86280 34825 34211 70679 …

2.4 Prozentschreibweise

■ Lies die Zeitungsmeldung. Wie viele Schüler in deiner Klasse müssten Linkshänder sein? ■

Eine aktuelle Umfrage hat festgestellt, dass der Anteil der Linkshänder unter deutschen Jugendlichen ca. 10 % beträgt...

Anteilen kann man im Alltag in unterschiedlichen Darstellungsformen begegnen.

Als Brüche:    Als Dezimalzahlen: 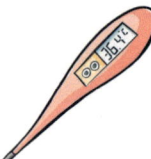   Als Prozente: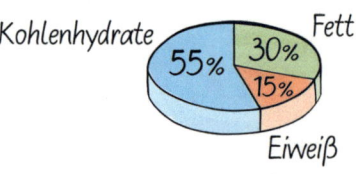

Hinweis:
Das Wort **Prozent** kommt aus dem Lateinischen, pro centum heißt „für hundert", also Hundertstel-Anteil.

Wissen: Prozent
Prozentangaben sind eine andere Schreibweise für Brüche mit dem Nenner 100 und für Dezimalzahlen.

Prozent	Bruch mit Nenner 100	gekürzter Bruch	Dezimalzahl
1 %	$\frac{1}{100}$	$\frac{1}{100}$	0,01
5 %	$\frac{5}{100}$	$\frac{1}{20}$	0,05
30 %	$\frac{30}{100}$	$\frac{3}{10}$	0,30 = 0,3

Prozente in Brüche und Dezimalzahlen umwandeln

Beispiel 1: Schreibe 44 % als Bruch und als Dezimalzahl.

Lösung:
Schreibe 44 % als Bruch mit dem Nenner 100 und kürze so weit wie möglich.

$$44\% = \frac{44}{100} = \frac{11}{25}$$

Lies am Bruch $\frac{44}{100}$ die Dezimalzahl ab 0,44 ab.

$$\frac{44}{100} = 0{,}44$$

Erinnere dich:
$\frac{1}{10} = 0{,}1$
$\frac{1}{100} = 0{,}01$
…

Hinweis zu 1:
Hier findest du die gekürzten Brüche.

Basisaufgaben

1. Schreibe als Bruch und als Dezimalzahl. Kürze den Bruch so weit wie möglich.
   a) 5 %   b) 30 %   c) 80 %   d) 15 %   e) 75 %   f) 70 %
   g) 8 %   h) 48 %   i) 36 %   j) 88 %   k) 96 %   l) 100 %

2. a) Schreibe 10 %, 25 %, 60 % und 90 % als Brüche. Kürze so weit wie möglich.
   b) Zeichne das Rechteck in dein Heft und färbe 10 % (25 %, 60 % und 90 %).

3. Formuliere eine Regel, wie man Prozente direkt in Dezimalzahlen umwandeln kann. Schreibe dann als Dezimalzahl.
   a) 35 %   b) 67 %   c) 11 %   d) 1 %   e) 12,5 %   f) 0,5 %

2.4 Prozentschreibweise

Dezimalzahlen und Brüche in Prozente umwandeln

Beispiel 2: Dezimalzahlen in Prozent umwandeln
Schreibe 0,3 in Prozent.

Lösung:
Wandle die Dezimalzahl in einen Bruch mit dem Nenner 100 um. Schreibe dann in Prozent.

$$0{,}3 = 0{,}30 = \frac{30}{100} = 30\%$$

Beispiel 3: Brüche in Prozent umwandeln
Schreibe den Bruch in Prozent.
a) $\frac{2}{25}$ b) $\frac{6}{40}$

Lösung:
Es gibt zwei Lösungswege:
a) **Erweitern oder Kürzen**
   Erweitere mit 4 auf den Nenner 100. Du erhältst den Hundertstel-Anteil. Schreibe die Hundertstel in Prozent.

$$\frac{2}{25} = \frac{8}{100} = 8\%$$

b) **Schriftliche Division**
   Dividiere schriftlich, um den Bruch in eine Dezimalzahl umzuwandeln. Schreibe dann die Hundertstel und Zehntel der Dezimalzahl in Prozent.

$\frac{6}{40} = 6 : 40 = 0{,}15$

0						
6	0					
4	0					
2	0	0				
2	0	0				
		0				

$$\frac{6}{40} = 0{,}15 = 15\%$$

Basisaufgaben

4. Schreibe die Dezimalzahlen in Prozent.
   a) 0,25   b) 0,17   c) 0,02   d) 0,5   e) 0,93   f) 1,25

5. Schreibe den Bruch in Prozent.
   a) $\frac{3}{100}$ b) $\frac{33}{100}$ c) $\frac{50}{100}$ d) $\frac{75}{100}$ e) $\frac{13}{100}$ f) $\frac{97}{100}$

6. Wandle den Bruch in Prozent um.
   a) Erweitere oder kürze: $\frac{1}{4}, \frac{1}{5}, \frac{11}{25}, \frac{14}{20}, \frac{8}{32}$
   b) Dividiere: $\frac{1}{4}, \frac{1}{5}, \frac{11}{25}, \frac{14}{20}, \frac{8}{32}$
   c) Wie würdest du rechnen? $\frac{2}{5}, \frac{3}{4}, \frac{12}{40}, \frac{40}{75}, \frac{112}{200}, \frac{820}{1000}, \frac{3}{8}, \frac{1}{3}, \frac{2}{15}$

7. Welcher Anteil ist gefärbt? Gib als Bruch und in Prozent an.

   a) 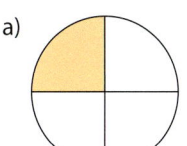   b) 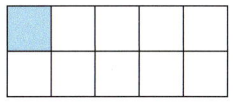   c) 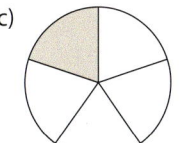   d)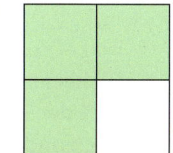

Weiterführende Aufgaben

8. Gib den gefärbten Anteil der Figur in Prozent und als Dezimalzahl an.

a)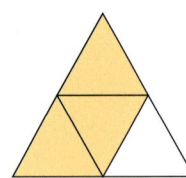
b)
c)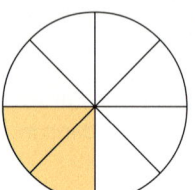
d)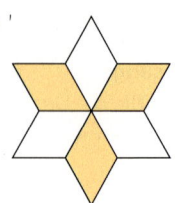

9. Wie viele Tortenstücke müssen gefärbt werden, um den angegebenen Prozentanteil darzustellen? Beschreibe dein Vorgehen.

a)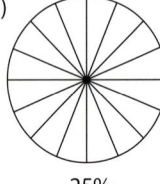
25%

b)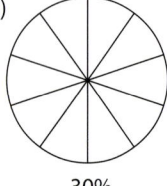
30%

c)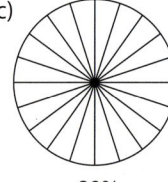
80%

d)
85%

10. **Stolperstelle:** „Die Anzahl der gefährlichen Radunfälle hat an dieser Straße abgenommen. Nur bei jedem fünften Unfall gab es Verletzte. Aber auch 5 % sind noch zu viel." Bei dieser Meldung ist etwas falsch. Korrigiere die Aussage so, dass die Prozentangabe stimmt.

11. Ordne die Zahlen im blauen Kasten den Zahlen im roten Kasten passend zu und begründe.

a) $\frac{4}{200}$ $\frac{3}{75}$ $\frac{3}{50}$ $\frac{2}{40}$ | 4% 5% 2% 6%

b) $\frac{2}{5}$ $\frac{63}{150}$ $\frac{18}{40}$ $\frac{33}{75}$ | 40% 45% 44% 42%

12. Wandle in eine gemischte Zahl und in eine Dezimalzahl um.

Beispiel: $118\% = \frac{118}{100} = 1\frac{18}{100} = 1\frac{9}{50}$ $118\% = \frac{118}{100} = 1{,}18$

a) 150 %   b) 110 %   c) 124 %   d) 200 %   e) 240 %   f) 222 %

13. Es gilt: 0,365 = 36,5 %. Formuliere eine Regel zum Umwandeln von Dezimalzahlen mit mehr als zwei Nachkommastellen. Schreibe in Prozent.

a) 0,125   b) 0,091   c) 0,4512   d) 1,4   e) 1,0002   f) $0,\overline{02}$

14. Thomas Müller vom FC Bayern München hat beim Elfmeterschießen eine Trefferquote von 80 %. Lionell Messi vom FC Barcelona hat bislang 17 von 20 Elfmetern verwandelt. Hat er eine bessere Trefferquote als Thomas Müller?

15. **Ausblick:** Die Lehrerin der 25 Schüler in der 6d ist sehr stolz: Sie hat ausgerechnet, dass 16 % der Schüler im Test die Note 1 bekommen haben. Schreibe die Prozentangabe als Bruch und bestimme die Anzahl der „Einser-Schüler".

Spiel: Zahlen-Bingo

■ Dieses Spielfeld findest du auch auf der Rückseite deines Buches. Auf dem Spielfeld findest du verschiedene Darstellungen von Zahlen – Dezimalzahlen, Brüche, Prozente oder die Darstellung als gefärbter Anteil einer Fläche.
Es gibt verschiedene Spielvarianten, die ihr zu dritt oder zu viert spielen könnt. ■

0,75		$\frac{1}{2}$	$\frac{3}{10}$		0,1
$\frac{6}{5}$	50 %	$\frac{3}{4}$	$\frac{2}{5}$	$\frac{1}{3}$	$0,\overline{6}$
2 %	30 %	$\frac{1}{10}$	1,2	75 %	$\frac{26}{20}$
0,6	1,3		0,4		0,02
	$\frac{1}{50}$	$0,\overline{3}$	60 %	0,5	$\frac{3}{5}$
40 %		10 %	$\frac{2}{3}$	$1\frac{1}{5}$	

Startfeld

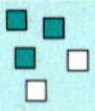

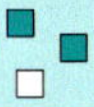

Wissen: Spielregeln

In jeder Runde ist ein Spieler der Spielleiter. Der Spielleiter gibt eine Zahl vor, indem er mit dem Bleistift auf ein Feld zeigt, und stoppt die Zeit.

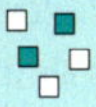

Nun haben die Mitspieler 5 Sekunden Zeit, um auf ein Feld zu zeigen, dessen **Zahlenwert möglichst nahe an der vorgegebenen Zahl** liegt. Die vorgegebene Zahl darf nicht ausgewählt werden. Sollte ein Spieler diese Zahl wählen, scheidet er aus.

Der (oder die) Spieler mit der kleinsten Differenz zur vorgegebenen Zahl bekommt einen Siegpunkt. Nach jeder Runde wechselt der Spielleiter reihum.

Beispiel 1: Den Sieger bestimmen

Der Spielleiter (S) hat 50 % gewählt.
Die Wahl von Spieler (1) und Spieler (2) ist rot gekennzeichnet.
Welcher Spieler bekommt den Punkt?

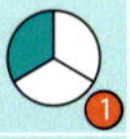

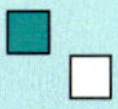

0,75	(1)	$\frac{1}{2}$	$\frac{3}{10}$		0,1
$\frac{6}{5}$	50 % (S)	$\frac{3}{4}$ (2)	$\frac{2}{5}$	$\frac{1}{3}$	$0,\overline{6}$
2 %	30 %	$\frac{1}{10}$	1,2	75 %	$\frac{26}{20}$
0,6	1,3		0,4		0,02

Lösung:

Es gilt: 50 % = 12 = 0,5.

Damit sind die Zahlen $\frac{1}{2}$, 0,5 und die Felder, die den Anteil $\frac{1}{2}$ bildlich darstellen, ausgeschlossen.

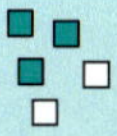

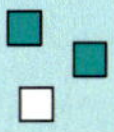

Spieler (1) hat $\frac{1}{3}$ gewählt.

Spieler (2) hat $\frac{3}{4}$ gewählt.

Subtrahiere die kleinere von der größeren Zahl. Spieler (1) erhält den Siegpunkt.

Spieler 1:

$$50\,\% - \frac{1}{3} = \frac{1}{2} - \frac{1}{3} = \frac{3}{6} - \frac{2}{6} = \frac{1}{6}$$

Spieler 2:

$$\frac{3}{4} - 50\,\% = 75\,\% - 50\,\% = 25\,\% = 0,25 = \frac{1}{4}$$

$$\frac{1}{6} < \frac{1}{4}$$

1. a) Hättest du als Mitspieler noch eine bessere Wahl treffen können als die Spieler in Beispiel 1?
   b) Angenommen, der Spielleiter hätte die 0,75 gewählt, die beiden Spieler aber genauso gespielt. Wer bekommt jetzt den Siegpunkt?
   c) Nimm an, die Wahl das Spielleiters wäre auf $\frac{6}{5}$ gefallen. Bestimme, wer dann den Punkt erhalten hätte.
   d) Spielt selbst. Notiert günstige Platzierungen der Münzen und besprecht sie anschließend.

Wissen: Spielregeln für „Eins gewinnt"
Legt die Münze auf das „Startfeld" unterhalb des Spielfelds und schnippst sie in das Zahlenfeld. Jeder Spieler darf höchstens dreimal schnippsen. Ziel des Spiels ist es, dass die Summe der erhaltenen Zahlen möglichst nahe an 1 liegt. Es zählt immer das Feld, auf dem der größte Teil der Münze liegt. Jeder Spieler entscheidet, ob er noch ein zweites oder drittes Mal schnippsen möchte. Spieler scheiden aus, wenn ihre Summe 1 übersteigt. Liegt die Münze außerhalb des Spielfeldes, gilt das als Fehlversuch. Es wird kein Punkt gegeben.

Beispiel 2: Differenz zur 1 berechnen
Hier siehst du die drei getroffenen Felder eines Spielers. Wie nah ist er an der 1?

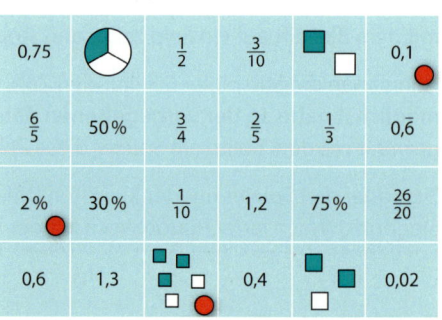

Lösung:

Zuerst musst du die Zahlen aus den drei Versuchen addieren.

Summe:
$$0{,}1 + 2\% + \frac{3}{5} = \frac{1}{10} + \frac{2}{100} + \frac{3}{5}$$
$$= \frac{10}{100} + \frac{2}{100} + \frac{60}{100} = \frac{72}{100} = 0{,}72$$

Dann berechnest du die Differenz dieser Summe zur Zahl 1.

$1 - 0{,}72 = 0{,}28$

In diesem Fall beträgt die Differenz 0,28.

2. Julian hat bei den ersten beiden Versuchen die Zahlen 0,02 und $\frac{1}{10}$ getroffen. Gib geeignete Zahlen an, damit Julian näher an die 1 kommt als der Spieler im Beispiel 2.

3. Spielt mehrfach beide Spiele und überlegt dann gemeinsam, welche Gewinn-Strategien ihr entwickelt habt.

4. In der Klasse 6a spielt eine Gruppe eine andere Form von „Eins gewinnt": Jeder Mitspieler nennt eine Rechnung mit den getroffenen Zahlen, deren Ergebnis möglichst nah an der 1 liegt. Bestimme das Ergebnis für den Spieler aus Beispiel 2 nach dieser Regel.

5. Erfinde weitere Varianten des Spiels und erprobe sie gemeinsam mit deinen Mitschülern. Stellt besonders gelungene Spielvarianten der ganzen Klasse auf einem Plakat vor.

2.5 Dezimalzahlen runden

■ Lina möchte eine 35 cm lange Kuchenrolle für ihre Gäste in 13 gleich breite Scheiben schneiden. Sie überlegt, wie dick jede Scheibe sein muss.
Ihre Schwester Zoe nimmt einen Taschenrechner und rechnet 35 : 13. Dieser zeigt als Ergebnis 2,692307692 an.
Welchen Wert für die Dicke der Scheiben sollte sie Lina nennen? ■

Dezimalzahlen können beliebig viele Nachkommastellen haben. Häufig ist aber die Angabe vieler Nachkommastellen gar nicht nötig oder sinnvoll und ein gerundeter Wert reicht aus.

Dezimalzahlen kann man auf Zehntel, Hundertstel, Tausendstel, … runden. Dabei streicht man die Ziffern, die hinter der Rundungsstelle stehen. Es gelten dabei dieselben Rundungsregeln wie bei natürlichen Zahlen.

> **Wissen: Vereinbarungen zum Runden von Dezimalzahlen**
> Man betrachtet die Ziffer rechts von der Rundungsstelle.
> **Abrunden:** Folgt nach der Rundungsstelle eine **0, 1, 2, 3 oder 4,** so wird abgerundet.
> **Aufrunden:** Folgt nach der Rundungsstelle eine **5, 6, 7, 8 oder 9,** so wird aufgerundet.

> **Beispiel 1:** Runde die Zahl auf die angegebene Stelle.
> a) 4,82 auf Zehntel   b) 2,51 auf Einer   c) 0,496 auf Hundertstel
>
> **Lösung:**
> a) Die Rundungsstelle ist die 8. Die Ziffer rechts neben der 8 ist die 2, also werden die 8 Zehntel abgerundet, also 4,8.   4,82 ≈ 4,8
>
> b) Die Rundungsstelle ist die 2. Die Ziffer rechts neben der 2 ist die 5, also werden die 2 Einer aufgerundet auf 3 Einer.   2,51 ≈ 3
>
> c) Die Rundungsstelle ist die 9. Die Ziffer rechts neben der 9 ist die 6, also werden die 9 Hundertstel aufgerundet auf 10 Hundertstel. 10 Hundertstel sind 1 Zehntel. Zusammen mit 4 Zehntel ergeben sie 5 Zehntel, das sind 50 Hundertstel.   0,496 ≈ 0,50

Hinweis zu c):
Man schreibt 0,50 und nicht 0,5. Damit gibt man an, dass die Zahl auf Hundertstel gerundet wurde.

Basisaufgaben

1. Runde die Zahlen in der Stellenwerttafel
   a) auf Zehntel (z),
   b) auf Hundertstel (h),
   c) auf Einer (E).

H	Z	E	z	h	t
	7	0,	9	1	4
		5,	0	6	3
		9,	6	2	5
	2	3,	8	5	1

2. Trage die Zahl in eine Stellenwerttafel ein und runde wie angegeben.
   a) 2,54 auf Zehntel
   b) 1,725 auf Hundertstel
   c) 34,81 auf Einer
   d) 7,312 auf zwei Nachkommastellen

Tipp zu 2:
Markiere die Stelle, auf die gerundet wird, und in einer anderen Farbe die erste Stelle, die wegfällt.

3. Runde die Zahlen auf die vorgegebene Rundungsstelle.
   a) auf Zehntel
      2,61
      3,382
      0,066
   b) auf Hundertstel
      0,045
      8,381
      0,095
   c) auf Tausendstel
      1,7346
      2,2991
      0,09049
   d) auf Einer
      8,6
      0,457
      299,5

4. a) Runde auf m: 17,1 m; 1,27 m; 109,8 m
   b) Runde auf kg: 7,2 kg; 1,46 kg; 49,5 kg
   c) Runde auf €: 13,20 €; 9,95 €; 58,00 €
   d) Runde auf s: 5,622 s; 99,7 s; 0,087 s

Hinweis zu 5:
Hier findest du die gerundeten Zahlen und Maßzahlen.

5. a) Runde auf eine Nachkommastelle: 7,34; 0,07; 11,257 g; 8,69 ℓ; 99,961 km
   b) Runde auf zwei Nachkommastellen: 1,249; 0,0041; 15,315 m²; 0,3081 t; 0,9999 s

6. Begründe, ob es sinnvoll ist zu runden. Runde gegebenenfalls auf eine geeignete Stelle.
   a) Ein Fußballspiel dauert 1,5 Stunden – ohne Pause.
   b) Das Handgepäck wiegt 7,608 kg.
   c) Die Durchschnittsgeschwindigkeit eines Reisebusses beträgt 78,914 km/h.
   d) Der Weltrekord im Hochsprung liegt bei 2,45 m.
   e) München hat etwa 1,5 Millionen Einwohner.

Weiterführende Aufgaben

7. Gib drei mögliche Ausgangszahlen an, die gerundet die angegebene Zahl ergeben.
   Beispiel: 4,2   Mögliche Ausgangszahlen: 4,24; 4,15; 4,213; …
   a) 0,6   b) 9,9   c) 7   d) 1,15   e) 0,60   f) 0,600

8. a) Runde 79,925 auf Zehntel, Hundertstel und Einer.
   b) Runde 25,2096 auf ein, auf zwei und auf drei Nachkommastellen.
   c) Eine Zahl wurde auf Zehntel gerundet. Die gerundete Zahl ist 2,0.
      Gib drei mögliche Ausgangszahlen an, die größer als 2 sind, und zwei Ausgangszahlen, die kleiner als 2 sind.

9. **Stolperstelle:** Beschreibe Daniels Fehler und korrigiere sie.
   a) *41,452 auf Zehntel gerundet: 41,45*
   b) *912,995 auf Hundertstel gerundet: 912,9*
   c) *49,33 auf eine ganze Zahl gerundet: 50*
   d) *3,02 auf Zehntel gerundet: 3*

10. Stelle die Einwohnerzahlen der Großstädte (Stand 2016) in einem Säulendiagramm dar. Runde die Zahlen dazu vorher geeignet.
    London: 8,674 Mio.   New York: 8,550 Mio.   Rio de Janeiro: 6,498 Mio.
    Berlin: 3,520 Mio.   Madrid: 3,165 Mio.   Rom: 2,865 Mio.
    Paris: 2,241 Mio.   Hamburg: 1,787 Mio.   München: 1,450 Mio.

11. **Ausblick:**
    a) Gib die kleinste Zahl an, die beim Runden die angegebene Zahl ergibt.
       ① 6   ② 44,1   ③ 0,078   ④ 0,020   ⑤ 100,0
    b) Martin behauptet: „7,84 ist die größte Zahl, die auf Zehntel gerundet 7,8 ergibt."
       Erkläre, warum Martin nicht recht hat.
    c) Eine Zahl ergibt beim Runden 6. Begründe, warum es keine größte Ausgangszahl geben kann.

2.6 Dezimalzahlen addieren und subtrahieren

■ Nach dem ersten Lauf beim Ski-Slalom in Wengen gab es dieses Zwischenergebnis:

1	HARGIN	SWE	54.80	
2	GROSS	IT	54.94	+ 0.14
3	KRISTOFFERSEN	NOR	55.12	+ 0.32
4	DOPFER	GER	55.34	+0.54
5	NEUREUTHER	GER	55.35	+ 0.55

Was bedeuten die Zahlen?
Schreibe passende Rechnungen auf. ■

Wissen: Addieren und Subtrahieren von Dezimalzahlen
Dezimalzahlen werden (wie natürliche Zahlen) **stellengerecht addiert bzw. subtrahiert**.
Steht Komma unter Komma, haben untereinander stehende Ziffern den gleichen Stellenwert.

Beispiel 1: Berechne schriftlich.
a) 34,92 + 0,34
b) 54,97 − 3,208

Lösung:
a) Schreibe die Zahlen stellengerecht untereinander und addiere dann:

Hundertstel (h): 2 + 4 = 6
Zehntel (z): 9 + 3 = 12
(2 Zehntel, 1 Einer im Übertrag)
Einer (E): 4 + 1 = 5
Zehner (Z): 3 + 0 = 3

	Z	E	z	h
	3	4,	9	2
+		0,	3	4
			1	
	3	5,	2	6

b) Subtrahiere stellenweise:

Tausendstel (t): 2, denn 8 + 2 = 10
(2 Tausendstel, 1 Hundertstel im Übertrag)
Hundertstel (h): 6, denn 1 + 6 = 7
Zehntel (z): 7, denn 2 + 7 = 9
Einer (E): 1, denn 3 + 1 = 4
Zehner (Z): 5, denn 0 + 5 = 5

	Z	E	z	h	t
	5	4,	9	7	0
−		3,	2	0	8
				1	
	5	1,	7	6	2

Hinweis:
Damit die Anzahl der Nachkommastellen bei beiden Zahlen gleich ist, ergänze – falls nötig – Nullen am Ende.

Basisaufgaben

1. Schreibe die Zahlen stellengerecht untereinander und berechne.
   a) 21,37 + 35,12   b) 34,7 + 123,5   c) 41,7 + 3,92   d) 0,027 + 1,08
   e) 34,79 − 21,35   f) 83,58 − 8,45   g) 56,94 − 7,9   h) 11,8 − 0,707

2. Berechne im Kopf.
   a) 1,4 + 3,2   b) 0,5 + 7,6   c) 8 + 1,23   d) 2,75 + 3,25
   e) 7,9 − 2,1   f) 24,8 − 4,4   g) 9 − 1,8   h) 1,32 − 0,05
   i) 1,99 + 3,99   j) 0,48 + 0,63   k) 42,37 − 0,9   l) 98,531 − 0,03

3. **Überschlag:** Addiere. Überschlage zuerst, indem du die Zahlen geeignet rundest.
   Beispiel: 6,218 + 0,497   Überschlag: 6,2 + 0,5 = 6,7   Exaktes Ergebnis: 6,715
   a) 5,89 + 0,483   b) 0,712 + 0,859   c) 10,45 + 6,231   d) 36,67 + 15,8
   e) 14,35 + 0,089   f) 0,0323 + 0,0798   g) 2,7875 + 1,086   h) 0,058 + 0,5858

4. Subtrahiere. Überschlage zuerst, indem du die Zahlen geeignet rundest.
   Beispiel: 0,583 – 0,376   Überschlag: 0,6 – 0,4 = 0,2   Exaktes Ergebnis: 0,207
   a) 0,802 – 0,505   b) 7,34 – 0,905   c) 12 – 8,85   d) 106,32 – 23,43
   e) 45,346 – 1,23   f) 2,11 – 1,534   g) 0,0306 – 0,0097   h) 0,6767 – 0,067

5. Ordne jeder Aufgabe das passende Ergebnis auf den Karten zu. Entscheide mithilfe einer Überschlagsrechnung.
   a) 3,193 + 0,612   b) 0,66 – 0,045
   c) 2,385 + 2,45   d) 2,015 – 1,19
   e) 0,0137 + 0,0513   f) 8,205 – 4,08
   g) 0,963 + 0,612   h) 11,12 – 9,055

   | 4,835 | 0,065 | 4,125 | 0,825 |
   | 1,575 | 3,805 | 0,615 | 2,065 |

6. Katja meint, dass ihre Katze Bo Übergewicht hat, und möchte sie deshalb wiegen. Da Bo aber immer wieder von der Waage springt, wiegt sich Katja zuerst alleine und anschließend noch einmal mit Bo auf dem Arm. Katja wiegt 38,7 kg, beide zusammen wiegen 44,5 kg. Wie schwer ist Bo?

Weiterführende Aufgaben

Hinweis zu 7:
Hier findest du die exakten Lösungen.

7. Überschlage zuerst und berechne anschließend.
   a) 1,23 + 6,79 + 4,06   b) 11,03 + 0,978 + 5,172   c) 0,033 + 0,0472 + 0,107
   d) 1,9 + 2,99 + 3,999   e) 84,5731 + 7,342 + 9,9402   f) 121,93 + 32,87 + 82,931

8. Berechne. Entscheide, ob du im Kopf oder schriftlich rechnest. Führe bei e) bis h) zuerst eine Überschlagsrechnung durch.
   a) 56,8 + 4,3   b) 12 – 7,6   c) 56,943 – 2,941   d) 0,5 + 3,2 + 1,01
   e) 0,0978 + 3,075   f) 7,704 – 6,12   g) 75,97 – 45,731   h) 9,54 + 4,8 + 0,72

9. **Stolperstelle:** Suche Fehler und berichtige sie. Erläutere kurz, worin der Fehler besteht.

   a)
	2,	1	9
-	1,	5	6
		1	
	0,	6	3

   b)
			8
+	0,	7	9
		1	
	0,	8	7

   c) 12,45 + 4,7 = 16,52

   d) 4,3 cm – 3 mm = 1,3 cm

10. Beschreibe das Muster der Zahlenfolge. Ergänze im Heft die nächsten sechs Dezimalzahlen.
    a) 0,25; 0,5; 0,75; 1; 1,25; …   b) 14,1; 13,2; 12,3; 11,4; 10,5; …
    c) 2,05; 2,062; 2,074; 2,086; 2,098; …   d) 7; 6,25; 5,5; 4,75; 4; …
    e) 4; 4,125; 4,25; 4,375; 4,5; …   f) 8,4; 8,05; 7,7; 7,35; 7; …

2.6 Dezimalzahlen addieren und subtrahieren

11. Arbeitet zu zweit. Einer von euch nimmt einen Taschenrechner und gibt mehrere Dezimalzahlen vor und bestimmt jeweils, ob sie addiert oder subtrahiert werden sollen. Der andere rechnet schriftlich. Die erste Person kontrolliert mit dem Taschenrechner. Tauscht dann eure Rollen.

Beispiel: 2,4 $\xrightarrow{+1,33}$ 3,73 $\xrightarrow{-0,82}$ 2,91 $\xrightarrow{+10,706}$ 13,616 $\xrightarrow{-1,996}$ 11,62

12. Wie viel Wechselgeld bekommst du zurück, wenn du den Geldbetrag mit einen 5-€-Schein (einem 20-€-Schein) bezahlst?
a) 4,50 €
b) 1,80 €
c) 3,19 €
d) 0,72 €
e) 4,22 €
f) 5 Cent
g) 1,95 € + 1,50 €
h) 1,99 € + 2,98 €

13. Stephan möchte Eistee zubereiten. Laut Rezept muss er 0,75 ℓ Früchtetee, 0,45 ℓ Hagebuttentee, 0,125 ℓ Apfelsaft und 0,02 ℓ Zitronensaft mischen.
Kann er den Tee in eine 1,5-ℓ-Flasche füllen?

14. Die Klasse 6a hat in ihrer Klassenkasse 149,46 € und kauft für eine Weihnachtsfeier ein. Für Getränke geben sie 87,89 €, für Knabbereien 32,19 € und für Teller, Becher und Dekoration 21,39 € aus. Wie viel Euro kostet die Feier insgesamt? Wie viel Geld hat die Klasse übrig? Überschlage erst und berechne dann.

15. In der Tabelle stehen die Ergebnisse beim Formel-1-Qualifying in Singapur.
a) Berechne jeweils die Zeitabstände zwischen zwei benachbarten Plätzen.
b) Welche Fahrer sind unter einer Zehntelsekunde (einer Hundertstelsekunde) voneinander entfernt?
c) Welche Fahrer meint der Reporter?
① „Ihn trennt nur eine halbe Sekunde vom ersten Platz."
② „Heute haben die Tausendstel entschieden."
③ „Eineinhalb Zehntel schneller, und er wäre drei Plätze besser."
④ „Sechs Hundertstel trennen ihn von einem Podestplatz."

1. Lewis Hamilton	1 min 45,681 s
2. Nico Rosberg	1 min 45,688 s
3. Daniel Ricciardo	1 min 45,854 s
4. Sebastian Vettel	1 min 45,902 s
5. Fernando Alonso	1 min 45,907 s
6. Felippe Massa	1 min 46,000 s
7. Kimi Raikkönen	1 min 46,170 s

16. Die Summe der beiden unteren Steine ist jeweils der Wert des darauf liegenden Steins. Übertrage die Additionsmauern in dein Heft und ergänze sie.

a)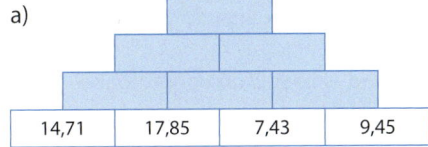

b)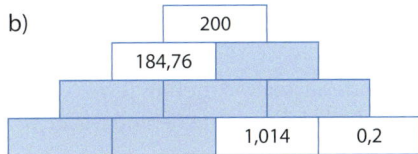

17. Ausblick: Ersetze im Heft die Lücken so, dass die Rechnung stimmt.

a)
```
  1 2 , ■ 3
+ ■ 3 , 5 ■
—————————
  4 5 , 8 2
```

b)
```
  7 2 2 , ■ 3 5
− ■ 8 ■ , 5 ■ 3
———————————————
  6 ■ 9 , 7 2 2
```

c)
```
  ■ , 2 ■ 3
+ ■ 3 , ■ 3 9
—————————————
  4 0 , 8 1 ■
```

2.7 Vermischte Aufgaben

1. Entscheide jeweils, ob die folgenden Aussagen richtig oder falsch sind. Korrigiere gegebenenfalls und finde Beispiele, um die Aussagen zu begründen.
   a) Um einen Bruch in eine Dezimalzahl umzuwandeln, kann man den Zähler durch den Nenner teilen und diese Division schriftlich berechnen.
   b) Dezimalzahlen vergleicht man stellenweise von rechts nach links.
   c) Wenn bei einem Bruch der Nenner größer wird, dann „wandert" der dazugehörige Punkt auf dem Zahlenstrahl nach links.
   d) Zwischen den beiden Dezimalzahlen 0,24 und 0,26 liegt nur der eine Bruch $\frac{1}{4}$.
   e) Um Brüche miteinander vergleichen zu können, müssen sie zwangsläufig den gleichen Nenner haben.

2. Setze das Komma so, dass die Ziffer 2 den angegebenen Stellenwert hat.
   a) 3549021 (Zehntel)   b) 453092351 (Tausendstel)   c) 2671511 (Hunderter)

Tipp zu 3:
Gib die Anteile zunächst als Bruch an. So bedeutet „jeder Sechste": einer von sechs, also $\frac{1}{6}$.

3. Gib die Anteile in Prozent an.
   a) Jeder vierte Schüler eines Gymnasiums besitzt ein Notebook.
   b) Eines von fünf Kindern braucht eine Brille.
   c) Jedes zweite Kind besitzt ein Haustier.
   d) Von 25 Kindern hat mindestens ein Kind mehr als zwei Geschwister.

4. Ordne die Längenangaben der Größe nach. Kontrolliere, indem du sie in eine kleinere Einheit umrechnest.

   | 0,78 m | 0,07 m | 0,707 m | 0,8 m | 7,07 m | 0,70 m |

5. Setze im Heft für ■ geeignete Ziffern oder Zahlen ein, sodass die Aussagen stimmen.
   a) $\frac{3}{4} < 0{,}7■$ b) $0{,}5 = \frac{■}{8}$ c) $0{,}3 > \frac{■}{4}$ d) $0{,}8 = \frac{8}{■}$ e) $2\frac{1}{3} > 2{,}3■$

6. Wandle in eine abbrechende oder periodische Dezimalzahl um.
   a) $\frac{8}{9}$ b) $5\frac{9}{12}$ c) $1\frac{5}{12}$ d) $\frac{1}{7}$ e) 37,5 %

7. Wandle in eine Dezimalzahl um. Formuliere dann eine Regel.
   a) $\frac{7}{200}; \frac{70}{200}; \frac{700}{200}$ b) $\frac{1}{6}; \frac{10}{6}; \frac{100}{6}$ c) $\frac{9}{11}; \frac{90}{11}; \frac{900}{11}$

8. Vervollständige im Heft, sodass sich eine regelmäßige Zahlenreihe ergibt.
   a) 0,1; 0,3; ■; ■; ■; 1,1; ■; ■
   b) 4,12; ■; 3,84 ■; 3,56; ■; ■;
   c) 0,9; ■; ■; 2,3; 3,0; ■; ■
   d) 57,451; ■; 48,77; ■; 40,089
   e) 6,8009; 8,72; ■; ■; 14,4773; ■
   f) 0,98; ■; ■; ■; 0,54; 0,43; ■; ■;

9. Erfinde zu jedem Ergebnis jeweils eine Additions- und eine Subtraktionsaufgabe. Du darfst hierbei Brüche und Dezimalzahlen verwenden.
   a) $\frac{1}{4}$ b) $\frac{4}{10}$ c) 2,5   d) 0,01   e) $\frac{3}{5}$ f) $\frac{7}{8}$ g) 5

10. Runde auf die angegebene Einheit.
    Beispiel: 2195,5 cm auf m: 2195,5 cm ≈ 22 m
    a) 41,2 mm auf cm   b) 783,02 cm auf m   c) 38 146,33 g auf kg   d) 945,7 m auf km

2.7 Vermischte Aufgaben

11. Familie Strunk war in den Sommerferien in Norwegen. Die Familie hat (umgerechnet aus der dortigen Währung, der norwegischen Krone) 530,18 € für die Ferienhausmiete, 131,77 € für die Überfahrten von Dänemark nach Norwegen mit der Fähre, 187,55 € für Lebensmittel, 68,14 € für Eintrittsgelder und 12,11 € für einen Angelschein ausgegeben. Dazu kommen Benzinkosten in Höhe von 200,45 €.
Wie viel Geld hat Familie Strunk für den Urlaub bezahlt? Mache zunächst einen Überschlag und berechne anschließend.

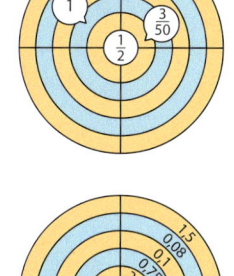

12. Jeder hat drei Schuss frei. Geschossen werden darf entweder nur auf die obere oder nur auf die untere Zielscheibe. Die getroffenen Zahlen werden dabei addiert oder subtrahiert. Beispiel: 1,5 − 0,5 + 0,1 = 1,1.
    - Getroffen wurden $\frac{2}{5}$, $2\frac{1}{8}$ und $\frac{1}{2}$. Nenne drei verschiedene Ergebnisse.
    - Nenne die größte Zahl, die man mit drei verschiedenen Treffern erreichen kann.
    - Kannst du bei der zweiten Zielscheibe mit drei Treffern genau $\frac{23}{5}$ erreichen? Begründe.
    - Wer mit drei Schüssen genau die Zahl 2,5 erzielt, gewinnt. Welche Zielscheibe wählst du?
    - Denk dir eine eigene Fragestellung aus, in der die Zahl „0" vorkommt. Löse die Aufgabe.

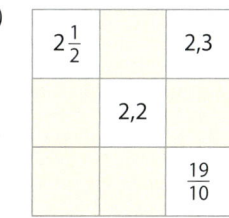

13. Vervollständige im Heft die magischen Quadrate. In jeder Zeile, Spalte und Diagonale soll die Summe denselben Wert haben.

a)

		0,95
	1	
1,05	0,8	

b)

		1
$0,\overline{3}$	$\frac{8}{9}$	$0,\overline{7}$

c)

$2\frac{1}{2}$		2,3
		2,2
		$\frac{19}{10}$

14. Aus je drei Zahlenkarten lässt sich eine richtig gelöste Additionsaufgabe bilden. Notiere die Aufgaben. Es soll keine Karte übrig bleiben.

15. Stelle die Rechnungen an einem Zahlenstrahl mit Pfeilen dar.
Erläutere die Zeichnungen deiner Klasse.
    a) 5,6 + 3,5
    b) 0,08 + 0,7
    c) 1,5 − 0,8
    d) 0,95 − 0,9

16. Südafrika besteht zu $\frac{1}{10}$ aus Ackerland, zu 70 % aus Weideland, zu 5 % aus Wald und im Übrigen aus Ödland, vor allem Wüste.
    a) Zeichne auf Karopapier ein geeignetes Viereck und stelle die Anteile farbig dar.
    b) Welcher Anteil an der Gesamtfläche ist Ödland? Gib als Bruch und in Prozent an.

Prüfe dein neues Fundament

2. Dezimalzahlen

Lösungen
S. 209

1. Schreibe als Bruch oder gemischte Zahl. Kürze so weit wie möglich.
   a) 0,9   b) 0,06   c) 1,1   d) 20,5   e) 5,23   f) 0,175

2. Schreibe als Dezimalzahl.
   a) $\frac{39}{100}$ b) $\frac{1}{500}$ c) $\frac{613}{10}$ d) $4\frac{1}{4}$ e) $2\frac{24}{300}$ f) $\frac{33}{55}$

3. Übertrage ins Heft. Setze das richtige Zeichen < oder > ein.
   a) 2,7 ■ 2,3   b) 1,77 ■ 0,79   c) 0,081 ■ 0,18   d) 0,15 ■ $\frac{1}{5}$

4. Übertrage den Zahlenstrahl in dein Heft.

   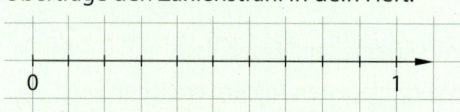

   Markiere die Zahlen 0,3; $\frac{1}{2}$; $\frac{9}{10}$; 1,2; 0,6; $\frac{2}{5}$.

5. Wandle in eine abbrechende oder eine periodische Dezimalzahl um.
   a) $\frac{7}{8}$ b) $\frac{1}{9}$ c) $\frac{34}{20}$ d) $\frac{14}{22}$ e) $\frac{4}{60}$ f) $\frac{160}{12}$

6. Gib in Prozent an.
   a) 0,76   b) 0,3   c) 0,001   d) $\frac{19}{100}$ e) $\frac{11}{20}$ f) $\frac{7}{35}$

7. Bestimme den Teil der Größe.
   a) 20 % von 60 €   b) 75 % von 120 g   c) 30 % von 1 cm

8. In 50 g Vollmilchschokolade sind 15 g Fett enthalten. Ist dieser Anteil größer als 20 %?

9. In den Klassen 6a und 6b sind jeweils 25 Kinder. In der 6a sind davon drei Fünftel Mädchen. In der 6b beträgt der Anteil der Mädchen 44 %.
   a) Berechne, wie viele Mädchen in jede Klasse gehen.
   b) Gib für jede Klasse den Anteil der Jungen in Prozent an.

10. Jeweils drei Zahlen sind gleich. Schreibe sie in dein Heft.

    $\frac{24}{40}$ 0,$\overline{6}$ $\frac{16}{24}$ 1,6 $\frac{600}{1000}$ $\frac{16}{10}$ $1\frac{3}{5}$ 60 % $\frac{2}{3}$

11. Runde
    a) 2,378 auf Zehntel,   b) 1,125 auf Hundertstel,
    c) 1,324 auf zwei Nachkommastellen,   d) 1,3799 auf drei Nachkommastellen.

12. Übertrage die Tabelle in dein Heft und ergänze die fehlenden Angaben.

Aufgabe	Überschlagsrechnung	Überschlagsergebnis	Genaues Ergebnis
0,47 + 1,238	0,5 +	1,7	
15,91 − 7,28		9	
34,873 + 53,234			
0,107 − 0,0543			

Prüfe dein neues Fundament

13. Mache einen Überschlag und berechne anschließend.
    a) 1,1 + 0,83   b) 7 − 5,45   c) 34,851 − 16,234   d) 1,9682 + 3,18

14. Überprüfe die Rechnungen. Korrigiere, falls sie fehlerhaft sind.
    a) 18,702 + 4,18 = 22,82
    b) 224,95 − 48,56 = 176,39
    c) 12,6 + 3 = 12,9
    d) 6,15 − 2,8 = 4,7

15. Berechne.
    a) 256,9 + 38,76   b) 51,45 − 7,6   c) 7,6 − 0,8 − 5   d) 0,85 + 2,904 + 0,067

16. Mona hat von ihrer Verwandtschaft zum Geburtstag 100 € bekommen. Sie kauft Süßigkeiten für 5,15 €, Schuhe für 24,95 €, ein Poster für 8,95 € und Sammelkarten für 1,47 €. Den Rest möchte sie sparen. Wie viel Geld hat Mona ausgegeben? Wie viel Geld hat sie noch übrig? Mache zunächst einen Überschlag und berechne anschließend.

Wiederholungsaufgaben

1. Zeichne ein Rechteck mit den Seitenlängen 3 cm und 5 cm in dein Heft.

2. Gib jeweils zwei Beispiele an für etwas,
    a) das ungefähr 5 m lang ist,
    b) das ein Volumen von ungefähr 1 dm^3 hat,
    c) das eine Fläche von ungefähr 5000 m^2 hat,
    d) das 45 Minuten dauert,
    e) das 4 Kilogramm schwer ist.

3. Zeichne das Schrägbild eines Würfels mit der Kantenlänge 5 cm in dein Heft. Welches Volumen hat dieser Würfel?

4. In der Jugendherberge gibt es am letzten Tag eine etwas größere Auswahl beim Mittagessen. Jedes Kind kann bei der Hauptspeise und beim Nachtisch zwischen zwei Möglichkeiten wählen. Sebastian macht eine Strichliste mit den Essenswünschen.

	Nudeln mit Tomatensoße	Schnitzel und Pommes
Hauptspeise	⊞⊞ ⊞⊞ |||	⊞⊞ ⊞⊞ ⊞⊞ ||||

	Eis	Pudding
Nachtisch	⊞⊞ ⊞⊞ ⊞⊞ ⊞⊞ |||	

a) Wie häufig wurde bei der Hauptspeise Wunsch 1, wie oft Wunsch 2 angegeben?
b) Beim Nachtisch hat Sebastian nur gefragt, wer Eis möchte. Es bekommen aber alle Kinder einen Nachtisch. Wie viele Portionen Pudding muss Sebastian für seine Klasse bestellen?

Zusammenfassung

2. Dezimalzahlen

Dezimalzahlen

Zahlen mit Komma heißen **Dezimalzahlen**. Dezimalzahlen lassen sich als Bruch mit dem Nenner 10, 100, 1000, … (**Zehnerbrüche**) darstellen und in Brüche überführen.

E	z	h	
1,	2	5	1 Ganzes, 2 Zehntel, 5 Hundertstel

$0,5 = \frac{5}{10} = \frac{1}{2}$; $0,77 = \frac{77}{100}$; $1,25 = \frac{125}{100} = \frac{5}{4} = 1\frac{1}{4}$

Brüche und Dezimalzahlen am Zahlenstrahl

Brüche und Dezimalzahlen, die zum selben Punkt des Zahlenstrahls gehören, bezeichnen dieselbe **Bruchzahl**.

Brüche und Dezimalzahlen vergleichen

Von zwei **gleichnamigen Brüchen** ist der Bruch mit dem größeren Zähler der größere.

$\frac{3}{7} < \frac{4}{7}$, denn $3 < 4$.

Ungleichnamige Brüche werden zuerst gleichnamig gemacht und dann verglichen.

$\frac{2}{3} < \frac{3}{4}$, denn $\frac{2}{3} = \frac{2 \cdot 4}{3 \cdot 4} = \frac{8}{12}$, $\frac{3}{4} = \frac{3 \cdot 3}{4 \cdot 3} = \frac{9}{12}$ und $\frac{8}{12} < \frac{9}{12}$.

Dezimalzahlen kann man stellenweise von links nach rechts vergleichen.

$2,6735 < 2,681$, denn 7 Hundertstel < 8 Hundertstel.

Umwandeln eines Bruchs in eine Dezimalzahl

Man kann einen Bruch in eine Dezimalzahl umwandeln, indem man
- ihn auf einen Zehnerbruch **erweitert oder kürzt** und in eine Dezimalzahl überführt,
- **Zähler durch Nenner dividiert**.

$\frac{1}{4} = \frac{1 \cdot 25}{4 \cdot 25} = \frac{25}{100} = 0,25$

$\frac{1}{4} = 1 : 4 = 0,25$ abbrechende Dezimalzahl

$\frac{2}{3} = 2 : 3 = 0,666… = 0,\overline{6}$ periodische Dezimalzahl

Prozente

Brüche mit dem Nenner 100 kann man auch als **Prozente** schreiben.

Bruch	$\frac{1}{100}$	$\frac{25}{100} = \frac{1}{4}$	$\frac{50}{100} = \frac{1}{2}$
Prozent	1 %	25 %	50 %

Runden von Dezimalzahlen

Das **Runden von Dezimalzahlen** erfolgt wie das Runden natürlicher Zahlen.
Ob eine Stelle auf- oder abgerundet wird, entscheidet die nachfolgende Stelle.

Runde auf, wenn die nachfolgende Stelle 5 oder größer ist.

7,875 gerundet auf Zehntel: 7,9
7,875 gerundet auf Hundertstel: 7,88

Runde ab, wenn die nachfolgende Stelle kleiner als 5 ist.

19,643 gerundet auf Zehntel: 19,6
19,643 gerundet auf Hundertstel: 19,64

Addieren und Subtrahieren von Dezimalzahlen

Dezimalzahlen kannst du **addieren** (**subtrahieren**), indem du
1. die Dezimalzahlen stellengerecht untereinanderschreibst (Komma unter Komma) und (wenn nötig) Endnullen ergänzt,
2. sie stellengerecht wie natürliche Zahlen addierst (subtrahierst) und
3. im Ergebnis das Komma setzt (Komma unter Komma).

Kontrolliere durch einen Überschlag.

1,34 + 23,71

$1,34$
$+23,71$
$\overline{25,05}$

11,7 − 9,67

$11,70$
$-9,67$
$\overline{2,03}$

Ü: 1 + 24 = 25   Ü: 12 − 10 = 2

3. Kreise und Winkel

Viele Uhren haben die Form eines Kreises. Der große und der kleine Zeiger der Uhr bilden einen Winkel – oder zwei?

Nach diesem Kapitel kannst du …
- Kreise, Radien und Durchmesser zeichnen,
- Winkelarten angeben,
- Winkel messen und Winkel zeichnen,
- Punkt- und Drehsymmetrie erkennen,
- Drehungen ausführen.

Dein Fundament

Geometrische Grundbegriffe

1. Beschreibe die Linien. Nutze die Fachbegriffe Punkt, Strecke, Strahl, Gerade, zueinander parallel und zueinander senkrecht.

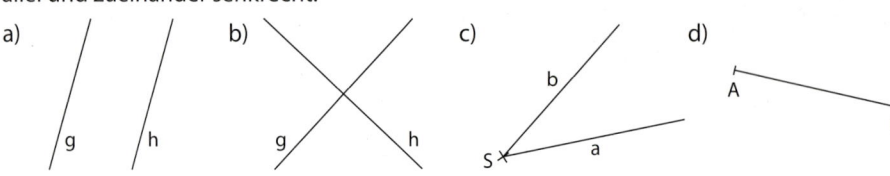

2. Welche der Geraden stehen senkrecht aufeinander? Prüfe mit deinem Geodreieck.

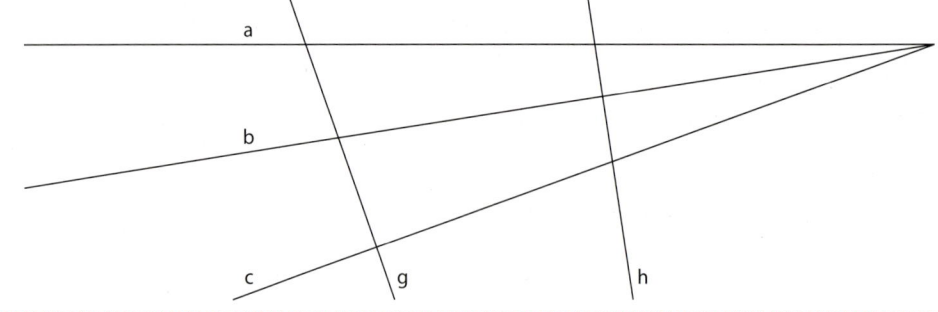

3. Zeichne zwei aufeinander senkrecht stehende Geraden g und h.

4. Gib die Länge der Strecke an
   a) von A nach B,   b) von B nach C,   c) von B nach D,   d) von A nach D.

5. Zeichne drei Strahlen a, b und c mit einem gemeinsamen Anfangspunkt S.

6. Wahr oder falsch? Überprüfe die Aussagen.
   a) Eine Gerade hat weder einen Anfangspunkt noch einen Endpunkt.
   b) Eine Strecke hat einen Endpunkt, aber keinen Anfangspunkt.
   c) Ein Strahl hat einen Anfangspunkt, aber keinen Endpunkt.
   d) Eine Strecke ist die kürzeste Verbindung zwischen zwei Punkten.
   e) Drei Geraden schneiden sich entweder gar nicht, in genau einem Punkt oder in genau drei Punkten.

Figuren mit rechten Winkeln

7. Bestimme die Anzahl der rechten Winkel in der Figur.

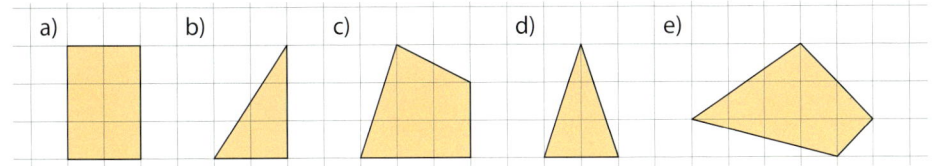

8. Zeichne ein Viereck mit nur zwei rechten Winkeln.

9. Zeichne ein Koordinatensystem mit der Einheit 1 cm und trage die Punkte A (2|1), B (4|1) und D (1|2) in das Koordinatensystem ein.
   Trage einen weiteren Punkt C so ein, dass das Viereck ABCD
   a) genau zwei rechte Winkel hat,
   b) keinen rechten Winkel hat,
   c) genau einen rechten Winkel hat.
   Gib jeweils die Koordinaten des Punktes C an.

Achsensymmetrie

10. Zeichne das Viereck auf Karopapier. Markiere darin die Symmetrieachsen.
    a) Rechteck mit a = 5 cm; b = 3 cm   b) Quadrat mit a = 4 cm

11. Prüfe die Aussage: „Trapeze sind im Allgemeinen nicht achsensymmetrisch. Es gibt aber besondere Trapeze, die eine Symmetrieachse haben."
    Begründe deine Entscheidung, zum Beispiel mithilfe von Zeichnungen.

12. Zeichne in ein Koordinatensystem das Dreieck mit den Eckpunkten A (2|1), B (5|0) und C (6|2). Zeichne außerdem die Gerade g, die durch die Punkte E (0|3) und F (7|3) verläuft. Spiegele nun das Dreieck an der Geraden g und gib die Koordinaten der Bildpunkte A', B' und C' an.

Vermischtes

13. Welche der Zahlen 0, 35, 89, 90, 99, 101, 180, 200, 233 und 271 sind
    a) größer als 0, aber kleiner als 90,
    b) größer als 90, aber kleiner als 180,
    c) kleiner als 270, aber größer als 180?

14. Es ist jetzt 8.00 Uhr. Nach 60 Minuten hat der große Zeiger der Uhr eine volle Drehung gemacht.
    Vervollständige zu einer wahren Aussage.
    a) Nach ... Minuten hat der große Zeiger der Uhr eine halbe Drehung gemacht.
    b) Nach 45 Minuten hat der große Zeiger der Uhr ... Drehung gemacht.
    c) Nach 90 Minuten hat der große Zeiger der Uhr ... Drehungen gemacht.
    d) Nach ... Minuten hat der große Zeiger der Uhr zwei Drehungen gemacht.

3. Kreise und Winkel

3.1 Kreis

■ Ein Bauer bindet seine Ziege an einen Pflock, um sie im hohen Gras weiden zu lassen.
Beschreibe, welche Form die abgegraste Fläche haben wird. ■

> **Wissen: Kreis, Mittelpunkt, Radius und Durchmesser**
> Ein Kreis besteht aus allen Punkten, die vom **Mittelpunkt M** den gleichen Abstand haben.
> Diesen Abstand nennt man den **Radius r** des Kreises.
>
> Der **Durchmesser d** ist der doppelte Radius eines Kreises.

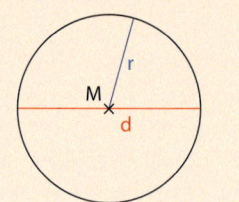

Es gibt verschiedene Möglichkeiten einen Kreis zu zeichnen: Mit einem Zirkel, mit einer Schablone, mit einem kreisförmigen Gegenstand oder mit einer Reißzwecke und einem Faden.

> **Beispiel 1:** Zeichne einen Kreis mit dem Radius r = 5 cm um einen Mittelpunkt M. Zeichne und markiere einen Radius im Kreis.

Lösung:

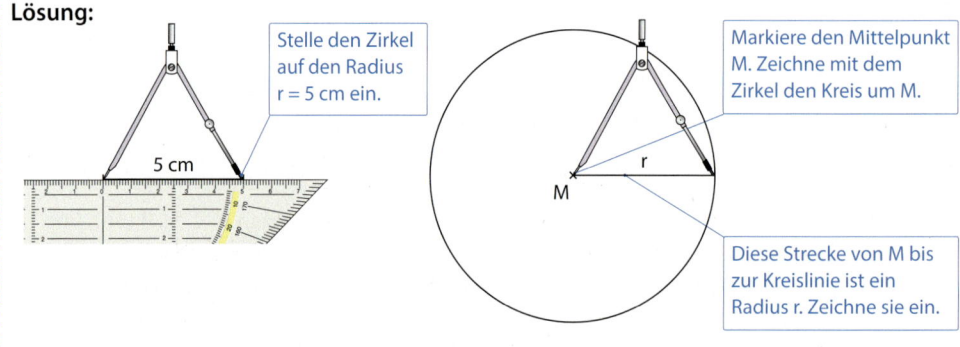

Basisaufgaben

1. Zeichne einen Kreis mit dem Radius r = 6 cm um einen Mittelpunkt M. Zeichne und markiere einen Radius im Kreis.

2. Zeichne einen Kreis mit dem Zirkel. Markiere zunächst den Mittelpunkt M. Zeichne auch einen Radius r und einen Durchmesser d ein.
   a) r = 2 cm   b) r = 6,5 cm   c) d = 6 cm   d) d = 7 cm

3. a) Zeichne wie im Bild rechts drei Kreise mit den Mittelpunkten A, B, C und den Radien 1 cm, 2 cm und 4 cm.
   b) Beschreibe den Zusammenhang zwischen den Radien und den Durchmessern der Kreise.

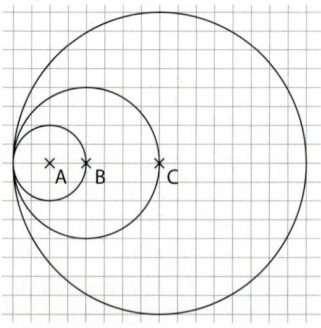

4. a) Bestimme aus der Zeichnung den Radius und den Durchmesser von Kreis 1 und Kreis 2.
   b) Zeichne zwei Kreise in dein Heft, die einen gemeinsamen Mittelpunkt haben. Der eine Kreis soll den Radius r = 4 cm und der andere den Durchmesser d = 4 cm haben.

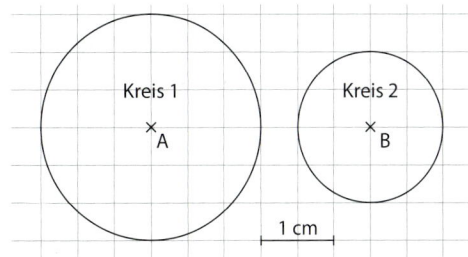

Weiterführende Aufgaben

5. a) Zeichne mit dem Zirkel einen Kreis mit dem Durchmesser d = 10 cm. Beschreibe, wie du dabei vorgehst.
   b) Zeichne einen Kreis mit dem Radius r = 5 cm, dessen Mittelpunkt auf der Kreislinie des Kreises aus a) liegt. Erkläre, warum der zweite Kreis durch den Mittelpunkt des ersten Kreises verläuft.

 6. **Stolperstelle:** Martina soll den Radius der 2-Euro-Münze bestimmen. Ihr Ergebnis ist 2,5 cm. Kann das stimmen? Begründe.

7. Zeichne die Figuren in deinem Heft nach und male sie bunt aus. Erfinde weitere Figuren.
   a) 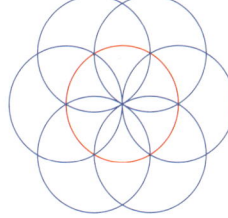   b)    c)

Hinweis zu 8b:
Diese Figur heißt Yin und Yang und stammt ursprünglich aus China.

8. a) Zeichne mit dem Geodreieck ein Quadrat in dein Heft.
   ① Zeichne einen Kreis, der durch alle vier Eckpunkte des Quadrates verläuft.
   ② Zeichne einen Kreis, der durch alle vier Seitenmittelpunkte des Quadrates verläuft.
   b) Zeichne mit dem Geodreieck ein Rechteck in dein Heft.
   ① Zeichne einen Kreis, der durch alle vier Eckpunkte des Rechtecks verläuft.
   ② Zeichne einen Kreis, der durch die Seitenmittelpunkte der beiden langen Seiten verläuft.

9. **Sehne:** Zeichne einen Kreis mit 5 cm Radius. Eine Strecke zwischen zwei Punkten auf dem Kreis nennt man Sehne.
   a) Zeichne eine Sehne der Länge 4 cm und eine Sehne der Länge 8 cm in den Kreis ein.
   b) Zeichne die deiner Meinung nach längstmögliche Sehne in den Kreis ein.
   Kennst du eine andere Bezeichnung für diese Sehne?

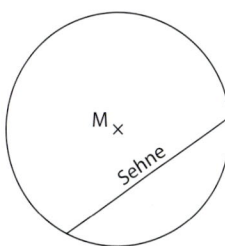

Erinnere dich:

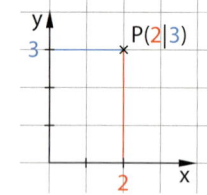

10. Zeichne mit einem kreisförmigen Gegenstand – beispielsweise einer Konservendose – einen Kreis auf ein weißes Blatt Papier.
    a) Zeichne den Mittelpunkt des Kreises ein. Beschreibe dein Vorgehen.
    b) Miss den Radius und den Durchmesser des Kreises.

11. Zeichne ein Koordinatensystem mit der Achseneinteilung 1 cm = 1 Einheit. Zeichne um den Punkt M(6|6) einen Kreis mit dem Radius r = 2 cm.
    a) Gib die Koordinaten von drei Punkten an, die vom Punkt M
       ① weniger als 2 cm entfernt sind,
       ② genau 2 cm entfernt sind,
       ③ mehr als 2 cm entfernt sind.
    b) Zeichne einen zweiten Kreis mit dem Radius r = 2 cm, sodass dieser Kreis den ersten Kreis genau in einem Punkt berührt.
    c) Beschreibe, wo die Mittelpunkte aller Kreise mit dem Radius r = 2 cm liegen, die den ersten Kreis in genau einem Punkt berühren.

12. Die Zeichnung zeigt den Plan einer Schatzinsel. Eine Kästchenlänge entspricht einem Schritt. Wo ist der Schatz versteckt? Übertrage den Plan mithilfe des Koordinatensystems in dein Heft.
    a) „Der Schatz ist 6 Schritte von der Palme und 9 Schritte vom Busch entfernt versteckt."
       Bestimme die Koordinaten, wo der Schatz versteckt ist.
    b) „Der Schatz liegt höchstens 8 Schritte von der Palme und höchstens 6 Schritte vom Busch entfernt. Er liegt aber mehr als 7 Schritte vom Anleger entfernt."
       Zeichne ein, wo der Schatz gesucht werden muss.
    c) Denk dir eigene Verstecke aus und beschreibe ihre Lage wie in Aufgabe a) oder b).

Tipp zu 13 b:
Ziehe Parallelen, die zu den Dreiecksseiten den gleichen Abstand haben.

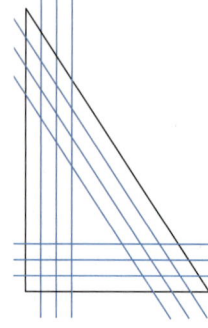

13. Die Stadt Knettelbeck möchte einen Zirkus einladen und stellt für das Zelt ein dreieckiges Gelände mit den Seitenlängen 80 m, 120 m und 144 m zur Verfügung.
    a) Zirkus Trolli besitzt ein Zelt mit 30 m Durchmesser. Ermittle, ob das Zelt auf das Gelände passt.
    b) Welchen Durchmesser darf ein Zirkuszelt maximal haben, damit es auf das Gelände passt?

14. **Ausblick:** Zeichne ein regelmäßiges Achteck. Erstelle dafür einen Kreis mit dem Radius r = 5 cm und zeichne einen Durchmesser ein. Zeichne einen zweiten Durchmesser senkrecht zum ersten und verbinde die Punkte auf dem Kreis zu einem Quadrat. Zeichne durch dessen Seitenmittelpunkte zwei weitere Durchmesser. Verbinde dann die Punkte auf dem Kreis zum Achteck. Färbe das Muster schwarz-weiß ein.

3.2 Winkel

■ Peter und Paul sind Detektive und beobachten aus ihren Verstecken in kleinen Seitengassen die Hauseingänge auf der anderen Straßenseite. Wer von beiden kann mehr Hauseingänge sehen? ■

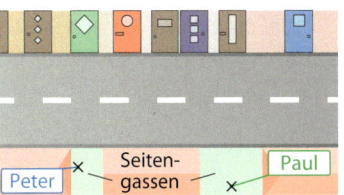

Wissen: Winkel
Ein **Winkel** wird durch zwei Strahlen begrenzt, die vom gleichen Anfangspunkt ausgehen. Die Strahlen heißen **Schenkel**. Der Anfangspunkt ist der **Scheitelpunkt** des Winkels.

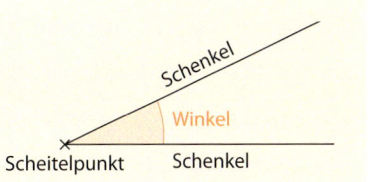

Winkel kann man auf verschiedene Weise angeben:
Mit **griechischen Buchstaben**:   Mit **zwei Schenkeln**:   Mit **drei Punkten**:

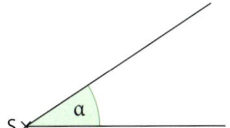 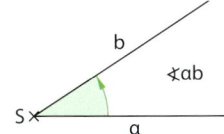 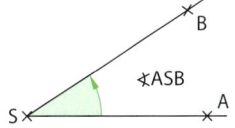

Die Reihenfolge bei der Angabe ∢ab oder ∢ASB erfolgt **gegen den Uhrzeigersinn**. Dies ist die übliche Drehrichtung in der Mathematik.

Hinweis:
Die ersten griechischen Buchstaben sind:

α Alpha
β Beta
γ Gamma
δ Delta
ε Epsilon

Beispiel 1:
a) Übertrage die Zeichnung ins Heft und zeichne Winkel ein, die durch die Schenkel g und h begrenzt werden. Gib die Winkel mit griechischen Buchstaben an.
b) Gib die Winkel aus a) auch in der Schreibweise mit Schenkeln und mit Punkten an.

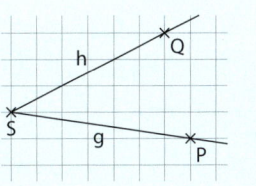

Lösung:
a) Es gibt zwei Winkel, die durch die Schenkel begrenzt werden.

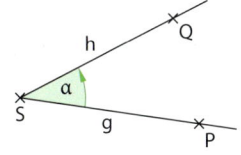   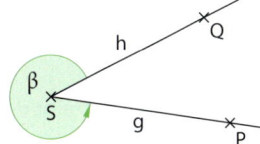

b) Zeichne einen Pfeil entgegen dem Uhrzeigersinn (nach links) ein und lies dann ab.
α = ∢gh = ∢PSQ   β = ∢hg = ∢QSP

Basisaufgaben

1. Welche beiden Winkel werden durch die Schenkel a und b begrenzt?
   Gib beide Winkel jeweils mit drei Punkten und zwei Schenkeln an.

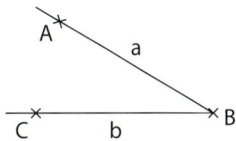

2. Gib die Winkel mit drei Punkten oder zwei Schenkeln an. Beachte die Reihenfolge.

a)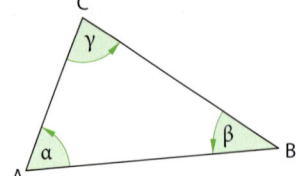
b)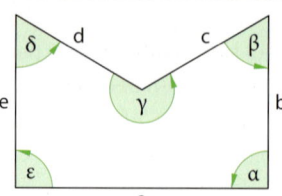

Weiterführende Aufgaben

Hinweis zu 3:
Insgesamt ergeben die Lösungen 90 Minuten.

3. Bestimme näherungsweise, wie viele Minuten vergangen sind, wenn der Minutenzeiger einer Uhr den gelben Winkel überstreicht.

a)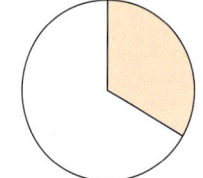
b)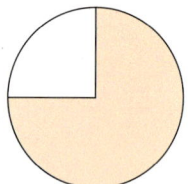
c)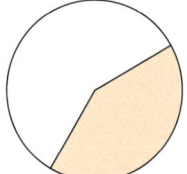

4. Kapitän Hansson ist an Bord seines Fischkutters auf dem Meer. Jule ist am Strand. Das Bild zeigt die Blickwinkel, unter denen die beiden den Leuchtturm sehen.

a) Beschreibe den Unterschied zwischen den Blickwinkeln von Kapitän Hansson und Jule.
b) Beschreibe, wie sich der Blickwinkel des Kapitäns verändert, wenn er zurück zum Strand fährt. Wann ist der Blickwinkel des Kapitäns am größten? Wann ist er am kleinsten?

5. Ida sagt: „Zeichne ich ein Dreieck, entstehen insgesamt 6 Winkel." Hat sie recht? Begründe.

 6. **Stolperstelle:** Tim beschreibt den Winkel α durch α = ∢CBA. Erkläre, was er falsch gemacht hat.

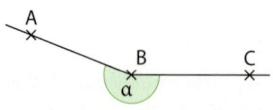

7. **Ausblick:** Im Bild ist der Schusswinkel beim Elfmeter markiert, dazu ein Halbkreis mit dem Radius r = 11 m.
   a) Wie verändert sich der Schusswinkel, wenn der Schütze von einem anderen Punkt des Halbkreises schießt?
   b) Beim Freistoß sieht man häufig, dass die Schützen heimlich den Ball etwas weiter nach vorne legen. Verbessert das ihre Torchance? Wie verändert sich die Torchance, wenn sie den Ball nach links oder rechts legen?

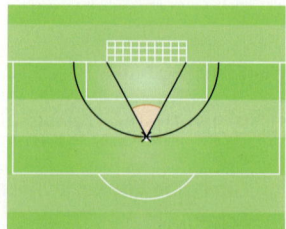

3.3 Winkel messen

■ Beschreibe, welche Größen man mit diesen Messgeräten bestimmen kann. ■

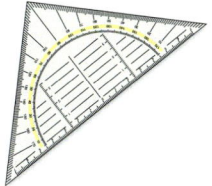  

Wissen: Winkelmaß und Winkelarten

Die Größe eines Winkels wird in **Grad** (°) angegeben. Liegen beide Schenkel aufeinander, so bilden sie einen **Vollwinkel** von **360°**. Teilt man ihn in 360 gleich große Teile, so hat ein Teil davon die Winkelgröße **1°**.

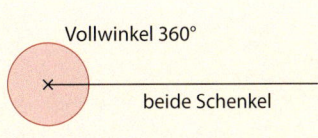

Vollwinkel 360°
beide Schenkel

Es gibt verschiedene **Winkelarten** je nach Größe des Winkels:

spitzer Winkel	rechter Winkel	stumpfer Winkel	gestreckter Winkel	überstumpfer Winkel
kleiner als 90°	90°	zwischen 90° und 180°	180°	zwischen 180° und 360°

Winkel messen

Winkel kann man mit dem Geodreieck messen. Dazu befindet sich auf dem Geodreieck ein Halbkreis, von dem aus die Winkel von 0° bis 180° eingezeichnet sind.

Beispiel 1:
a) Schätze die Größe des Winkels α.
b) Miss dann mit dem Geodreieck.

Hinweis:
Das **Messen von überstumpfen Winkeln** lernst du in Aufgabe 6.

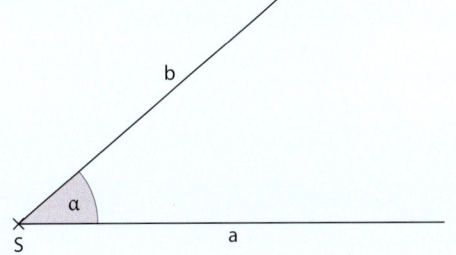

Lösung:
a) Der Winkel α ist etwa halb so groß wie ein rechter Winkel. α ist also etwa 45° groß.
b)

Lege das Geodreieck auf den Winkel. Die lange Seite liegt auf einem Schenkel, der Nullpunkt liegt auf dem Scheitelpunkt S.

Zähle an der Skala, die bei 0 beginnt, nach oben:
0°, 10°, …, 40°.

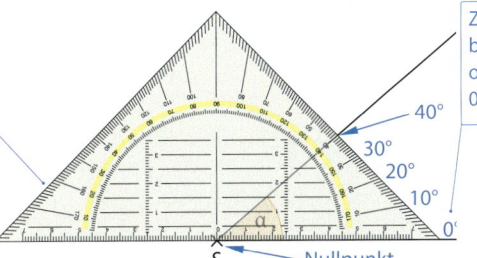

Ergebnis: α = 40°

Basisaufgaben

1. Die abgebildeten Winkel sind 110°, 18°, 45° und 154° groß. Ordne diese Winkelgrößen den Winkeln α, β, γ und δ zu. Begründe.

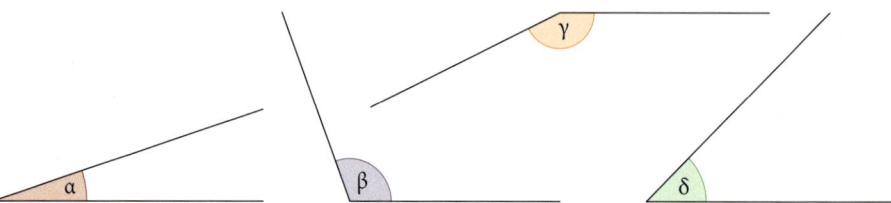

2. Schätze zuerst die Größe des Winkels. Miss dann mit dem Geodreieck und vergleiche die beiden Werte miteinander.

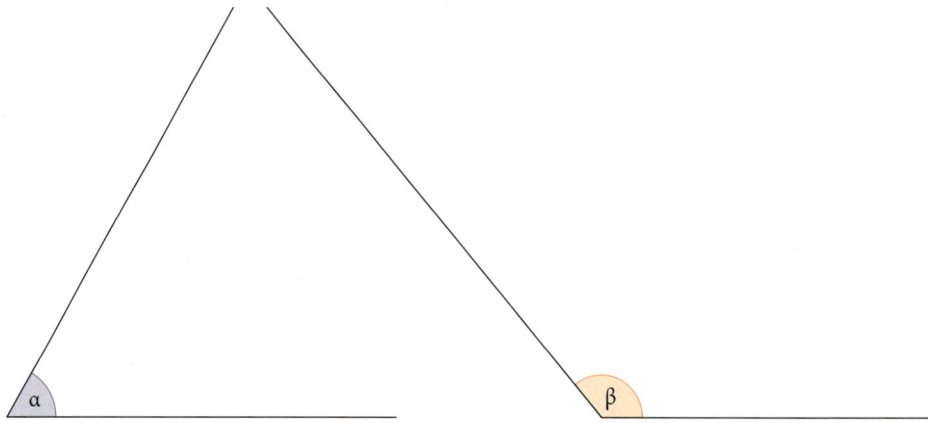

3. Gegeben sind die Winkel α, β, γ und δ.
   a) Entscheide jeweils, um welche Winkelart es sich handelt.
   b) Schätze die Größe der Winkel.
   c) Miss die Größe der Winkel mit dem Geodreieck und vergleiche jeweils den Messwert mit dem geschätzten Wert.

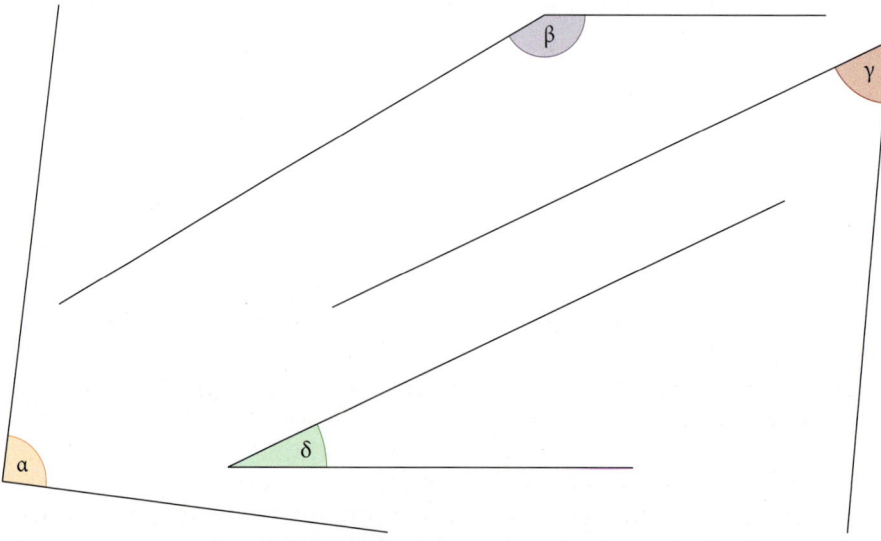

Winkel berechnen

Beispiel 2: Berechne die Größe von β.

a)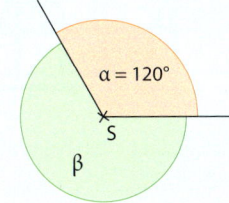
b)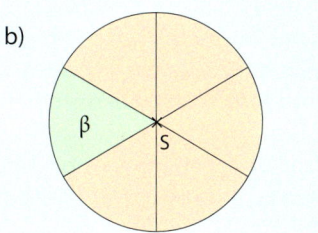

Lösung:
Bei dieser Aufgabe brauchst du die Winkel nicht zu messen. Gehe vom Vollwinkel 360° aus und berechne die Winkel.

a) α und β zusammen ergeben einen Vollwinkel, also 360°.

$120° + β = 360°$
$β = 360° - 120° = 240°$

b) Der Vollwinkel ist in 6 gleich große Teile geteilt. 360° geteilt durch 6 ist die Größe von einem Teilstück.

$β = 360° : 6 = 60°$

Basisaufgaben

4. Berechne die Größe von β.

   a)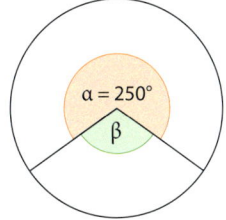
   b)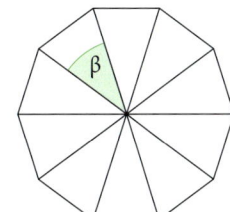

5. Die Winkel α und β bilden zusammen einen gestreckten Winkel und α = 45°. Wie groß ist β?

6. **Überstumpfe Winkel messen:** Der Winkel β ist ein überstumpfer Winkel.

   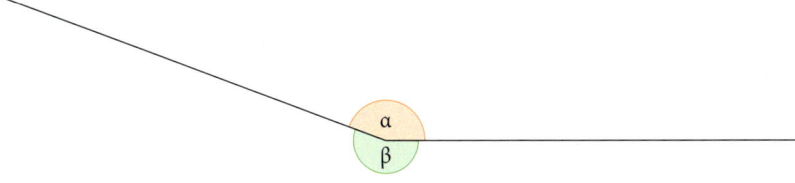

   a) Erkläre, warum sich die Größe des Winkels β nicht direkt auf dem Geodreieck ablesen lässt.
   b) Jan behauptet: „Ich kann die Größe eines überstumpfen Winkels berechnen, indem ich den zweiten Winkel α am Scheitelpunkt messe." Erkläre Jans Verfahren.
   Miss die Größe des Winkels α. Berechne anschließend die Größe des Winkels β.
   c) Die drei Punkte A(1|1), B(9|1) und C(2|8) bilden den überstumpfen Winkel ∢ABC. Zeichne die Punkte in ein Koordinatensystem und bestimme mit dem Verfahren aus b) die Größe des Winkels ∢ABC.

Weiterführende Aufgaben

7. Betrachte die Abbildung eines Fachwerkhauses.

   a) Suche in der Abbildung einen spitzen, einen rechten und einen stumpfen Winkel. Schätze ihre Größe.
   b) Beschreibe, an welcher Stelle der kleinste spitze Winkel auftaucht. Wo findet man den größten stumpfen Winkel?

Hinweis zu 8:
Hier findest du die Lösungen.

8. Der große und der kleine Zeiger einer Uhr bilden jeweils zwei Winkel. Der kleinere Winkel wird immer mit α und der größere Winkel immer mit β bezeichnet.

    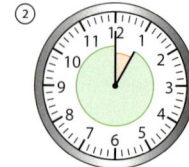 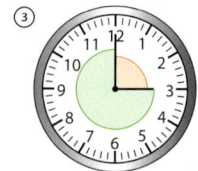 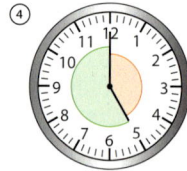

   a) Gib die Größe der Winkel α und β in den vier Abbildungen an. Du kannst die Größe der Winkel berechnen. Messen ist an dieser Stelle nicht notwendig.
   b) Erkläre, warum der Winkel β zu fast allen vollen Stunden ein überstumpfer Winkel ist. Es gibt aber Ausnahmen. Zu welchen vollen Stunden ist β kein überstumpfer Winkel?

9. Zeichne die Punkte A(1|1), B(6|1) und C(9|6) in ein Koordinatensystem und verbinde sie zu einem Dreieck. Betrachte die Winkel an den Punkten A und B. Bestimme die Winkelart und schätze die Größe der Winkel. Miss dann mit dem Geodreieck. Beschreibe schrittweise, wie du vorgegangen bist.

10. **Stolperstelle:**
    a) Beim Winkel α misst Lara 75°, Luca misst 105°. Erkläre, wer recht hat und welchen Fehler der andere gemacht hat.
    b) Lara behauptet, dass der Winkel β ein stumpfer Winkel ist. Erkläre, was Lara verwechselt hat.

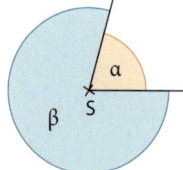

11. a) Der Winkel α ist 120° groß. Ordne dem Winkel α eine Winkelart zu. Begründe.
    b) Zwei Strahlen, die von einem Scheitelpunkt ausgehen, bilden immer zwei Winkel. Ordne dem zweiten Winkel β eine Winkelart zu und bestimme seine Größe.
    c) Richtig oder falsch? Zwei Strahlen, die von einem Scheitelpunkt ausgehen, bilden immer zwei Winkel, von denen einer ein überstumpfer Winkel ist. Begründe.

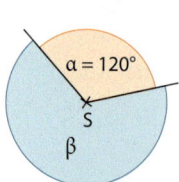

Hinweis:
Beachte die Bewegungen des Stundenzeigers.

12. **Ausblick:** Die Uhr zeigt 4:00. Zeichne eine Uhr, die 8:20 zeigt.
    a) Die Winkel zwischen Minuten- und Stundenzeiger sind um 4:00 und um 8:20 nicht genau gleich groß. Erkläre.
    b) Bestimme die Winkel zwischen Minuten- und Stundenzeiger um 8:20 ohne zu messen. Erkläre deinen Lösungsweg.
    c) Zeichne eine Uhrzeit, bei der die Zeiger einen Winkel von 60° bilden.
    d) Erkläre, warum die Zeiger zu keiner vollen Stunde einen Winkel von 75° bilden können.
    e) Finde eine passende Uhrzeit und zeichne einen Winkel von 75°.

3.4 Winkel zeichnen

■ Ein Spiel für zwei: Bastelt gemeinsam eine Winkelscheibe. Schneidet dafür zwei Kreisscheiben mit einem Radius von 7 cm in unterschiedlichen Farben aus. Schneidet die beiden Kreise entlang eines Radius ein und schiebt die Scheiben ineinander.
Der erste Spieler nennt nun eine Winkelgröße, der zweite muss – ohne zu messen – die Winkelgröße mit der Winkelscheibe darstellen. Hinterher könnt ihr zur Überprüfung messen. ■

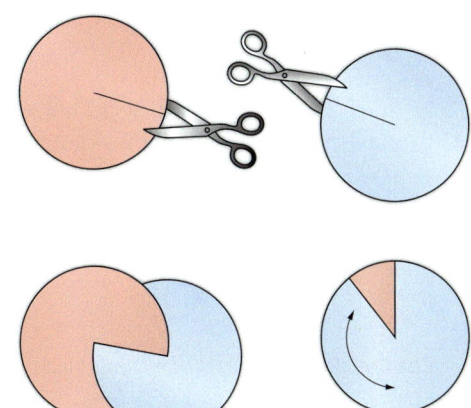

Beispiel 1: Zeichne den Winkel α = 50° (durch Drehen) und β = 140° (durch Markieren).

Lösung: Geodreieck drehen

1. Schritt

2. Schritt

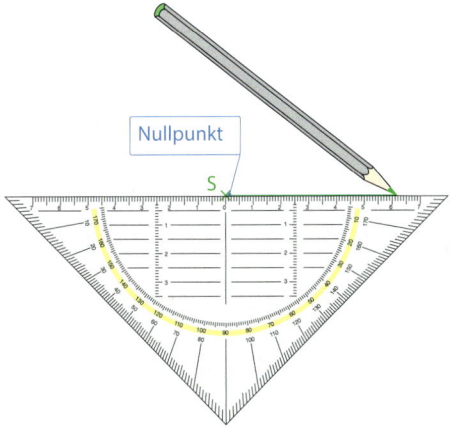

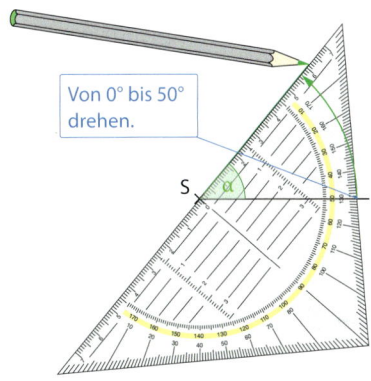

Zeichne den ersten Schenkel mit dem Scheitelpunkt S am Nullpunkt.

Drehe das Geodreieck nach links, bis die Skala bei 50° steht. Zeichne dann den zweiten Schenkel.

Lösung: Am Geodreieck markieren

1. Schritt

2. Schritt

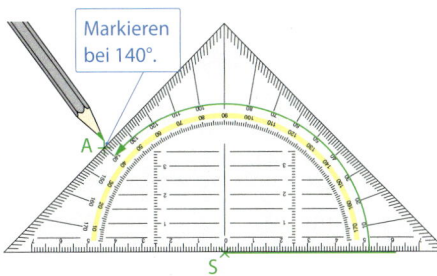

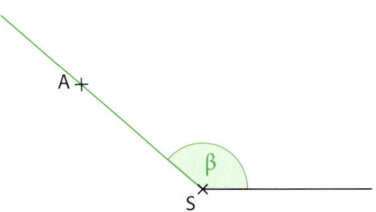

Zeichne den ersten Schenkel mit dem Scheitelpunkt am Nullpunkt. Dann markierst du bei 140° einen weiteren Punkt.

Anschließend verbindest du diesen Punkt mit S und erhältst so den zweiten Schenkel.

Hinweis:
Das Zeichnen von überstumpfen Winkeln lernst du in Aufgabe 5.

Basisaufgaben

1. Zeichne die Winkel.
   a) durch Drehen des Geodreiecks: 30°, 60°, 90°, 130°
   b) durch Markieren am Geodreieck: 160°, 120°, 90°, 50°
   c) 100°, 70°, 170°, 20°

2. Zeichne den Winkel. Bestimme vorher die Winkelart und überlege, wie groß die Winkelöffnung ungefähr sein muss.
   a) 70°   b) 150°   c) 15°   d) 180°

Hinweis zu 3c:
Bei der Figur handelt es sich um einen regelmäßigen Stern.

3. Zeichne die Figuren ab. Übertrage dazu schrittweise die Längen und Winkel in dein Heft.
   a)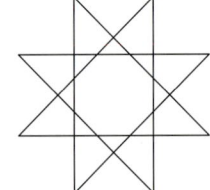
   b)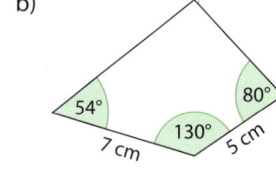
   c)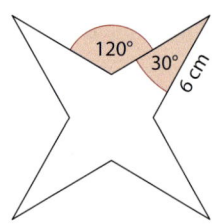

Hinweis zu 4:
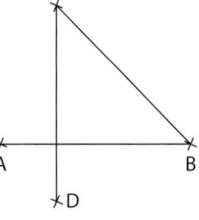

4. a) Übertrage die Figur nach folgender Konstruktion in dein Heft:
      1. Zeichne einen Startpunkt A.
      2. Zeichne von A nach B eine Strecke von 6 cm.
      3. Trage bei B einen 45° großen Winkel ab.
      4. Die Strecke von B nach C soll wieder 6 cm lang sein.
      5. Trage wieder einen 45° großen Winkel ab und zeichne wieder eine Strecke von 6 cm.
      6. Setze diese Konstruktion fort, bis du wieder am Startpunkt ankommst.
   b) Wiederhole die Konstruktion aus a) mit den Winkeln 30°, 60° und 90°.

5. **Überstumpfe Winkel zeichnen:** Tim behauptet: „Ich kann einen Winkel mit der Größe 250° zeichnen, indem ich einfach einen Winkel der Größe 110° zeichne."
   a) Zeichne einen Winkel mit der Größe 110°. Erkläre, warum Tim recht hat.
   b) Zeichne die überstumpfen Winkel wie Tim: α = 200°; β = 300°; γ = 225°; δ = 270°.

Weiterführende Aufgaben

6. Zeichne die Winkel der Größe 65° und 120° jeweils mit beiden Verfahren. Erkläre, bei welchem Verfahren dir die Auswahl der Skala und das Zeichnen leichter fallen.

 7. **Stolperstelle:** Raphael sollte einen Winkel α = 110° zeichnen. Marie sollte einen Winkel β = 210° zeichnen. Erkläre die Fehler, die sie gemacht haben.

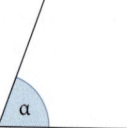
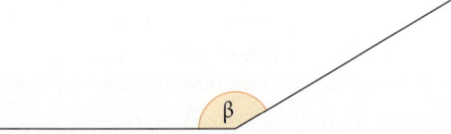

3.4 Winkel zeichnen

8. In den fünf Kreisen sind die Winkel α, β, γ, δ oder ε eingefärbt.

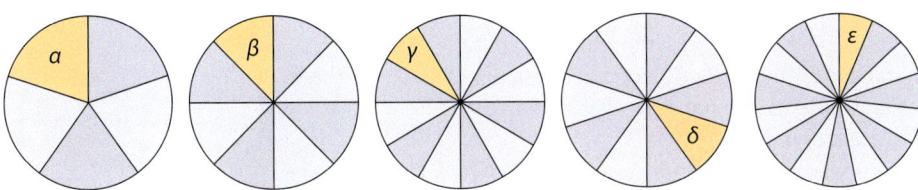

a) Ordne die Winkel der Größe nach. Gib jeweils ihre Größe an.
b) Zeichne den Winkel β zweimal so nebeneinander, dass der Scheitelpunkt und ein Schenkel übereinstimmen. Was für einen Winkel erhältst du?
c) Finde eine Kombination, drei Winkel mit gemeinsamem Scheitelpunkt so aneinanderzulegen, dass sie einen rechten Winkel ergeben. Überprüfe durch eine Zeichnung.
d) Zeichne die fünf Winkel ausgehend vom gleichen Scheitelpunkt nebeneinander. Wie groß wird der gemeinsame Winkel?

9. Das Gesichtsfeld ist der Bereich, den wir beim Geradeaus-Schauen überblicken können, ohne den Kopf zu bewegen. Das Gesichtsfeld wird durch den Sehwinkel beschrieben.

a) Öffne deine gestreckten Arme so weit, dass du sie gerade noch sehen kannst. Lass deinen Nachbarn messen, wie groß dein Sehwinkel ist.
b) Das Gesichtsfeld anderer Lebewesen unterscheidet sich von dem des Menschen teilweise recht deutlich. Recherchiert im Internet und zeichnet die Gesichtsfelder einiger Tiere auf.

10. Im Straßenverkehr sind Kinder benachteiligt. Im Alter von 6 Jahren beträgt ihr Sehwinkel nur 120°, der von Erwachsenen dagegen 180°.
Erkläre anhand einer Zeichnung die besondere Gefährdung der Kinder.

11. **Ausblick:** Punkte im Koordinatensystem kann man auch durch einen Winkel α und den Abstand d zum Ursprung angeben.

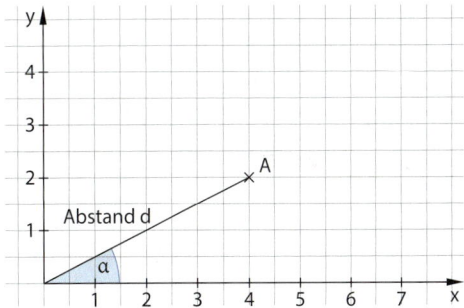

a) Zeichne den Punkt A(4|2) ein. Miss den Winkel α und den Abstand d.
b) Zeichne: B: α = 30°, d = 5 cm; C: α = 60°, d = 7 cm; D: α = 15°, d = 5 cm
c) Zeichne die Punkte P(6|8) und Q(8|6) ein. Lara behauptet: „Die Winkel der Punkte P und Q ergeben zusammen 90°." Hat Lara recht? Prüfe, ob dies auch für R(2|7) und S(7|2) zutrifft. Was fällt dir auf?

3.5 Punktsymmetrie

■ Viele Spielkarten sind symmetrisch, damit man beim Ziehen oder Ablegen erkennt, um welche Karte es sich handelt – auch wenn die Karte „auf dem Kopf steht".
Erkläre, warum Spielkarten dennoch nicht achsensymmetrisch sind.
Beschreibe die Symmetrie von Spielkarten in eigenen Worten. ■

Wissen: Punktsymmetrie
Eine Figur, die nach einer halben Drehung um einen Punkt mit sich selbst in Deckung kommt, heißt **punktsymmetrisch**.

Der Punkt Z heißt **Symmetriezentrum**.

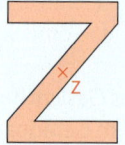

Punktsymmetrie erkennen

Beispiel 1: Prüfe, ob der Buchstabe N punktsymmetrisch ist.

Lösung:

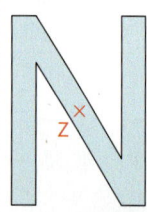
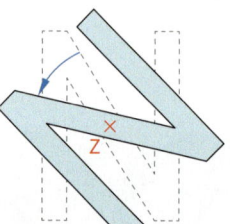
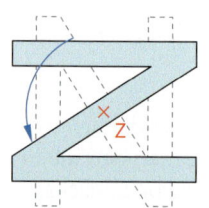

Ausgangsfigur   viertel Drehung   halbe Drehung
                                     (Drehung um 90°)   (Drehung um 180°)

Die Figur sieht nach einer halben Drehung genauso aus wie die Ausgangsfigur. Daher ist die Figur punktsymmetrisch.

Basisaufgaben

1. Welche der Verkehrszeichen sind punktsymmetrisch? Begründe.

    a) 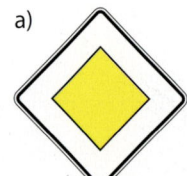   b)    c)    d) 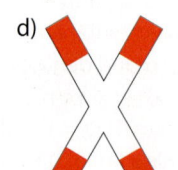   e)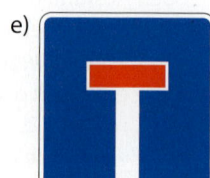

2. Gib an, welche der Buchstaben A bis Z (der Ziffern 0 bis 9) punktsymmetrisch sind. Begründe durch Skizzen, in denen jeweils das Symmetriezentrum markiert ist.

3.5 Punktsymmetrie

3. a) Prüfe, ob die Figuren punktsymmetrisch sind. Übertrage die punktsymmetrischen Figuren in dein Heft und zeichne ihr Symmetriezentrum ein.

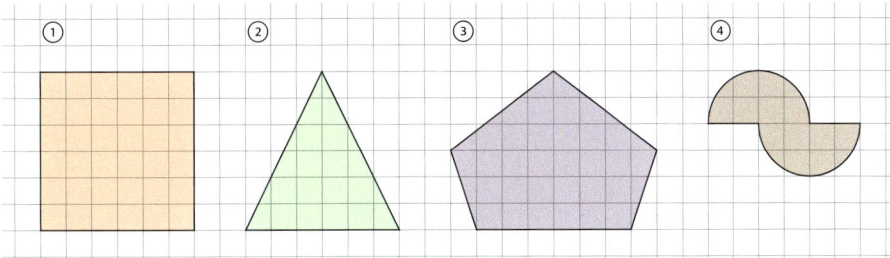

b) Zeichne selbst eine punktsymmetrische Figur.

Punktspiegelungen ausführen

Beim Spiegeln einer Figur an einem Punkt ergibt sich zu jedem **Punkt** ein **Bildpunkt** gegenüber vom Spiegelpunkt.
Diesen Vorgang nennt man **Punktspiegelung**. Dabei entsteht eine punktsymmetrische Figur.

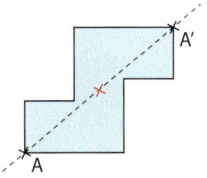

> **Wissen: Punkt und Bildpunkt bei der Punktspiegelung**
> Punkt und Bildpunkt haben denselben Abstand vom Punkt, an dem gespiegelt wird (**Spiegelpunkt**).
> Punkt und Bildpunkt liegen auf einer Geraden, die durch den Spiegelpunkt verläuft.

Beispiel 2: Spiegele die Figur am Punkt Z.

a)    b)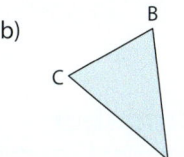

Lösung:

a) Hier kannst du die Lage der Bildpunkte an den Kästchen abzählen. Wenn alle Punkte der Figur gespiegelt sind, zeichnest du die Strecken.

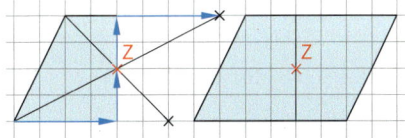

Nach einer halben Drehung der Figur um den Punkt Z ergibt sich wieder die ursprüngliche Figur.

b) Lege das Geodreieck mit dem Nullpunkt auf den Punkt Z. Lies den Abstand von A zu Z ab und markiere gegenüber den Bildpunkt A' im selben Abstand zu Z.

Verfahre ebenso mit B und C.

Verbinde die Bildpunkte A', B' und C' zu einem Dreieck.

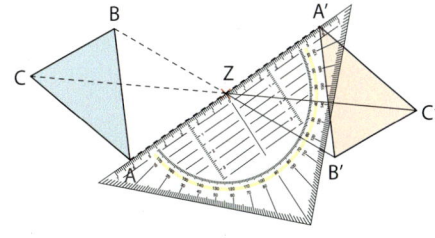

Basisaufgaben

4. Übertrage die Figur in dein Heft und spiegele sie am Punkt Z. Du kannst dich an den Kästchen orientieren.

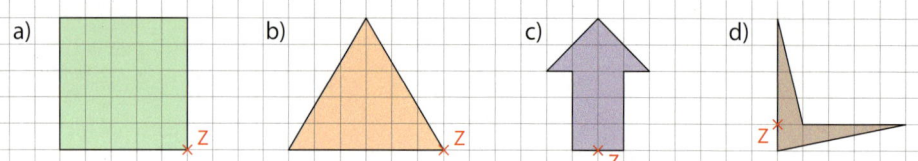

5. Übertrage die Figur in dein Heft und spiegele sie am Punkt Z.

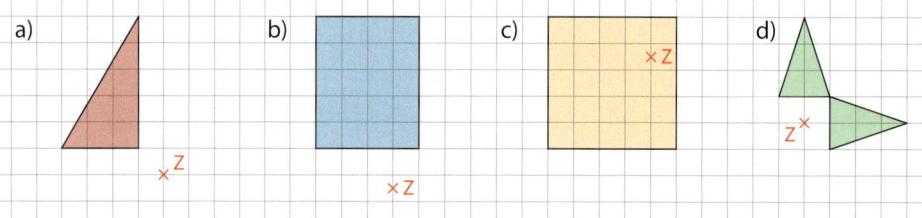

6. Zeichne auf weißem Papier ein 4,2 cm langes und 3,4 cm breites Rechteck.
   a) Spiegele das Rechteck an einem seiner Eckpunkte.
   b) Spiegele das Rechteck am Schnittpunkt der Diagonalen.

7. Zeichne die Figur in ein Koordinatensystem. Spiegele sie am Punkt Z(6|4). Gib dann die Koordinaten der Eckpunkte der Bildfigur an.
   a) A(1|2), B(5|1), C(2|5)   b) A(2|3), B(7|2), C(7|6)   c) A(5|5), B(9|5), C(9|8), D(5|8)

Weiterführende Aufgaben

8.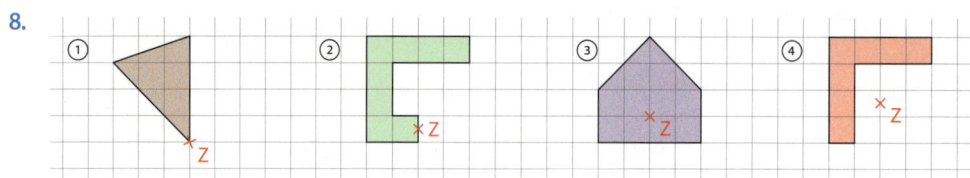

   a) Übertrage die Figur in dein Heft und spiegele sie am Punkt Z.
   b) Florian meint: „Ich kann jede Figur durch eine Punktspiegelung zu einer punktsymmetrischen Figur ergänzen."
   Hat Florian recht? Begründe.

9. Zeichne verschiedene Vierecke (Quadrat, Rechteck, Parallelogramm, Raute, Trapez, Drachenviereck). Untersuche, ob sie punktsymmetrisch sind.

10. **Stolperstelle:** Zeichne in dein Heft und überprüfe, ob die Figur punktsymmetrisch ist. Beschreibe gegebenenfalls die Lage des Symmetriezentrums.
    a) Strecke von A nach B   b) Strahl mit dem Anfangspunkt A
    c) Gerade   d) zwei Geraden, die sich schneiden

3.5 Punktsymmetrie

11. Die elektronische Zeitangabe auf dem Bild ist punktsymmetrisch. Gib eine weitere punktsymmetrische elektronische Zeitangabe an.

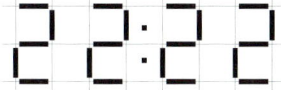

12. Welche der abgebildeten Flaggen sind
a) nur achsensymmetrisch, b) nur punktsymmetrisch, c) achsen- und punktsymmetrisch?

13. Ergänze die Figur im Heft zu einer punktsymmetrischen Figur. Färbe möglichst wenige Kästchen blau.

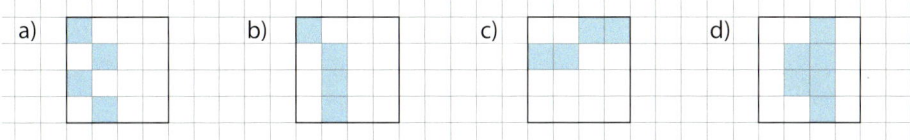

Hinweis zu 13:
Hier findest du die Anzahlen der blauen Kästchen, die hinzugefügt werden müssen.

14. Übertrage die Figur in dein Heft und ergänze sie zu einer punktsymmetrischen Figur (zu einer achsensymmetrischen Figur). Gib jeweils zwei verschiedene Möglichkeiten an. Markiere das Symmetriezentrum Z (die Symmetrieachse g) rot.

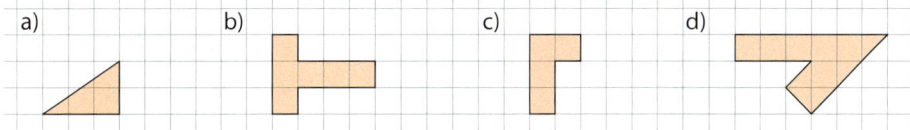

● 15. Übertrage die Figur sowie die rote und die blaue Linie in dein Heft und färbe die Figur grün.
a) Spiegele die Figur an der roten Linie.
b) Spiegele das erhaltene Bild an der blauen Linie. Färbe die nun erhaltene Figur auch grün.
c) Ist die gesamte grün gefärbte Figur eine punktsymmetrische Figur?
d) Nachdem Martin die Aufgabe gelöst hat, meint er: „Man muss also nur zwei Achsenspiegelungen durchführen, um eine Punktspiegelung zu erhalten." Überprüfe Martins Aussage an einem weiteren Beispiel.

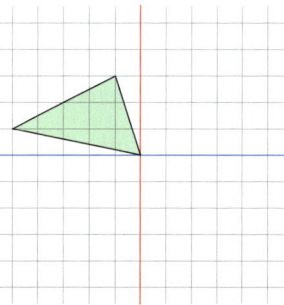

● 16. Ausblick: „Eine achsensymmetrische Figur mit zwei senkrecht aufeinander stehenden Symmetrieachsen ist auch punktsymmetrisch."
a) Zeichne ein 6 cm langes und 4 cm breites Rechteck. Zeige, dass die Aussage auf das Rechteck zutrifft. Beschreibe die Lage des Symmetriezentrums bezüglich der Symmetrieachsen.
b) Überprüfe die Aussage an mindestens drei weiteren Figuren (zum Beispiel an einer Raute oder an einem Kreis).
c) Was passiert bei drei Symmetrieachsen? Zeichne ein Dreieck mit drei Symmetrieachsen. Prüfe die Figur auf Punktsymmetrie.

3.6 Drehsymmetrie

■ Das Windrad ist weder achsen- noch punktsymmetrisch.
Es ist aber trotzdem regelmäßig aufgebaut.
Beschreibe diese Regelmäßigkeit in eigenen Worten.
Finde weitere Gegenstände mit solchen Regelmäßigkeiten. ■

Hinweis:
Eine Figur, die nach einer Drehung von 180° um einen Punkt mit sich selbst in Drehung kommt, ist punktsymmetrisch

> **Wissen: Drehsymmetrie**
> Eine Figur, die nach einer Drehung um einen Winkel zwischen 0° und 360° um einen Punkt mit sich selbst in Deckung kommt, heißt **drehsymmetrisch**.

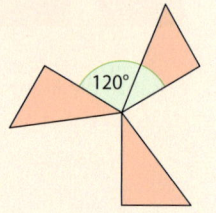

Drehsymmetrie erkennen

Beispiel 1: Prüfe, ob das Verkehrsschild „Kreisverkehr" drehsymmetrisch ist. Gib passende Drehwinkel an.

Lösung:

Ausgangsfigur   Drehung um 120°   Drehung um 240°

Bei Drehungen um 120° oder 240° sieht das gedrehte Verkehrsschild so aus wie die Ausgangsfigur. Das Verkehrsschild ist drehsymmetrisch. Die Drehwinkel sind 120° und 240°.

Basisaufgaben

1. Welche der Verkehrsschilder sind drehsymmetrisch? Begründe.

a) 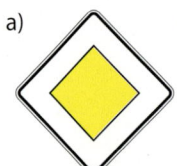 b)  c)  d) 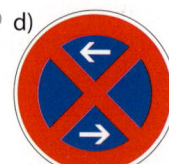 e)

Hinweis zu 2:
Hier findest du die Lösungen.

2. Die Figuren sind drehsymmetrisch. Gib jeweils den kleinsten passenden Drehwinkel an.

a) 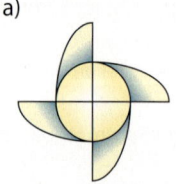 b) 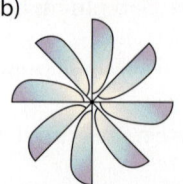 c)  d)  e)

3.6 Drehsymmetrie

Drehungen ausführen

Beispiel 2: Drehe den Punkt P um den Punkt Z mit dem Drehwinkel 30°.

Lösung:
1. Zeichne von Z durch P den ersten Schenkel des Drehwinkels α = 30° ein.
2. Trage an diesem Schenkel α = 30° bei Z ab.
3. Markiere den Bildpunkt P' auf dem zweiten Schenkel. P und P' müssen den gleichen Abstand zu Z haben.

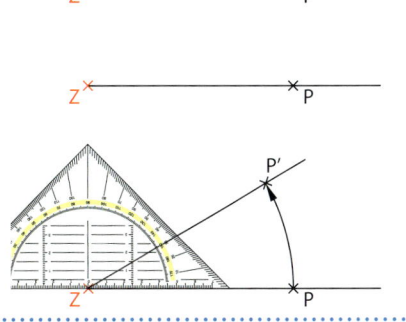

Hinweis
Die **Drehrichtung** bei Drehungen ist entgegen dem Uhrzeigersinn.

Beispiel 3: Zeichne ein Rechteck ABCD und einen Punkt Z, der außerhalb des Rechtecks liegt. Drehe das Rechteck um den Punkt Z mit dem Drehwinkel 120°.

Lösung:
1. Gehe für jeden Punkt vor wie in Beispiel 2.
2. Verbinde am Ende die Bildpunkte zum Rechteck A'B'C'D'.

   1. Verbinde Z und A.
   2. Trage den Drehwinkel α = 120° bei Z ab.
   3. Markiere A' auf dem zweiten Schenkel des Drehwinkels.

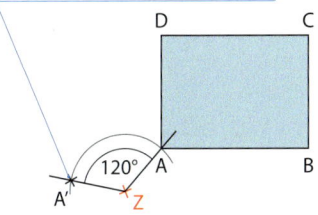
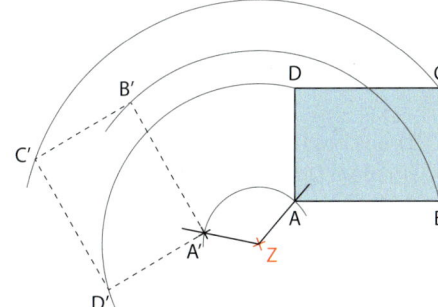

Hinweis
Eine Drehung einer Figur um 180° um einen Punkt P entspricht einer Punktspiegelung.

Basisaufgaben

3. Übertrage die beiden Punkte in dein Heft. Drehe P um Z mit dem angegebenen Drehwinkel.

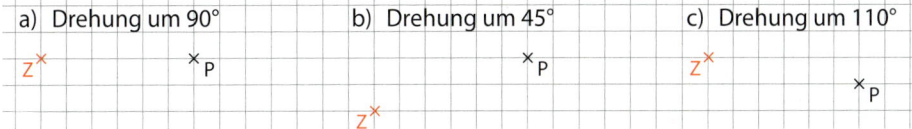

a) Drehung um 90°   b) Drehung um 45°   c) Drehung um 110°

4. Übertrage die Figuren ins Heft. Drehe dann die Figur um den Punkt Z mit dem angegebenen Drehwinkel.

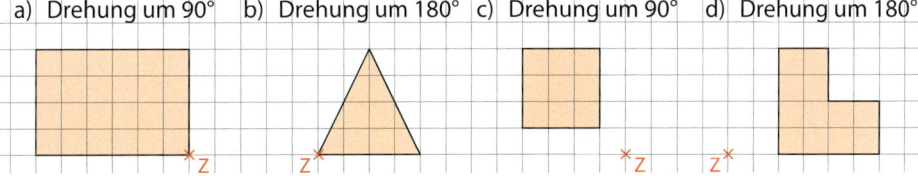

a) Drehung um 90°   b) Drehung um 180°   c) Drehung um 90°   d) Drehung um 180°

5. Ergänze zu einer drehsymmetrischen Figur, indem du mehrere Drehungen um Z durchführst.

   a) 4 Drehungen um 90°
   b) 8 Drehungen um 45°
   c) 6 Drehungen um 60°
   d) 3 Drehungen um 120°

Weiterführende Aufgaben

6. Um wie viel Grad kannst du die Figuren drehen, damit sie mit sich selbst zur Deckung kommen? Beachte: Es gibt zum Teil mehrere Lösungen.

   a)   b)   c)   d)

7. Zeichne in ein Koordinatensystem das Dreieck ABC und den Punkt Z. Drehe das Dreieck um Z erst mit einem Drehwinkel α = 90°, dann mit einem Drehwinkel β = 180° und zuletzt mit einem Drehwinkel γ = 270°.

   a) A(9|6), B(9|10), C(6|10) und Z(6|6)   b) A(4|6), B(7|8), C(2|8) und Z(5|5)

8. Drehe das Dreieck zwei Mal nacheinander um den Punkt C mit dem Drehwinkel 120°. Beachte die Beispiele 2 und 3. Prüfe, ob die entstehende Figur drehsymmetrisch ist.

9. **Stolperstelle:** Sandra ist der Meinung, dass eine Punktspiegelung eine spezielle Drehung ist. Hat sie recht? Begründe mit Beispielen.

10. Bei welcher Drehung liegt das grüne Kreuz genau über dem gelben Kreuz? Gib einen Drehpunkt und einen Drehwinkel an. Es gibt nicht nur eine Lösung.

    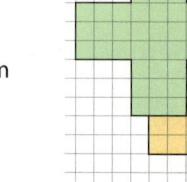

11. **Ausblick:**
    a) Prüfe, ob die Figuren achsensymmetrisch sind. Bestimme jeweils die Anzahl der Symmetrieachsen.
    b) Prüfe, ob die Figuren drehsymmetrisch sind. Gib jeweils alle Drehwinkel an.
    c) Stelle einen Zusammenhang zwischen Achsensymmetrie und Drehsymmetrie her. Finde weitere Beispiele, die deine Vermutung belegen.

    ① ② ③ ④

    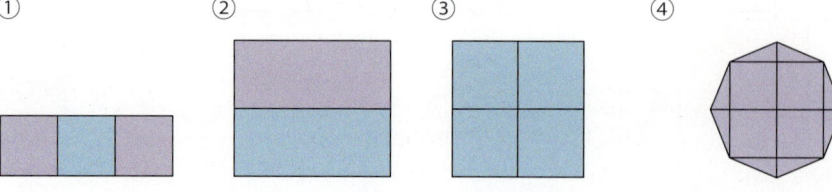

Streifzug

Geometrie mit dem Computer

■ Mit einer dynamischen Geometrie-Software kannst ein Haus wie im Bild rechts zeichnen.
a) Zeichne das Haus.
   Hinweis: Es gibt verschiedene Vorgehensweisen.
b) Arbeitet zu zweit. Vergleicht euer Vorgehen beim Zeichnen. ■

Mit einer dynamischen Geometrie-Software kannst du Konstruktionen in einem Zeichenfenster anfertigen. Es lässt sich auch ein Koordinatensystem einblenden. Wichtige Befehle zum Zeichnen sind:

Punkt zeichnen | Strecke zwischen Punkten
Gerade durch zwei Punkte | Vieleck
Senkrechte zu einer Geraden | Spiegeln an Gerade

Beispiel 1: Kreise zeichnen
Zeichne in ein Koordinatensystem die Punkte A (3|4) und B (0|4).
Zeichne dann einen Kreis mit dem Mittelpunkt A, der durch den Punkt B verläuft.
Zeichne einen weiteren Kreis um den Mittelpunkt A mit dem Radius 2 LE.

Lösung:
Blende das Koordinatensystem ein, z. B. über einen Rechtsklick. Wähle nun das Werkzeug aus und zeichne die Punkte A und B in das Koordinatensystem.

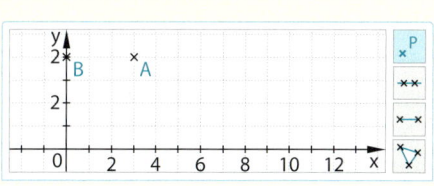

Wähle nun das Werkzeug aus und klicke nacheinander A und B an.

Wähle dann das Werkzeug und klicke den Punkt A an. Gib als Radius 2 (Längeneinheiten) ein. Im Programm werden Längen in Längeneinheiten (LE) angegeben.

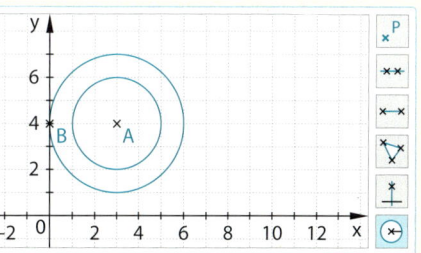

Hinweis
Mit den Werkzeugen
⊙ und ⊛
lassen sich Kreise zeichnen.

Aufgaben

1. a) Zeichne zwei beliebige Punkte A und B. Zeichne dann einen Kreis mit dem Mittelpunkt A, der durch den Punkt B verläuft.
   b) Zeichne einen Kreis mit dem Mittelpunkt A und dem Radius 3 Längeneinheiten.

2. a) Zeichne in ein Koordinatensystem einen Kreis mit dem Mittelpunkt A (5|5). Der Kreis soll den Radius 4 Längeneinheiten haben.
   b) Prüfe, ob die folgenden Punkte auf der Kreislinie liegen:
      B (2|2); C (5|9); D (9|4); E (7|2); F (8|7,64).

Hinweis:
Mit dem Werkzeug

lässt sich ein Winkel messen.

Beispiel 2: Winkel messen
Zeichne zwei Punkte A und B und eine Gerade g durch die beiden Punkte A und B sowie einen weiteren (nicht auf g liegenden) Punkt C. Verbinde den Punkt C mit dem Punkt A zur Geraden h und miss den Winkel, den die Geraden g und h miteinander bilden.

Lösung:
Zeichne die Gerade g durch die Punkte A und B sowie die Gerade h durch die Punkte A und C. Wähle das „Winkel-Mess-Werkzeug" und markiere nacheinander beide Geraden. Du kannst auch nacheinander die drei Punkte markieren.
Achte immer auf die Reihenfolge für die Auswahl der Punkte und darauf, dass der Scheitelpunkt des Winkels immer als zweiter Punkt markiert wird.

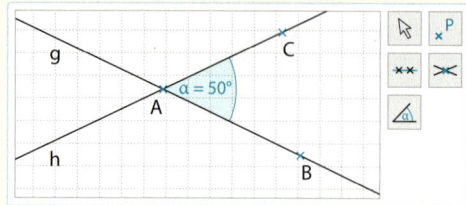

Aufgaben

3. Zeichne mit den Werkzeugen ![P] und ![Dreieck] die angegebene Figur. Miss alle Innenwinkel.
   a) Dreieck   b) Viereck   c) Fünfeck   d) Sechseck

4. Zeichne in ein Koordinatensystem die Punkte A (1 | 1), B (6 | 1) und C (5 | 3). Miss die Innenwinkel des Dreiecks ABC mit dem Werkzeug ![α] . Runde auf eine Stelle nach dem Komma.

Hinweis:
Mit dem Werkzeug

lässt sich ein Winkel antragen.

Beispiel 3: Winkel einzeichnen
Zeichne zwei Punkte A und B und eine Gerade g durch die beiden Punkte A und B. Zeichne dann eine Gerade h durch A, die mit der Geraden g einen Winkel von 50° bildet.

Lösung:
Zeichne die Punkte A und B sowie die Gerade g. Wähle das „Winkel-Antrage-Werkzeug" und markiere nacheinander den Punkt B und den Punkt A (als Scheitelpunkt). Trage dann in dem sich öffnenden Fenster 50° ein und entscheide dich für „Gegen den Uhrzeigersinn" als Drehsinn.
Verbinde den entstandenen Punkt B' mit dem Punkt A.

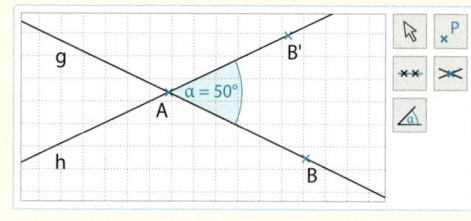

Aufgaben

5. Zeichne mit einer dynamischen Geometrie-Software eine Strecke $\overline{AB}$ mit 8 LE und trage an den Endpunkten der Strecke Winkel von 50° bzw. 70° so an, dass ein Dreieck ABC entsteht.

6. a) Zeichne eine Strecke $\overline{AB}$ mit 5 LE.
   b) Zeichne eine Strecke $\overline{BC}$ mit 5 LE, die mit $\overline{AB}$ einen Winkel von 60° einschließt.
   c) Trage an $\overline{BC}$ einen Winkel von 60° im Uhrzeigersinn an. Beschreibe die Figur.

7. a) Zeichne zwei gleich lange Strecken, die einen Winkel von 110° einschließen.
   b) Trage an den beiden Strecken jeweils einen Winkel von 70° so an, dass ein Viereck entsteht. Wie groß ist der vierte Winkel im Innern des Vierecks?

8. Zeichne in ein Koordinatensystem die Punkte A (4 | 1) und B (6 | 5). Finde drei y-Koordinaten von C (2 | y), sodass der Winkel BAC kleiner als 60 Grad ist.

Streifzug

Beispiel 4: Figuren drehen
Drehe einen Punkt A um einen Punkt B mit einem Drehwinkel von 45° im Uhrzeigersinn.

Lösung:

c) Zeichne zwei Punkte A und B auf die Zeichenfläche, markiere den Punkt A, wähle das Werkzeug, markiere Punkt B und gib den Drehwinkel 45° ein.

Hinweis:
Mit dem Werkzeug lassen sich Figuren drehen.

Aufgaben

9. Zeichne ein beliebiges Dreieck ABC.
   Drehe es um den Punkt A mit einem Winkel 45° entgegen dem Uhrzeigersinn.

10. a) Zeichne zwei zueinander senkrechte Strecken $\overline{AB}$ = 5 LE und $\overline{BC}$ = 3 LE.
    b) Drehe $\overline{AB}$ um Punkt C mit einem Drehwinkel von 90° im Uhrzeigersinn.

11. Der Vater von Tim möchte im Garten einen kreisförmigen Teich anlegen.
    a) Erstelle mit einer dynamischen Geometrie-Software eine Zeichnung. Wähle passende Farben und stelle den Weg breit genug dar.
    b) Parallel zum Fußweg soll von rechts ein Zufluss gerade auf die Mitte des Teichs angelegt werden. Ergänze die Zeichnung um den Zufluss.
    c) Vergrößere den Teich. Er darf den Fußweg aber nicht berühren.

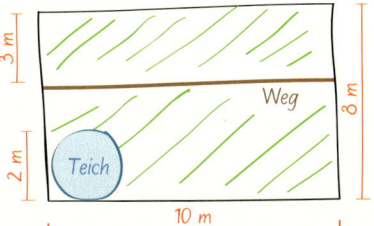

12. Rechts siehst du ein Muster aus Kreisen und Quadraten.
    a) Beschreibe den Aufbau des Musters.
    b) Zeichne ein solches Muster mit einer dynamischen Geometrie-Software. Beginne mit einem Quadrat.
    c) Prüfe, ob sich ein ähnliches Muster auch mit Dreiecken und Kreisen zeichnen lässt. Überlege zuerst: Welche Eigenschaften müssten die Dreiecke dafür haben?

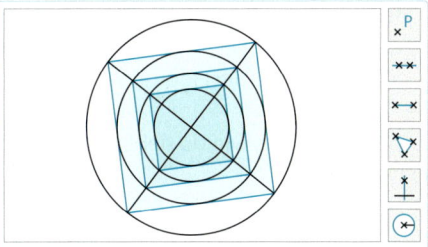

13. Zeichne ein Quadrat mit einer Seitenlänge von 4 cm. Verwende nebenstehende Werkzeuge.
    a) Erläutere die Reihenfolge der Verwendung dieser Werkzeuge.
    b) Bei welchen Drehwinkeln erhältst du nebenstehende Ergebnisse?
    c) Prüfe deine Vermutungen. Führe dazu die Drehungen aus.

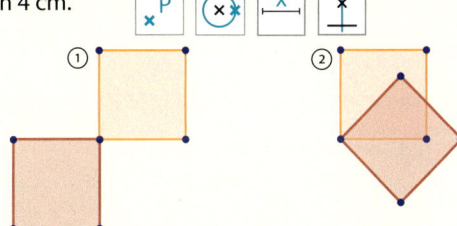

14. **Forschungsauftrag:** Daniel hat mit einer dynamischen Geometrie-Software einen Kreis gezeichnet und den Arbeitsbereich so lange verkleinert, bis der Kreis nur noch als Punkt erkennbar ist. Dann hat er den Arbeitsbereich so lange vergrößert, bis ein Teil der Kreislinie als Gerade erscheint. Gehe wie Daniel vor und erkläre, warum mit einem Computer ein Kreis auch als Punkt und Teile von Kreislinien als Geraden erscheinen können.

3.7 Vermischte Aufgaben

1. In der Saison 2013/14 fanden die Auswärtsspiele von Hannover 96 im Durchschnitt in einem Umkreis von etwa 300 km statt.
   a) Finde heraus, welche Auswärtsspiele von Hannover 96 weiter als 300 km von Hannover entfernt stattgefunden haben. Welche Auswärtsspiele waren näher als 300 km?
   b) Finde heraus, wie viele Auswärtsspiele von Hertha BSC Berlin in einem Umkreis von 300 km stattgefunden haben.
   c) Untersuche durch Ausprobieren, welcher Bundesligist in einem Umkreis von 300 km die meisten Auswärtsspiele hatte.

Tipp: Zeichne für die zweite Figur am Mittelpunkt des Kreises fünf gleich große Winkel.

2. Die Figur in Bild ① ist aus verschiedenen aneinandergesetzten Halbkreisen zusammengesetzt.
   Die Figur in Bild ② ist ein regelmäßiger, fünfzackiger Stern, der in einem Kreis mit dem Durchmesser 10 cm liegt.
   a) Konstruiere die Figuren in deinem Heft.
   b) Beschreibe, wie du dabei vorgehst.

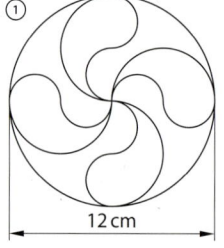 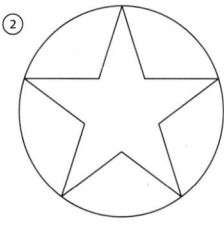

3. a) Zeichne zwei Kreise mit Radien von 3 cm, die
      ① sich in keinem Punkt berühren oder schneiden,
      ② in einem Punkt berühren.
      Erkläre, wie viele Schnittpunkte zwei Kreise höchstens haben können.
   b) Zeichne drei Kreise mit Radien von 3 cm, sodass insgesamt genau vier Schnittpunkte entstehen. Untersuche, wie viele Schnittpunkte die drei Kreise höchstens haben können.

4. Der abgebildete Kreis ist in sechs gleich große Teile geteilt.

   🖌 Bestimme den Radius und den Durchmesser des Kreises.

   🖌 Gib mithilfe der Punkte einen spitzen, einen stumpfen, einen überstumpfen und einen gestreckten Winkel an.

   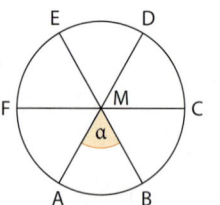

   🖌 Berechne den Winkel α. Enthält die Figur Winkel der Größe 300° und 270°? Begründe.

   🖌 Zeichne die Figur in dein Heft. Wähle als Kreisradius 5 cm.

3.7 Vermischte Aufgaben

5. Gib an, ob die blaue Figur an einer Geraden beziehungsweise einem Punkt gespiegelt oder um einen Punkt gedreht wurde, um die grüne Figur zu erzeugen. Begründe, zum Beispiel durch eine Zeichnung im Heft.

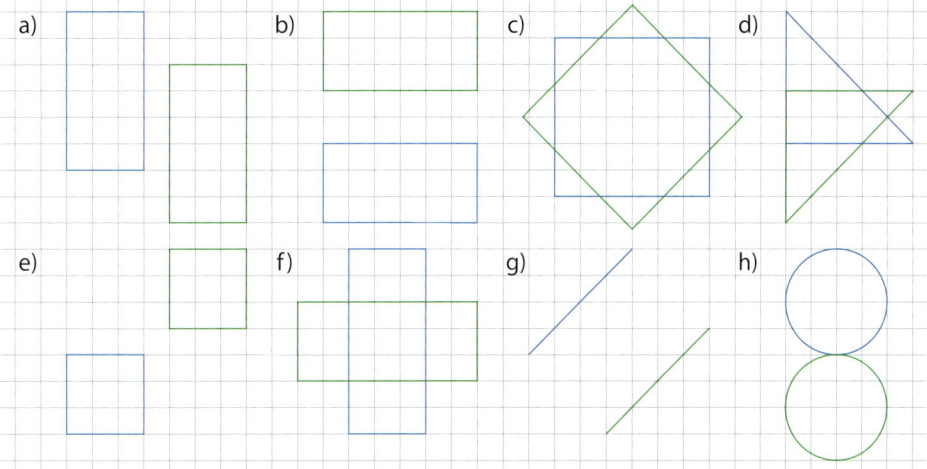

6. Übertrage die Figur ins Heft. Ergänze sie mit möglichst wenig Kästchen zu einer drehsymmetrischen Figur.

a) 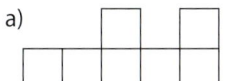 b) 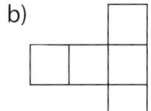 c) 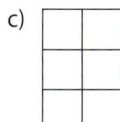 d)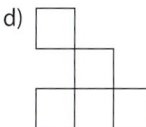

7. In der Geschichte der Kelten findet man viele geheimnisvolle und oft sehr regelmäßige Symbole. Untersuche die drei abgebildeten keltischen Symbole auf Achsensymmetrie, Punktsymmetrie und Drehsymmetrie.

a)  b)  c)

8. Betrachte die nebenstehende Abbildung.
   a) Wie groß ist der Durchmesser und wie groß ist der Radius eines Kreises, wenn die Figur insgesamt 45 cm breit ist?
   b) Ist die Figur achsensymmetrisch? Wenn ja: Wie viele Symmetrieachsen hat sie? Begründe.
   c) Ist die Figur punktsymmetrisch? Wenn ja: Wo liegt das Symmetriezentrum?
   d) Ist die Figur drehsymmetrisch? Wenn ja: Gib die Lage des Drehzentrums und alle zugehörigen Drehwinkel zwischen 0° und 360° an.
   e) Übertrage die Figur in dein Heft. Wähle als Radius r = 3 cm.

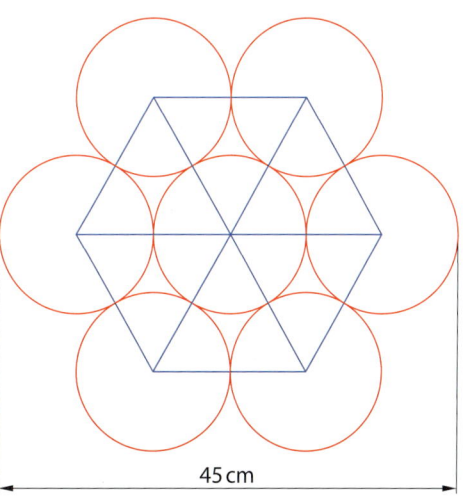

Prüfe dein neues Fundament

3. Kreise und Winkel

Lösungen ↗ S. 212

1. a) Zeichne Kreise mit den Radien 2 cm, 4 cm und 6 cm um denselben Mittelpunkt.
   b) Zeichne einen Kreis mit dem Durchmesser 8 cm.

2. Zeichne ein Quadrat mit der Seitenlänge 10 cm. Zeichne zwei Kreise, die den Schnittpunkt der Diagonalen als Mittelpunkt haben. Der eine Kreis soll die Eckpunkte des Quadrats berühren, der andere die Mittelpunkte der Seiten. Gib Radius und Durchmesser beider Kreise an.

3. Gib die Winkel in der Schreibweise mit drei Punkten und mit zwei Schenkeln an.

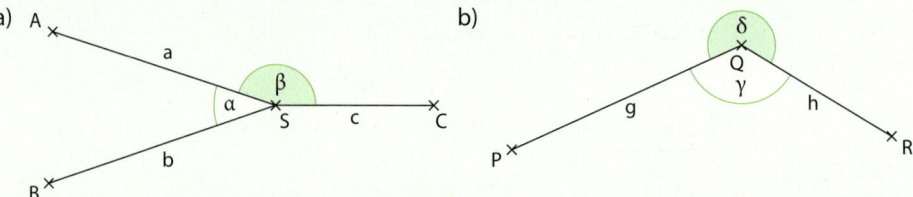

4. a) Gib an, um welche Winkelart es sich handelt.

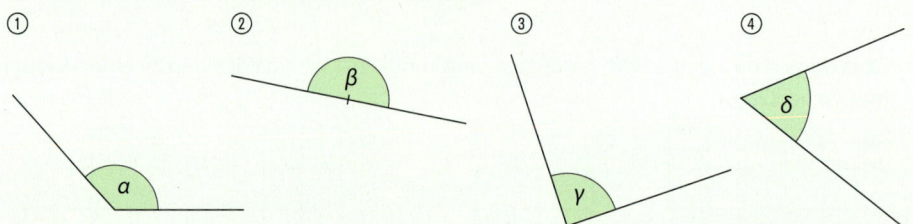

   b) Ordne jedem Winkel in a) eine der Winkelgrößen zu. Zwei Winkelgrößen bleiben übrig.

   30°   60°   90°   132°   180°   225°

5. Miss die Größen der Winkel.

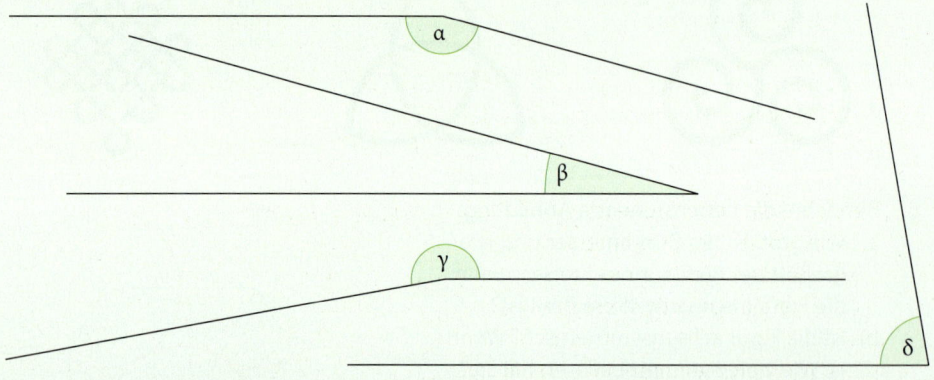

6. Zeichne die folgenden Winkel.
   a) α = 20°   b) β = 85°   c) γ = 90°   d) δ = 110°   e) ε = 210°

7. Zeichne in ein Koordinatensystem mit der Längeneinheit 1 cm die Punkte A(1|1), B(10|1) und C(10|6) und verbinde sie zu einem Dreieck.
   a) Miss die Winkel, die im Dreieck liegen.
   b) Überprüfe, ob ein Kreis mit dem Radius 2 cm vollständig in das Dreieck passt.

Prüfe dein neues Fundament

8. Gib an, ob die Figur drehsymmetrisch ist. Wenn ja, notiere mindestens zwei mögliche Drehwinkel.

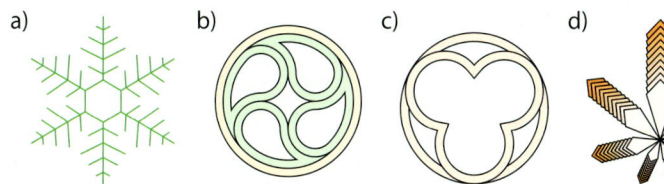

a)   b)   c)   d)   e)

9. Zeichne ein Quadrat ABCD mit der Seitenlänge 4 cm. Drehe es um den Punkt B um den Winkel 45°.

10. Gib an, ob die Figur durch eine Achsenspiegelung oder eine Drehung entstanden ist.

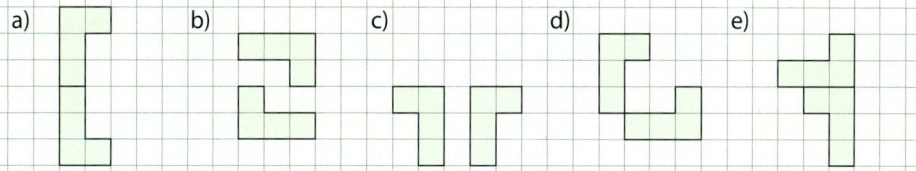

a)   b)   c)   d)   e)

Wiederholungsaufgaben

1. Aus gleich großen Bausteinen werden Pyramiden gebaut.
   a) Aus wie vielen Bausteinen besteht die abgebildete Pyramide?
   b) Nach dem gleichen Muster wird eine 7 Steine hohe Pyramide gebaut. Wie viele Steine werden für die neue Pyramide benötigt?

2. Maria soll in einer Hausaufgabe Rechenvorteile nutzen. Wie kann sie die folgenden Aufgaben ohne Nebenrechnung oder Taschenrechner lösen?
   a) $25 \cdot 5 \cdot 15 \cdot 4$ b) $9837 + 8379 + 3 + 60 + 100$ c) $99 \cdot 35$

3. Max und sein Vater haben eine mehrtägige Radtour unternommen. In dem Säulendiagramm hat Max die täglich gefahrenen Kilometer dargestellt.
Wie viele Kilometer ungefähr haben Max und sein Vater insgesamt zurückgelegt?

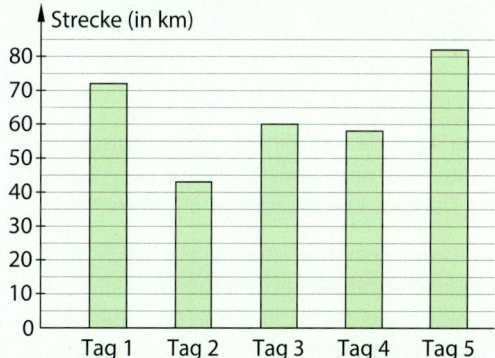

Zusammenfassung

3. Kreise und Winkel

Kreis

Alle Punkte eines Kreises haben von seinem **Mittelpunkt M** den gleichen Abstand r. Der Abstand r heißt **Radius** des Kreises, der doppelte Radius heißt **Durchmesser d** des Kreises.

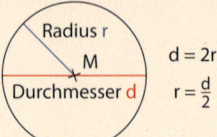

Winkel

Ein **Winkel** wird durch zwei Strahlen (die **Schenkel** des Winkels) begrenzt, die von demselben Punkt S (dem **Scheitelpunkt** des Winkels) ausgehen.
Die Größe eines Winkels wird in Grad (°) gemessen.

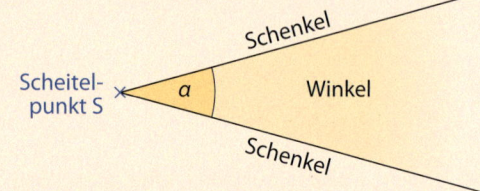

Winkelarten

spitzer Winkel größer als 0°, kleiner als 90°	rechter Winkel genau 90°	stumpfer Winkel größer als 90°, kleiner als 180°	gestreckter Winkel genau 180°	überstumpfer Winkel größer als 180°, kleiner als 360°	Vollwinkel genau 360°

Messen und Zeichnen von Winkeln

Winkel messen
1. Die lange Seite des Geodreiecks genau auf einen Schenkel des Winkels legen.
2. Den Punkt 0 des Geodreiecks genau auf den Scheitelpunkt S des Winkels legen.
3. Ablesen am Geodreieck.

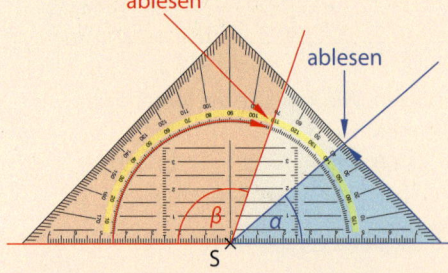

Winkel mit dem Geodreieck zeichnen
1. Zeichne einen Schenkel mit dem Scheitelpunkt S am Punkt 0 des Geodreiecks.
2. Winkelgröße (Gradzahl) an der Winkelskala markieren.
3. Punkt P mit Scheitelpunkt S verbinden.

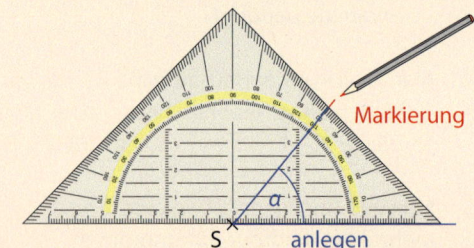

Drehsymmetrie, Drehung

Eine Figur, die nach einer Drehung zwischen 0° und 360° um einen Punkt Z mit sich selbst zur Deckung kommt, heißt **drehsymmetrisch**.

Drehung: Beim Drehen einer ebenen Figur um einen **Drehwinkel** bewegen sich alle Punkte dieser Figur um einen festen Punkt Z (**Drehpunkt**) auf Kreislinien. Zu jedem Punkt ergibt sich dabei ein Bildpunkt. Drehrichtung und Drehwinkel sind für alle Punkte der Figur gleich.

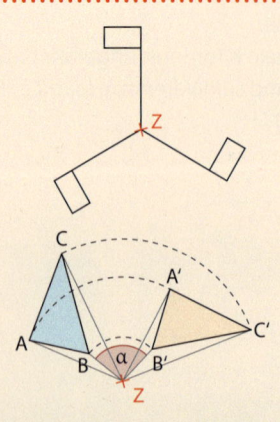

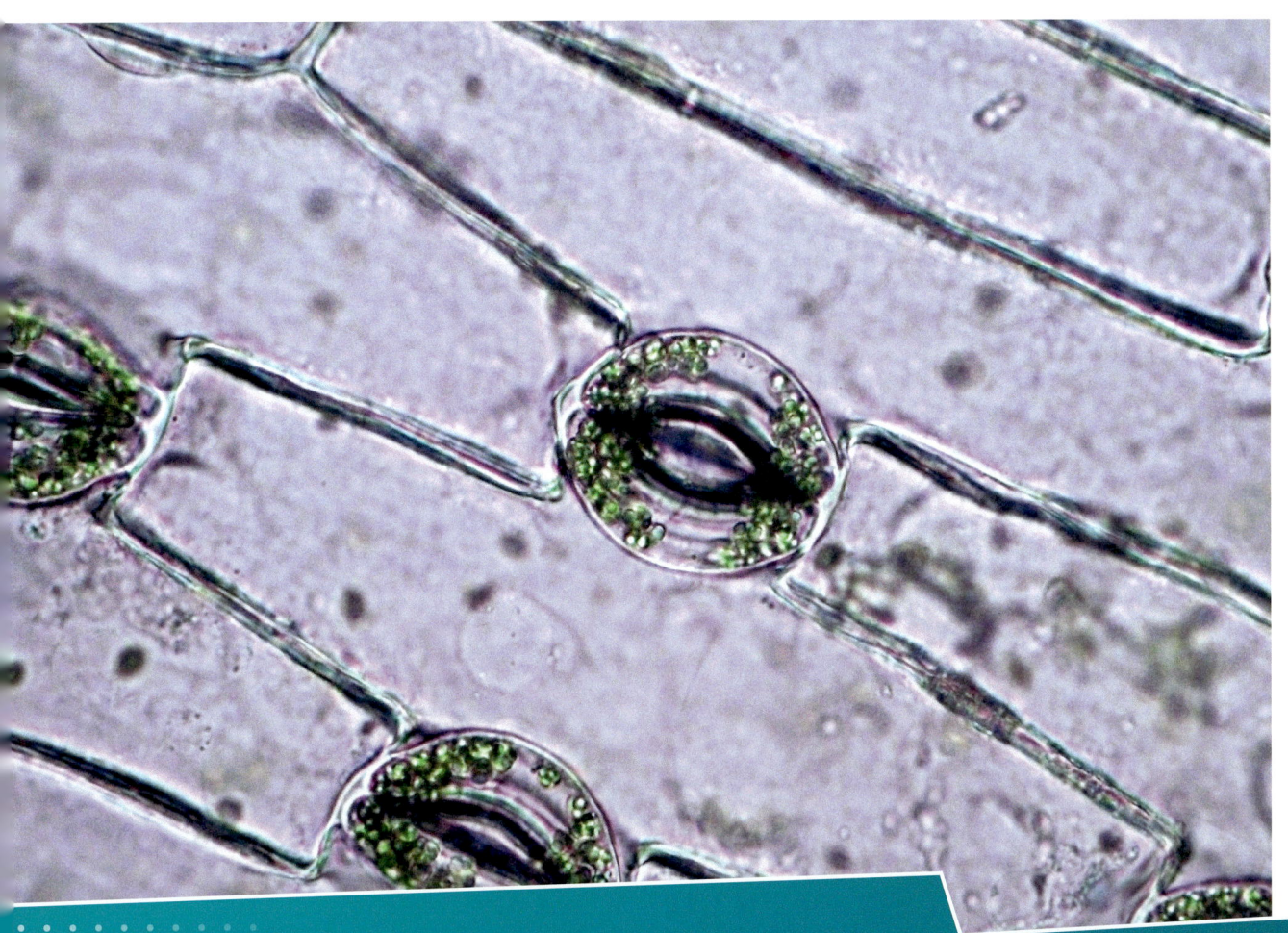

4. Brüche und Dezimalzahlen multiplizieren und dividieren

Diese Formen und Farben stammen von 0,05 mm großen Pflanzenzellen, die mit einer 600-fachen Vergrößerung betrachtet werden.

Nach diesem Kapitel kannst du …
– Brüche vervielfachen und teilen,
– Brüche multiplizieren und dividieren,
– Dezimalzahlen multiplizieren und dividieren,
– Rechenausdrücke mit Brüchen und Dezimalzahlen ausrechnen.

Dein Fundament

4. Brüche und Dezimalzahlen multiplizieren und dividieren

Lösungen ↗ S. 214

Multiplizieren und Dividieren natürlicher Zahlen

1. Berechne im Kopf.
   a) 9 · 7   b) 3 · 12   c) 7 · 8   d) 5 · 12   e) 73 · 2   f) 85 · 3
   g) 54 : 9   h) 32 : 4   i) 72 : 8   j) 42 : 7   k) 36 : 12   l) 60 : 4
   m) 212 · 4   n) 39 : 3   o) 48 : 12   p) 523 · 2   q) 56 : 8   r) 230 · 9

2. Berechne. Beschreibe deinen Lösungsweg.
   a) 299 · 8   b) 72 · 5   c) 49 · 20   d) 84 : 4   e) 105 : 7   f) 1260 : 20

3. Berechne die Aufgabenserie. Was stellst du fest?
   a) 8 · 10   b) 123 · 10   c) 33 · 20   d) 45 · 60
      8 · 100   123 · 100   33 · 200   45 · 600
      8 · 1000   123 · 1000   33 · 2000   45 · 6000

4. Vergleiche die Ergebnisse. Was stellst du fest?
   a) 270 : 30   b) 4000 : 400   c) 24 000 : 300   d) 20 000 : 5000
      27 : 3   40 : 4   240 : 3   20 : 5

5. Berechne das Vielfache der Größe.
   a) 5 · 12 m   b) 15 min · 3   c) 16 g · 5   d) 4 · 1500 g

6. Ergänze die Lücke, sodass die Gleichung stimmt.
   a) 200 g · ■ = 2 kg   b) $\frac{1}{2}$ h · ■ = 2 h   c) ■ · 25 cm = 3 m   d) 12 min · ■ = 2 h

Schriftlich rechnen

7. Prüfe mit einem Überschlag, ob die Lösung stimmt. Gib auch die richtige Lösung an.
   a) 175 · 18 = 315   b) 11 620 : 28 = 4150   c) 1704 : 71 = 24   d) 79 · 190 = 1501

8. Rechne schriftlich. Überschlage zuerst.
   a) 5432 · 3   b) 457 · 9   c) 432 · 16   d) 598 · 12
   e) 615 : 5   f) 5468 : 4   g) 1107 : 9   h) 1926 : 6

9. Überprüfe die Ergebnisse durch eine Multiplikation. Korrigiere falsche Lösungen.
   a) 8820 : 7 = 1160   b) 315 : 7 = 46   c) 1455 : 5 = 289   d) 1467 : 9 = 163

Anteile von Größen

10. a) Wie viel Meter sind $\frac{3}{4}$ km?   b) Wie viel Gramm sind $\frac{3}{10}$ kg?
    c) Wie viel Milliliter sind $\frac{1}{8}$ ℓ?   d) Wie viel Minuten sind $2\frac{1}{2}$ h?

11. Wie viel ist das?
    a) $\frac{1}{8}$ von 24 Schülern   b) $\frac{4}{5}$ von 100 Personen
    c) $\frac{3}{10}$ von 12 km   d) jeder zweite von 48 000 Fans

Rechenvorteile nutzen

12. Berechne geschickt, indem du die Reihenfolge der Zahlen vertauschst.
    a) 13 · 5 · 2   b) 25 · 21 · 4   c) 5 · 17 · 20   d) 5 · 35 · 4 · 5

13. Rechne geschickt.
    a) 14 · 3 + 7 · 14   b) 17 · 2 + 17 · 8   c) 2 · 9 + 3 · 9   d) 45 · 19 + 55 · 19
    e) 4 · (25 + 7)   f) 48 · (23 + 77)   g) 12 · (2 + 10)   h) (17 + 20 + 13) · 11

14. Schreibe eine Rechnung auf, die zu dem Rechenbaum passt, und berechne das Ergebnis.

    a) 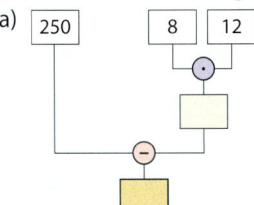   b)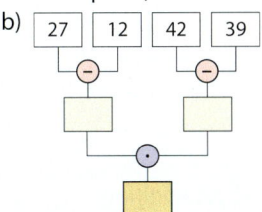

15. Stelle die Aufgabe in einem Rechenbaum dar und berechne das Ergebnis.
    a) 125 − 30 · 4   b) (22 + 28) · (7 + 13)   c) 2 · (200 − 125)   d) 40 · 4 − 8 · (23 − 15)

Kurz und knapp

16. Kürze so weit wie möglich.
    a) $\frac{8}{12}$ b) $\frac{12}{18}$ c) $\frac{70}{100}$ d) $\frac{21}{42}$ e) $\frac{60}{100}$

17. Berechne.
    a) $\frac{1}{2} + \frac{1}{2} + \frac{1}{2}$ b) $\frac{2}{3} + \frac{2}{3} + \frac{2}{3} + \frac{2}{3} + \frac{2}{3}$ c) 0,3 + 0,3 + 0,3   d) 0,4 + 0,4 + 0,4 + 0,4

18. Beantworte mithilfe der Skizze die Frage.
    a) Wie oft passt $\frac{1}{2}$ in zwei Ganze?   b) Wie oft passt $\frac{1}{3}$ in zwei Ganze?

    c) Wie oft passen $\frac{2}{3}$ in zwei Ganze?   d) Wie oft passen $\frac{3}{4}$ in drei Ganze?

    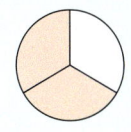    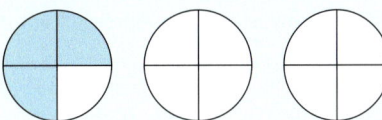

19. Schreibe als Dezimalzahl.
    a) $\frac{3}{4}$ b) $4\frac{7}{10}$ c) $\frac{17}{100}$ d) $\frac{15}{300}$ e) $\frac{20}{100}$

20. Runde auf Hundertstel (auf Zehntel).
    a) 2,876   b) 0,7845   c) 13,74499   d) 8,953   e) 7,117

4.1 Brüche mit natürlichen Zahlen multiplizieren

■ Auf Jans Geburtstagsfeier soll es Kartoffelsalat geben. Da insgesamt 8 Personen teilnehmen, benötigt er die vierfache Menge an Zutaten. Welche Mengen muss er für das angegebene Rezept besorgen? ■

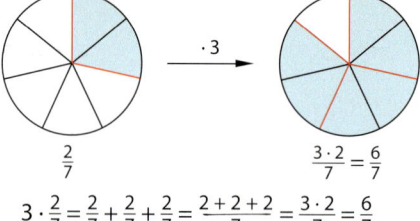

Kartoffelsalat (2 Portionen)
$\frac{1}{2}$ kg Kartoffeln 1 TL Schnittlauch
$\frac{1}{8}$ l Crème fraîche Salz, Pfeffer
$\frac{1}{4}$ Gurke

Die Aufgabe $3 \cdot \frac{2}{7}$ kann man anschaulich lösen, indem man den Anteil $\frac{2}{7}$ am Kreis verdreifacht.

$\frac{2}{7}$ $\cdot 3$ $\frac{3 \cdot 2}{7} = \frac{6}{7}$

Oder man schreibt $3 \cdot \frac{2}{7}$ als Addition:

$$3 \cdot \frac{2}{7} = \frac{2}{7} + \frac{2}{7} + \frac{2}{7} = \frac{2+2+2}{7} = \frac{3 \cdot 2}{7} = \frac{6}{7}$$

Wenn man den Bruch $\frac{2}{7}$ mit 3 multipliziert, wird die Anzahl der Teile verdreifacht. Der Zähler 2 wird mit 3 multipliziert. Die Größe der Teile und damit der Nenner bleiben unverändert.

Hinweis:
Auch beim Multiplizieren von Brüchen darf man Faktoren vertauschen (Kommutativgesetz).
Es gilt: $3 \cdot \frac{2}{7} = \frac{2}{7} \cdot 3$

> **Wissen:** Multiplizieren von Brüchen mit natürlichen Zahlen (Vervielfachen)
> Ein Bruch wird mit einer natürlichen Zahl multipliziert, indem der Zähler mit der natürlichen Zahl multipliziert wird. Der Nenner bleibt unverändert.
>
> $5 \cdot \frac{2}{11} = \frac{5 \cdot 2}{11} = \frac{10}{11}$ $\frac{2}{11} \cdot 5 = \frac{2 \cdot 5}{11} = \frac{10}{11}$

Beispiel 1: Berechne.
a) $\frac{3}{5} \cdot 4$ b) $9 \cdot \frac{5}{36}$

Lösung:

a) $\frac{3}{5} \cdot 4 = \frac{3 \cdot 4}{5} = \frac{12}{5}$ (Zähler mal 4)

b) $9 \cdot \frac{5}{36} = \frac{9 \cdot 5}{36} = \frac{45}{36} = \frac{\overset{5}{45}}{\underset{4}{36}} = \frac{5}{4}$ (9 mal Zähler; Kürze mit 9. $45 : 9 = 5$ und $36 : 9 = 4$)

Hinweis:
Kürze zuerst, so werden deine Rechnung und das Ergebnis einfacher.

Oft ist es vorteilhaft, wenn man vor dem Multiplizieren kürzt:

$9 \cdot \frac{5}{36} = \frac{9 \cdot 5}{36} = \frac{\overset{1}{9} \cdot 5}{\underset{4}{36}} = \frac{1 \cdot 5}{4} = \frac{5}{4}$

Basisaufgaben

1. Schreibe die Rechnung mit Brüchen auf.

   a) 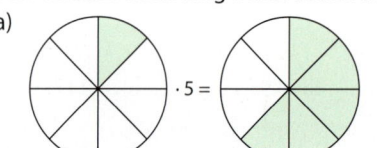 $\cdot 5 =$

   b) $4 \cdot$ 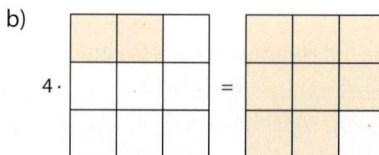 $=$

4.1 Brüche mit natürlichen Zahlen multiplizieren

2. Stelle die Rechnung wie in Aufgabe 1 durch eine Zeichnung dar.
   Gib auch das Ergebnis an.
   a) $\frac{1}{4} \cdot 3$ b) $\frac{3}{8} \cdot 2$ c) $2 \cdot \frac{4}{9}$ d) $7 \cdot \frac{1}{8}$ e) $\frac{3}{16} \cdot 4$ f) $6 \cdot \frac{2}{15}$

3. Schreibe die Multiplikation als Addition und berechne.
   Beispiel: $3 \cdot \frac{5}{16} = \frac{5}{16} + \frac{5}{16} + \frac{5}{16} = \frac{15}{16}$
   a) $3 \cdot \frac{1}{10}$ b) $4 \cdot \frac{2}{3}$ c) $3 \cdot \frac{9}{100}$ d) $5 \cdot \frac{3}{5}$ e) $2 \cdot \frac{1}{12}$ f) $4 \cdot \frac{7}{8}$

4. Berechne.
   a) $\frac{1}{20} \cdot 9$ b) $\frac{3}{5} \cdot 3$ c) $6 \cdot \frac{4}{25}$ d) $2 \cdot \frac{11}{5}$ e) $\frac{3}{4} \cdot 1$ f) $7 \cdot \frac{3}{10}$

   Hinweis zu 6:
   Hier findest du die Lösungen.

5. Berechne und kürze das Ergebnis.
   a) $\frac{1}{10} \cdot 5$ b) $\frac{3}{4} \cdot 2$ c) $3 \cdot \frac{8}{3}$ d) $64 \cdot \frac{1}{16}$ e) $\frac{5}{20} \cdot 10$ f) $9 \cdot \frac{4}{15}$

6. Berechne. Kürze vor dem Multiplizieren.
   a) $11 \cdot \frac{9}{22}$ b) $\frac{19}{12} \cdot 4$ c) $60 \cdot \frac{26}{60}$ d) $35 \cdot \frac{9}{40}$ e) $\frac{14}{15} \cdot 30$ f) $55 \cdot \frac{12}{50}$

Weiterführende Aufgaben

7. Ergänze die Lücken im Heft, sodass die Rechnung stimmt. Beachte, dass die Ergebnisse gekürzt wurden.
   a) $2 \cdot \frac{3}{11} = \frac{\blacksquare}{\blacksquare}$ b) $\frac{\blacksquare}{7} \cdot 3 = \frac{3}{7}$ c) $5 \cdot \frac{\blacksquare}{15} = \frac{2}{3}$ d) $\frac{2}{9} \cdot \blacksquare = 2$
   e) $\frac{7}{9} \cdot 4 = \frac{\blacksquare}{\blacksquare}$ f) $\blacksquare \cdot \frac{3}{8} = \frac{15}{8}$ g) $\frac{1}{\blacksquare} \cdot 8 = \frac{4}{3}$ h) $\blacksquare \cdot \frac{7}{10} = \frac{7}{2}$

8. **Stolperstelle:**
   a) Erkläre den Unterschied zwischen Vervielfachen und Erweitern an den Beispielen. In welchem Fall ändert sich der Wert des Bruchs? Gib das Ergebnis an.

   ① Vervielfache mit 2: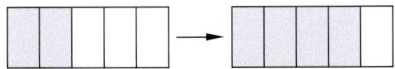

   ② Erweitere mit 2: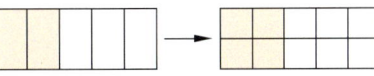

   b) Vervielfache $\frac{3}{4}$ mit 5.
   c) Erweitere $\frac{3}{4}$ mit 5.
   d) Berechne $\frac{5}{7} \cdot 3$ und $\frac{1}{3} \cdot 7$.
   e) Erweitere $\frac{5}{7}$ und $\frac{1}{3}$ auf den gleichen Nenner.

9. Marlon behauptet: „$2 \cdot \frac{3}{8}$ ist das Gleiche wie $2\frac{3}{8}$." Was meinst du dazu?

10. a) In einer Flasche sind $\frac{7}{10}$ ℓ Wasser. Wie viel Wasser ist in einem Kasten mit 12 Flaschen?
    b) Isa isst von einem ganzen Johannisbeerkuchen dreimal $\frac{3}{16}$. Welcher Anteil am Kuchen bleibt übrig?
    c) Lars hat zwei Wochen lang jeden Tag eine halbe Stunde Vokabeln gelernt, Valentin zehn Tage jeweils eine Dreiviertelstunde. Wer hat insgesamt länger gelernt?

● 11. **Ausblick:** Multipliziere die Brüche $\frac{4}{9}$, $\frac{7}{15}$ und $\frac{11}{20}$ so mit einer natürlichen Zahl, dass das Ergebnis wieder eine natürliche Zahl ist. Finde verschiedene Möglichkeiten. Stelle eine allgemeine Regel auf und überprüfe sie an eigenen Beispielen.

4.2 Brüche multiplizieren

■ Der Inhalt einer Dreiviertel-Liter-Flasche Wasser wird gerecht auf drei Gläser aufgeteilt. Paul trinkt zwei Gläser mit Wasser aus und behauptet: „Jetzt habe ich $\frac{2}{3}$ von $\frac{3}{4}$ ℓ getrunken, das ist mehr als ein halber Liter Wasser." Stimmt das? ■

1. Wie viel ist $\frac{2}{3}$ von $\frac{3}{4}$? Gesucht ist also ein Anteil von einem Bruch. Stelle dazu beide Anteile in einem Quadrat dar.

Für den Anteil $\frac{3}{4}$ teilt man das Quadrat in 4 gleich breite Streifen und schraffiert 3 davon.	Für $\frac{2}{3}$ teilt man das Quadrat in der anderen Richtung in 3 gleich breite Streifen und schraffiert 2 davon.	Die doppelt schraffierte Fläche ist genau der Anteil $\frac{2}{3}$ von $\frac{3}{4}$, also $\frac{6}{12}$.
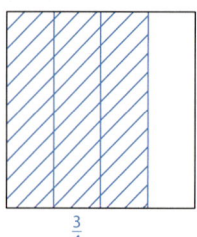	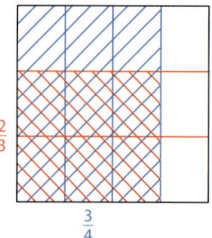	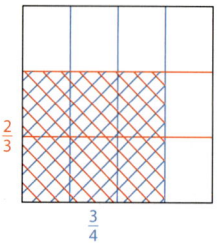

2. Wie viel ist $\frac{2}{3} \cdot \frac{3}{4}$? Gesucht ist also die Lösung einer Multiplikationsaufgabe. Stelle dir das Quadrat als Einheitsquadrat vor (Quadrat mit der Seitenlänge 1).

Die doppelt schraffierte Fläche ist ein Rechteck mit den Seitenlängen $\frac{2}{3}$ und $\frac{3}{4}$. Der Flächeninhalt des Rechtecks ist „Länge mal Breite". $\frac{2}{3} \cdot \frac{3}{4}$ sind also $\frac{6}{12}$.

Wissen: Anteile von Brüchen bestimmen und Brüche multiplizieren

Der Anteil $\frac{3}{4}$ von $\frac{5}{8}$ ist gleich dem Produkt $\frac{3}{4} \cdot \frac{5}{8}$.

Zwei Brüche werden multipliziert, indem Zähler mit Zähler und Nenner mit Nenner multipliziert wird. $\quad \frac{3}{4} \cdot \frac{5}{8} = \frac{3 \cdot 5}{4 \cdot 8} = \frac{15}{48} = \frac{5}{16}$

Anteile von Brüchen bestimmen

Beispiel 1: Berechne $\frac{3}{8}$ von $\frac{5}{7}$.

Lösung:
Schreibe $\frac{3}{8}$ von $\frac{5}{7}$ als Produkt.
Multipliziere Zähler mit Zähler und Nenner mit Nenner.

$\frac{3}{8}$ von $\frac{5}{7}$ sind $\frac{3}{8} \cdot \frac{5}{7} = \frac{3 \cdot 5}{8 \cdot 7} = \frac{15}{56}$.

Basisaufgaben

1. Berechne die Anteile.
   a) $\frac{1}{2}$ von $\frac{3}{5}$
   b) $\frac{3}{4}$ von $\frac{1}{5}$
   c) $\frac{1}{7}$ von $\frac{3}{8}$
   d) $\frac{3}{7}$ von $\frac{12}{20}$
   e) $\frac{7}{8}$ von $\frac{11}{25}$

4.2 Brüche multiplizieren

2. In den Bildern sind Anteile von Brüchen dargestellt.
   Notiere mit Brüchen. Gib auch das Ergebnis an.

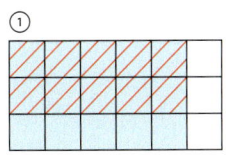
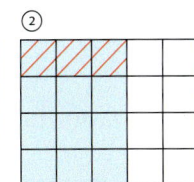
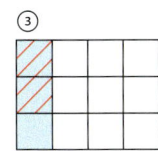

3. Zeichne jeweils ein Quadrat mit der Seitenlänge 8 Kästchen. Stelle dann zeichnerisch dar.
   a) $\frac{1}{2}$ von $\frac{6}{8}$ a) $\frac{1}{4}$ von $\frac{1}{2}$ a) $\frac{3}{4}$ von $\frac{5}{8}$ a) $\frac{1}{4}$ von $\frac{3}{4}$

4. Zeichne zwei Quadrate mit jeweils 6 cm Seitenlänge. Stelle in dem einem Quadrat $\frac{1}{2}$ von $\frac{2}{3}$ dar und in dem anderen Quadrat $\frac{2}{3}$ von $\frac{1}{2}$. Beschreibe, was dir auffällt.

Brüche multiplizieren

Beispiel 2: Berechne.

a) $\frac{2}{3} \cdot \frac{4}{5}$ b) $\frac{5}{8} \cdot \frac{7}{15}$ c) $\frac{49}{27} \cdot \frac{18}{35}$

Lösung:

Zähler mal Zähler, Nenner mal Nenner.

a) $\frac{2}{3} \cdot \frac{4}{5} = \frac{2 \cdot 4}{3 \cdot 5} = \frac{8}{15}$

b) Hier kannst du vor dem Multiplizieren kürzen.

Zähler mal Zähler, Nenner mal Nenner.   *Kürze mit 5. 5 : 5 = 1 und 15 : 5 = 3*

$\frac{5}{8} \cdot \frac{7}{15} = \frac{5 \cdot 7}{8 \cdot 15} = \frac{\overset{1}{5} \cdot 7}{8 \cdot \underset{3}{15}} = \frac{1 \cdot 7}{8 \cdot 3} = \frac{7}{24}$

c) Hier kannst du mehrfach kürzen.

Zähler mal Zähler, Nenner mal Nenner.   *Kürze mit 7. 49 : 7 = 7 und 35 : 7 = 5*   *Kürze mit 9. 18 : 9 = 2 und 27 : 9 = 3*

$\frac{49}{27} \cdot \frac{18}{35} = \frac{49 \cdot 18}{27 \cdot 35} = \frac{\overset{7}{49} \cdot \overset{2}{18}}{\underset{3}{27} \cdot \underset{5}{35}} = \frac{7 \cdot 2}{3 \cdot 5} = \frac{14}{15}$

Hinweis: Kürze zuerst, so werden deine Rechnung und das Ergebnis einfacher.

Basisaufgaben

5. Multipliziere die Brüche.
   a) $\frac{1}{2} \cdot \frac{3}{4}$ b) $\frac{3}{5} \cdot \frac{3}{4}$ c) $\frac{3}{5} \cdot \frac{2}{7}$ d) $\frac{5}{8} \cdot \frac{4}{7}$ e) $\frac{7}{12} \cdot \frac{5}{8}$

6. Berechne. Kürze vor dem Multiplizieren.
   a) $\frac{3}{8} \cdot \frac{4}{9}$ b) $\frac{4}{9} \cdot \frac{3}{16}$ c) $\frac{9}{11} \cdot \frac{33}{45}$ d) $\frac{7}{8} \cdot \frac{24}{35}$ e) $\frac{14}{15} \cdot \frac{5}{7}$
   f) $\frac{3}{8} \cdot \frac{4}{27}$ g) $\frac{6}{5} \cdot \frac{35}{48}$ h) $\frac{5}{7} \cdot \frac{14}{25}$ i) $\frac{5}{8} \cdot \frac{24}{25}$ j) $\frac{16}{21} \cdot \frac{35}{36}$
   k) $\frac{11}{12} \cdot \frac{18}{33}$ l) $\frac{7}{63} \cdot \frac{18}{19}$ m) $\frac{4}{12} \cdot \frac{36}{44}$ n) $\frac{14}{75} \cdot \frac{25}{28}$ o) $\frac{45}{56} \cdot \frac{42}{81}$

Hinweis zu 6: Hier findest du die Lösungen zu a) bis j).

7. Beschreibe und vergleiche die Rechenwege.
   ① Georg wendet die Regel aus Kapitel 4.1 an: $4 \cdot \frac{3}{5} = \frac{4 \cdot 3}{5} = \frac{12}{5}$
   ② Selina rechnet mit der Regel zur Multiplikation von Brüchen: $4 \cdot \frac{3}{5} = \frac{4}{1} \cdot \frac{3}{5} = \frac{12}{5}$

8. Berechne.
   a) $\frac{2}{7} \cdot 3$
   b) $2 \cdot \frac{5}{8}$
   c) $\frac{17}{20} \cdot 5$
   d) $110 \cdot \frac{9}{10}$
   e) $24 \cdot \frac{11}{36}$

9. a) Berechne und vergleiche die Ergebnisse in jeder Aufgabenserie. Erkläre.
   ① $\frac{3}{16} \cdot \frac{2}{3}$; $\frac{3}{8} \cdot \frac{2}{3}$; $\frac{3}{4} \cdot \frac{2}{3}$; $\frac{3}{2} \cdot \frac{2}{3}$; $3 \cdot \frac{3}{4}$; $6 \cdot \frac{2}{3}$
   ② $\frac{100}{5} \cdot \frac{1}{2}$; $\frac{10}{5} \cdot \frac{1}{2}$; $\frac{1}{5} \cdot \frac{1}{2}$; $\frac{1}{50} \cdot \frac{1}{2}$; $\frac{1}{500} \cdot \frac{1}{2}$; $\frac{1}{5000} \cdot \frac{1}{2}$

   b) Bilde eigene Aufgabenserien und lass sie von deinem Nachbarn berechnen.

Weiterführende Aufgaben

10. Übertrage ins Heft und setze für ■ die richtige Zahl ein. Schreibe deine Zwischenschritte auf und erläutere dein Vorgehen. Beachte, dass die Ergebnisse gekürzt wurden.
    a) $\frac{3}{4} \cdot \frac{5}{7} = \frac{15}{■}$
    b) $\frac{4}{7} \cdot \frac{21}{8} = \frac{■}{2}$
    c) $\frac{16}{3} \cdot \frac{1}{40} = \frac{■}{15}$
    d) $\frac{3}{55} \cdot \frac{33}{6} = \frac{■}{10}$
    e) $\frac{3}{■} \cdot \frac{4}{5} = \frac{12}{35}$
    f) $\frac{5}{2} \cdot \frac{■}{10} = \frac{1}{4}$
    g) $\frac{■}{3} \cdot \frac{2}{9} = \frac{2}{3}$
    h) $\frac{6}{25} \cdot \frac{5}{■} = \frac{3}{10}$

11. Berechne. Wandle die gemischten Zahlen zuerst in unechte Brüche um.
    Beispiel: $2\frac{1}{3} \cdot 1\frac{1}{4} = \frac{7}{3} \cdot \frac{5}{4} = \frac{7 \cdot 5}{3 \cdot 4} = \frac{35}{12} = 2\frac{11}{12}$
    a) $\frac{1}{4} \cdot 3\frac{1}{5}$
    b) $\frac{1}{8} \cdot 5\frac{1}{3}$
    c) $3\frac{3}{5} \cdot \frac{1}{9}$
    d) $3 \cdot 1\frac{1}{2}$
    e) $4 \cdot 2\frac{1}{12}$
    f) $4\frac{1}{5} \cdot \frac{5}{28}$
    g) $\frac{4}{45} \cdot 4\frac{1}{2}$
    h) $6\frac{3}{4} \cdot 10$
    i) $1\frac{3}{8} \cdot 1\frac{3}{5}$
    j) $2\frac{1}{2} \cdot 3\frac{2}{3}$

12. **Stolperstelle:** Beschreibe Michaels Fehler und korrigiere sie.
    a) $\frac{3}{7} \cdot \frac{4}{7} = \frac{3 \cdot 4}{7} = \frac{12}{7}$
    b) $\frac{3}{8} \cdot \frac{5}{8} = \frac{8}{16}$
    c) $5 \cdot \frac{1}{2} = \frac{5 \cdot 1}{5 \cdot 2} = \frac{5}{10}$
    d) $2\frac{1}{3} \cdot 4\frac{1}{3} = 8\frac{1}{9}$

13. Bei diesen Rechenmauern steht über zwei Zahlen immer der Wert des Produkts.
    a) Übertrage die Rechenmauern in dein Heft und vervollständige sie.

    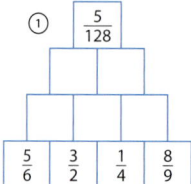
    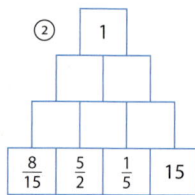
    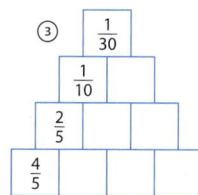

    b) Finde eine eigene Rechenmauer, deren Ergebnis im oberen Kästchen 1 ist.

14. Wie viel ist
    a) die Hälfte von einer halben Stunde,
    b) ein Viertel von einem halben Kilometer,
    c) ein Drittel von einem Dreiviertelliter,
    d) zwei Drittel von einer Dreiviertelstunde?

15. Berechne die Anteile von Größen.
    a) $\frac{1}{4}$ von $\frac{1}{2}$ kg
    b) $\frac{1}{3}$ von $\frac{3}{4}$ h
    c) $\frac{5}{6}$ von $\frac{3}{10}$ ℓ
    d) $\frac{1}{6}$ von $\frac{3}{10}$ dm
    e) $\frac{1}{5}$ von $1\frac{1}{4}$ m
    f) $\frac{2}{3}$ von $1\frac{1}{2}$ ℓ
    g) $\frac{1}{3}$ von $2\frac{3}{4}$ h
    h) $\frac{3}{8}$ von $2\frac{1}{3}$ g

4.2 Brüche multiplizieren

16. In der Klasse 6b haben $\frac{2}{5}$ der Schüler Haustiere, die Hälfte davon hat Hunde.
   a) Wie groß ist der Anteil aller Schüler, die Hunde haben?
   b) In die Klasse 6b gehen 25 Schüler. Wie viele haben Haustiere, wie viele haben Hunde?

17. Das Wort „von" kommt in verschiedenen Zusammenhängen vor. Gib zu jeder Aufgabe eine passende Rechnung an und löse sie.
   a) $\frac{2}{5}$ von 600 Schülern haben Max als Schülersprecher gewählt. Wie viele Schüler haben Max gewählt?
   b) 5 von 6 Losen sind Nieten. Welcher Anteil ist das?
   c) Von 30 Äpfeln verschenkt Frau Maier 17 Äpfel. Wie viele Äpfel sind übrig?
   d) $\frac{2}{3}$ aller Kinder der Klasse treiben in ihrer Freizeit Sport. Von diesen spielt $\frac{1}{5}$ Handball. Welcher Anteil an der gesamten Klasse ist das?

18. Die Klasse 6c gestaltet den 40 m² großen Schulgarten neu. Auf $\frac{2}{5}$ der Fläche pflanzen die Schüler verschiedene Gemüsesorten an, davon auf $\frac{3}{4}$ dieser Gemüseanbaufläche Möhren.
   a) Welcher Anteil am Schulgarten wird für Möhren genutzt?
   b) Der Rest der Gemüseanbaufläche wird zur Hälfte mit Kohlrabi, zu einem Drittel mit Feldsalat und zu einem Sechstel mit Schnittlauch bepflanzt. Bestimme jeweils den Anteil am Schulgarten und den Inhalt der Fläche in Quadratmeter.

19. Marius' Vater hat in seinem Zoogeschäft ein quaderförmiges Aquarium. Heute soll das Wasser eingefüllt werden und Marius darf helfen.
   a) Wie viel Kubikmeter Wasser passen maximal in das Aquarium?
   b) Sein Vater sagt, dass man das Aquarium für Wasserschildkröten zu $\frac{3}{4}$ mit Wasser füllen soll. Wie viel Liter Wasser muss Marius einfüllen?

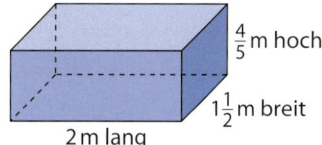

Erinnere dich: Formel für das Volumen eines Quaders mit der Länge a, der Breite b und der Höhe c: $V = a \cdot b \cdot c$

20. Schreibe auf einen gemeinsamen Bruchstrich und kürze. Berechne anschließend.
   Beispiel: $\frac{5}{8} \cdot \frac{2}{3} \cdot \frac{4}{5} = \frac{\cancel{5} \cdot \cancel{2} \cdot \cancel{4}}{\cancel{8} \cdot 3 \cdot \cancel{5}} = \frac{1 \cdot 1 \cdot 1}{1 \cdot 3 \cdot 1} = \frac{1}{3}$
   a) $\frac{20}{21} \cdot \frac{7}{8} \cdot \frac{3}{5}$
   b) $\frac{2}{3} \cdot \frac{5}{16} \cdot \frac{18}{25}$
   c) $\frac{11}{17} \cdot \frac{9}{21} \cdot \frac{34}{44} \cdot \frac{7}{18}$
   d) $\frac{144}{5} \cdot \frac{7}{2} \cdot \frac{10}{9} \cdot \frac{1}{16}$

21. Achte auf die Rechenart und berechne. Erkläre bei a), b) und c) den Rechenweg.
   a) $\frac{2}{3} \cdot \frac{4}{5}$
   b) $\frac{2}{3} + \frac{4}{5}$
   c) $\frac{4}{5} - \frac{2}{3}$
   d) $\frac{4}{9} + \frac{1}{3}$
   e) $\frac{7}{11} \cdot \frac{33}{14}$
   f) $\frac{7}{8} - \frac{1}{4}$
   g) $\frac{13}{15} + \frac{7}{20}$
   h) $1\frac{1}{5} + 2\frac{3}{10}$
   i) $\frac{5}{7} \cdot \frac{14}{45}$
   j) $2\frac{4}{9} - 1\frac{5}{6}$
   k) $7 - 3\frac{5}{11}$
   l) $\frac{17}{63} + \frac{2}{9}$
   m) $\frac{7}{24} \cdot 3$
   n) $\frac{19}{24} - \frac{5}{16}$
   o) $1\frac{3}{8} \cdot 1\frac{4}{11}$

Hinweis zu 21: Hier findest du die Lösungen zu a) bis j).

22. Ausblick: Beschreibe, wie sich das Ergebnis eines Produkts aus zwei Brüchen in den folgenden Situationen verändert. Notiere jeweils eine Beispielaufgabe.
   a) Der Zähler des einen Bruchs wird verdoppelt.
   b) Der Nenner des einen Bruchs wird verdoppelt.
   c) Der Zähler des ersten Bruchs und der Nenner des zweiten Bruchs werden verdoppelt.

4.3 Brüche durch natürliche Zahlen dividieren

■ Ein Saftgefäß enthält $\frac{3}{4}$ Liter Apfelsaft. Der gesamte Saft wird gerecht an drei Personen verteilt. Wie viel erhält jeder?
Ist es auch möglich den Saft gerecht an sechs Personen zu verteilen? Gib eine Rechnung an, wie viel dann jeder erhält. ■

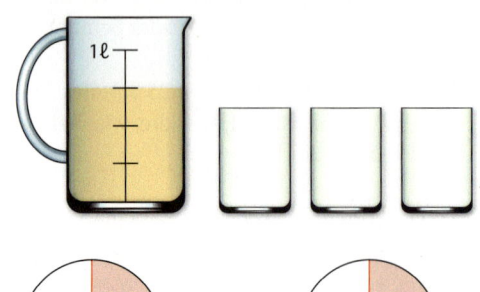

Die Aufgabe $\frac{4}{5} : 2$ kann man anschaulich lösen, indem man den Anteil $\frac{4}{5}$ am Kreis halbiert. Dies ist besonders einfach, da der Zähler 4 durch 2 teilbar ist.

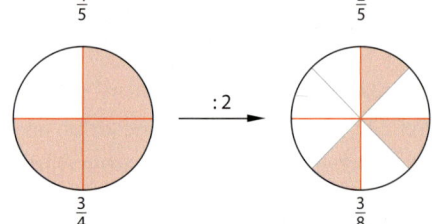

Man kann sich aber auch bei Aufgaben wie $\frac{3}{4} : 2$ eine anschauliche Lösung überlegen:

Teilt man 3 Viertel durch 2, wird jedes Viertel halbiert. Man erhält 3 Achtel.

Der Nenner 4 wird dabei verdoppelt. Daher kann man einen Bruch auch durch 2 teilen, indem man den Nenner mit 2 multipliziert und den Zähler unverändert lässt:

$$\frac{3}{4} : 2 = \frac{3}{4 \cdot 2} = \frac{3}{8}$$

> **Wissen: Dividieren von Brüchen durch natürliche Zahlen (Teilen)**
>
> Ein Bruch wird durch eine natürliche Zahl dividiert, in dem der Nenner mit der natürlichen Zahl multipliziert wird. Der Zähler bleibt unverändert.
>
> $\frac{2}{5} : 3 = \frac{2}{5 \cdot 3} = \frac{2}{15}$

Beispiel 1: Berechne.

a) $\frac{3}{10} : 4$ b) $\frac{6}{7} : 3$

Lösung:

a) $\frac{3}{10} : 4 = \frac{3}{10 \cdot 4} = \frac{3}{40}$

      [Nenner mal 4]

b) Da 6 : 3 = 2 ist, kannst du direkt rechnen: 6 Siebtel geteilt durch 3 sind 2 Siebtel.

$\frac{6}{7} : 3 = \frac{2}{7}$

Du kannst aber auch die Regel anwenden und kürzen:

$\frac{6}{7} : 3 = \frac{6}{7 \cdot 3} = \frac{\overset{2}{\cancel{6}}}{7 \cdot \underset{1}{\cancel{3}}} = \frac{2}{7 \cdot 1} = \frac{2}{7}$

      [Nenner mal 3]   [Kürze mit 3. 6 : 3 = 2 und 3 : 3 = 1]

4.3 Brüche durch natürliche Zahlen dividieren

Basisaufgaben

1. Berechne.
   a) $\frac{2}{5} : 2$
   b) $\frac{63}{100} : 9$
   c) $\frac{8}{7} : 2$
   d) $\frac{9}{13} : 1$
   e) $\frac{24}{3} : 6$
   f) $\frac{52}{25} : 4$
   g) $\frac{2}{3} : 7$
   h) $\frac{1}{3} : 9$
   i) $\frac{1}{2} : 100$
   j) $\frac{9}{5} : 8$
   k) $\frac{7}{10} : 6$
   l) $\frac{5}{11} : 12$

2. Finde eine passende Divisionsaufgabe zur Zeichnung.

   a)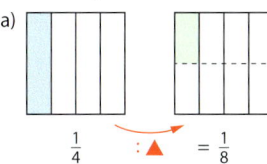
   b)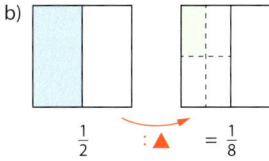
   c)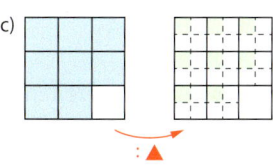

3. Zeichne ein Rechteck wie im Bild rechts. Veranschauliche daran die Division durch eine Zeichnung. Gib dann das Ergebnis an.
   a) $\frac{2}{3} : 2$
   b) $\frac{9}{12} : 3$
   c) $\frac{1}{4} : 3$
   d) $\frac{5}{6} : 2$
   e) $\frac{1}{6} : 3$

Weiterführende Aufgaben

4. Berechne und kürze das Ergebnis.
   a) $\frac{3}{4} : 6$
   b) $\frac{2}{7} : 10$
   c) $\frac{10}{6} : 9$
   d) $\frac{8}{8} : 8$
   e) $\frac{4}{3} : 30$
   f) $\frac{21}{100} : 7$

5. Berechne. Kürze vor dem Multiplizieren.
   a) $\frac{8}{13} : 8$
   b) $\frac{18}{5} : 36$
   c) $\frac{6}{5} : 21$
   d) $\frac{10}{11} : 50$
   e) $\frac{24}{25} : 30$
   f) $\frac{108}{15} : 9$

   Hinweis zu 5: Hier findest du die Lösungen.

6. Stolperstelle:
   a) Beschreibe die Fehler von Alexander und Clara und korrigiere sie.
      Alexander: $\frac{4}{7} : 7 = 4$ Clara: $\frac{28}{35} : 7 = \frac{4}{5}$
   b) Erläutere den Unterschied zwischen Kürzen und Teilen eines Bruches an den Beispielen. Berechne jeweils auch das Ergebnis.
      ① Kürze $\frac{4}{10}$ mit 2:
      ② Teile $\frac{4}{10}$ durch 2: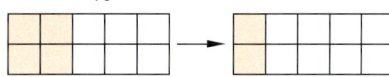

7. a) Ein halber Liter Saft wird gerecht auf 3 Gläser verteilt. Wie viel Liter sind in jedem Glas?
   b) Berechne den dritten Teil von $\frac{9}{10}$ Sekunden.
   c) Von einer Pizza fehlt ein Viertel. Den Rest teilen sich Emil und Tom. Wie viel erhält jeder?

● 8. Ausblick:
   a) Erläutere die Rechnung: $\frac{3}{4}$ von 400 m = (400 m : 4) · 3 = 100 m · 3 = 300 m.
   b) Wandle die Größenangaben in die nächstkleinere Einheit um. Berechne dann wie in a).
      ① $\frac{1}{3}$ von $\frac{3}{4}$ h
      ② $\frac{2}{3}$ von $\frac{3}{5}$ cm
      ③ $\frac{1}{10}$ von $\frac{1}{5}$ km
      ④ $\frac{5}{6}$ von $\frac{9}{10}$ kg
   c) Berechne die Teile der Größen in b), ohne die Größenangaben vorher umzurechnen. Überprüfe, ob die Ergebnisse mit denen aus b) übereinstimmen.
      Beispiel: $\frac{3}{4}$ von $\frac{2}{5}$ km $= \left(\frac{2}{5} \text{ km} : 4\right) \cdot 3 = \frac{1}{10}$ km · 3 = $\frac{3}{10}$ km

4.4 Brüche dividieren

■ Kais Eltern sind Obstbauern. Da er bei der Apfelernte geholfen hat, darf Kai 12 Liter Apfelsaft aus eigener Produktion an Freunde und Verwandte verschenken.

a) Wie viele $\frac{1}{2}$-ℓ-Flaschen braucht er, um die ganzen 12 Liter gleichmäßig zu verteilen?

b) Überlege entsprechend, wie viele $\frac{1}{4}$-ℓ-Flaschen oder $\frac{3}{4}$-ℓ-Flaschen er benötigt. ■

Für die Lösung der Division $6 : \frac{2}{3}$ kann man überlegen, wie oft $\frac{2}{3}$ in 6 Ganze hineinpassen.

1. Schritt: $\frac{1}{3}$ passt in 1 Ganzes 3-mal.

$\frac{1}{3}$ passt in 6 Ganze $6 \cdot 3 = 18$-mal.

2. Schritt: $\frac{2}{3}$ ist doppelt so groß wie $\frac{1}{3}$.

$\frac{2}{3}$ passt daher nur halb so oft in 6 Ganze wie $\frac{1}{3}$, also $18 : 2 = 9$-mal.

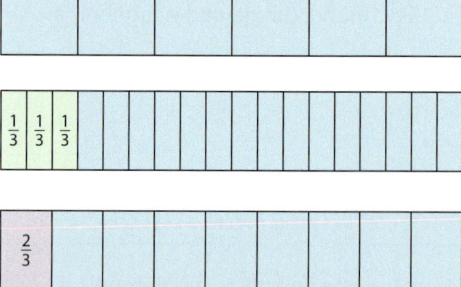

Im 1. Schritt rechnet man „mal 3", im 2. Schritt rechnet man „durch 2".

Erinnere dich:
3 geteilt durch 2 ergibt $\frac{3}{2}$.

Als Rechnung erhält man insgesamt $(6 \cdot 3) : 2 = 6 \cdot \frac{3}{2} = 9$.

Es gilt also $6 : \frac{2}{3} = 6 \cdot \frac{3}{2}$. Die Division durch $\frac{2}{3}$ lässt sich durch die Multiplikation mit $\frac{3}{2}$ ersetzen.

> **Wissen: Brüche dividieren**
> Zwei Brüche werden dividiert, indem der erste Bruch mit dem **Kehrwert** des zweiten Bruchs multipliziert wird.
> Den Kehrwert eines Bruches erhält man durch Vertauschen von Zähler und Nenner.
> $\frac{3}{4} : \frac{2}{5} = \frac{3}{4} \cdot \frac{5}{2} = \frac{15}{8}$

> **Beispiel 1:** Berechne.
> a) $\frac{7}{5} : \frac{3}{8}$ b) $\frac{7}{12} : \frac{3}{16}$
>
> **Lösung:**
> a) Statt durch $\frac{3}{8}$ zu dividieren, multiplizierst du mit dem Kehrwert $\frac{8}{3}$.
>
> $\frac{7}{5} : \frac{3}{8} = \frac{7}{5} \cdot \frac{8}{3} = \frac{7 \cdot 8}{5 \cdot 3} = \frac{56}{15}$
>
> *Multipliziere mit dem Kehrwert.*   *Kürze, bevor du das Ergebnis berechnest.*
>
> b) $\frac{7}{12} : \frac{3}{16} = \frac{7}{12} \cdot \frac{16}{3} = \frac{7 \cdot \overset{4}{\cancel{16}}}{\underset{3}{\cancel{12}} \cdot 3} = \frac{28}{9}$

4.4 Brüche dividieren

Basisaufgaben

1. Gib den Kehrwert an.
   a) $\frac{3}{5}$ b) $\frac{3}{4}$ c) $\frac{3}{2}$ d) $\frac{11}{10}$ e) $\frac{1}{4}$ f) $\frac{1}{12}$ g) 2   h) 13   i) $2\frac{1}{2}$ j) 1

   Hinweis: Der Kehrwert von 3 ist $\frac{1}{3}$, da man 3 als $\frac{3}{1}$ schreiben kann.

2. Berechne.
   a) $\frac{3}{4} : \frac{5}{7}$ b) $\frac{1}{2} : \frac{2}{3}$ c) $\frac{3}{5} : \frac{1}{4}$ d) $\frac{5}{6} : \frac{1}{5}$ e) $\frac{1}{3} : \frac{1}{2}$
   f) $\frac{7}{8} : \frac{2}{3}$ g) $\frac{2}{5} : \frac{9}{7}$ h) $\frac{1}{6} : \frac{1}{5}$ i) $\frac{11}{10} : \frac{5}{3}$ j) $\frac{12}{17} : \frac{1}{2}$

3. Berechne und kürze möglichst geschickt.
   a) $\frac{3}{2} : \frac{1}{4}$ b) $\frac{5}{6} : \frac{1}{2}$ c) $\frac{7}{8} : \frac{3}{4}$ d) $\frac{9}{10} : \frac{3}{7}$ e) $\frac{8}{15} : \frac{3}{5}$
   f) $\frac{3}{4} : \frac{3}{2}$ g) $\frac{7}{10} : \frac{14}{15}$ h) $\frac{22}{3} : \frac{44}{27}$ i) $\frac{9}{40} : \frac{81}{10}$ j) $\frac{100}{7} : \frac{25}{21}$

   Hinweis zu 3: Hier findest du die Lösungen.

4. Überprüfe dein Ergebnis zeichnerisch. Wie oft passt
   a) $\frac{1}{2}$ cm in 10 cm,   b) $\frac{1}{4}$ cm in $3\frac{1}{2}$ cm,   c) $\frac{2}{5}$ cm in 2 cm,   d) $\frac{1}{5}$ dm in $1\frac{1}{2}$ dm?

5. Wie oft passt
   a) $\frac{1}{6}$ in $\frac{1}{2}$,   b) $\frac{2}{3}$ in 12,   c) $\frac{3}{4}$ in 48,   d) $\frac{2}{9}$ in $\frac{8}{9}$,   e) $\frac{3}{5}$ in $\frac{11}{25}$?

6. Beschreibe und vergleiche die Rechenwege.
   ① Georg wendet die Regel aus Kapitel 4.3 an: $\frac{3}{5} : 2 = \frac{3}{5 \cdot 2} = \frac{3}{10}$
   ② Selina rechnet mit dem Kehrwert: $\frac{3}{5} : 2 = \frac{3}{5} : \frac{2}{1} = \frac{3}{5} \cdot \frac{1}{2} = \frac{3}{10}$

7. Berechne.
   a) $\frac{3}{4} : 2$ b) $3 : \frac{1}{2}$ c) $8 : \frac{2}{5}$ d) $\frac{15}{17} : 3$ e) $10 : \frac{100}{99}$

Weiterführende Aufgaben

8. a) Berechne und vergleiche die Ergebnisse in jeder Aufgabenserie. Erkläre.
   ① $6 : \frac{3}{4}$; $3 : \frac{3}{4}$; $\frac{3}{2} : \frac{3}{4}$; $\frac{3}{4} : \frac{3}{4}$; $\frac{3}{8} : \frac{3}{4}$; $\frac{3}{16} : \frac{3}{4}$ ② $\frac{4}{5} : 10$; $\frac{4}{5} : 5$; $\frac{4}{5} : \frac{5}{2}$; $\frac{4}{5} : \frac{5}{4}$; $\frac{4}{5} : \frac{5}{8}$; $\frac{4}{5} : \frac{5}{16}$

   b) Bilde eine eigene Aufgabenserie und lasse sie von deinem Nachbarn berechnen.

9. Berechne. Welche Aufgaben kannst du im Kopf ganz leicht ohne die Regel zur Division von Brüchen berechnen? Begründe.
   a) $\frac{1}{3} : \frac{1}{3}$ b) $\frac{1}{2} : \frac{1}{4}$ c) $\frac{3}{5} : \frac{1}{4}$ d) $\frac{5}{6} : \frac{1}{5}$ e) $3 : \frac{3}{2}$
   f) $20 : \frac{6}{3}$ g) $\frac{2}{5} : \frac{9}{7}$ h) $\frac{1}{6} : \frac{1}{5}$ i) $\frac{11}{10} : \frac{12}{12}$ j) $\frac{12}{17} : \frac{1}{2}$

10. **Stolperstelle:**
    a) Laura soll rechts das richtige Ergebnis ankreuzen. Sie sagt: „32 kann es nicht sein, denn das ist ja größer als 8". Erkläre, warum Laura falsch gedacht hat.

    Wie lautet das Ergebnis zu $8 : \frac{1}{4}$?   ☐ $\frac{1}{32}$ ☐ 1   ☐ 32

    b) Korrigiere Evas Rechnungen und formuliere, worauf sie achten muss.
    ① $7 : \frac{7}{8} = \frac{1}{8}$ ② $\frac{3}{5} : \frac{1}{4} = \frac{5}{3} \cdot \frac{1}{4} = \frac{5}{12}$ ③ $5\frac{1}{6} : \frac{1}{3} = 5\frac{1}{2}$

11. Berechne. Wandle die gemischten Zahlen zuerst in unechte Brüche um.

Beispiel: $2\frac{1}{4} : 1\frac{2}{3} = \frac{9}{4} : \frac{5}{3} = \frac{9}{4} \cdot \frac{3}{5} = \frac{27}{20} = 1\frac{7}{20}$

a) $3\frac{1}{4} : \frac{1}{2}$ b) $2\frac{3}{8} : \frac{1}{4}$ c) $7\frac{2}{3} : \frac{2}{3}$ d) $2\frac{1}{2} : 5$ e) $4\frac{1}{2} : 3$

f) $4\frac{1}{3} : 2\frac{3}{5}$ g) $1\frac{5}{7} : 2\frac{5}{14}$ h) $4\frac{1}{3} : 10$ i) $31 : 1\frac{5}{26}$ j) $2\frac{99}{100} : \frac{99}{100}$

12. In dem Quadrat sind sechs Rechnungen versteckt. In je drei aufeinanderfolgenden Feldern von oben nach unten oder von links nach rechts stehen eine Divisionsaufgabe und das Ergebnis.

Beispiel: $\frac{1}{8} : \frac{4}{5} = \frac{5}{32}$

a) Finde eine weitere Divisionsaufgabe.
b) Finde alle sechs Divisionsaufgaben, die in dem Quadrat versteckt sind.
c) Stellt selber ein Quadrat zusammen, in dem Divisionsaufgaben versteckt sind.

$\frac{3}{7}$	$\frac{3}{7}$	2	$\frac{5}{4}$	$\frac{5}{2}$
1	$\frac{1}{8}$	$\frac{4}{5}$	$\frac{5}{32}$	9
$\frac{1}{4}$	$\frac{3}{2}$	$\frac{1}{6}$	8	$\frac{11}{4}$
$\frac{17}{2}$	$\frac{9}{8}$	$\frac{12}{3}$	$\frac{11}{17}$	$\frac{11}{102}$
$\frac{1}{34}$	$\frac{13}{17}$	$\frac{17}{3}$	$\frac{2}{9}$	$\frac{51}{2}$

13. Bilde jeweils mit vier Ziffern von 1 bis 9 eine Divisionsaufgabe mit zwei Brüchen: $\frac{\square}{\square} : \frac{\square}{\square}$. Jede Ziffer darf nur einmal vorkommen. Das Ergebnis soll

a) möglichst groß sein, b) möglichst klein sein,
c) genau 1 sein, d) genau 2 sein.

Hinweis zu 14:
Die Division ist die Umkehroperation zur Multiplikation.

14. Ergänze die Lücke im Heft. Verwende die Umkehroperation.

a) $\square \cdot \frac{1}{2} = \frac{3}{4}$ b) $\frac{2}{3} \cdot \square = \frac{5}{6}$ c) $\frac{1}{4} \cdot \square = 2$ d) $\square \cdot \frac{11}{24} = \frac{10}{9}$

Hinweis zu 14 und 15:
Beachte, dass die Ergebnisse gekürzt wurden.

15. Ergänze die Lücken im Heft, sodass die Rechnung stimmt.

a) $\frac{8}{\square} : \frac{1}{2} = \frac{16}{3}$ b) $\frac{\square}{3} : \frac{4}{5} = \frac{5}{6}$ c) $\frac{2}{5} : \frac{2}{\square} = 1$ d) $\frac{7}{3} : \frac{\square}{4} = \frac{28}{9}$

e) $\frac{1}{2} : \frac{\square}{\square} = \frac{1}{4}$ f) $\frac{\square}{\square} : \frac{1}{2} = 3$ g) $1\frac{\square}{3} : \frac{2}{5} = \frac{25}{6}$ h) $\frac{7}{8} : \frac{\square}{\square} = 5$

16. Rolf und Julia haben Äpfel ausgepresst und so $4\frac{1}{2}$ Liter Apfelsaft gewonnen. Diesen wollen sie auf Flaschen aufteilen, die jeweils einen $\frac{3}{4}$ Liter fassen. Wie viele Flaschen können sie füllen?

17. Ein Obsthändler hat 200 kg Äpfel und 120 kg Orangen bestellt.
a) Die Äpfel werden in Beutel zu je $1\frac{1}{2}$ kg verpackt. Wie viele Beutel ergibt dies?
b) Die Orangen werden in Beutel zu je $2\frac{1}{2}$ kg verpackt. Wie viele Beutel ergibt dies?
c) Von den Mandarinen hat der Obsthändler das $1\frac{1}{2}$ fache der Orangenmenge bestellt. Die Mandarinen werden in $\frac{3}{4}$-kg-Beutel verpackt. Wie viele Beutel erhält er?

4.4 Brüche dividieren

18. Von einem Rechteck sind der Flächeninhalt A und eine Seitenlänge a gegeben. Berechne die fehlende Seitenlänge b.
   a) $A = \frac{3}{4} m^2$, $a = \frac{1}{2} m$
   b) $A = \frac{1}{2} m^2$, $a = \frac{1}{5} m$
   c) $A = 2\frac{2}{5} cm^2$, $a = 1\frac{1}{4} cm$

Erinnere dich:
Für den Flächeninhalt eines Rechtecks gilt $A = a \cdot b$.

19. Ein rechteckiges Grundstück ist $225\frac{1}{2} m^2$ groß und 11 m breit. Wie lang ist das Grundstück?

20. Der Eifelturm hat eine Höhe von 324 Metern.
   a) Wie viele der folgenden Gegenstände müsste man aufeinanderstapeln, um auf dieselbe Höhe zu kommen?
   ① Wasserkisten mit einer Höhe von $\frac{2}{5}$ m
   ② Pkw Citroën 2CV – genannt Ente – mit einer Höhe von $1\frac{3}{5}$ m
   ③ Camembertkäse mit einer Höhe von $2\frac{1}{2}$ cm
   b) Finde weitere Beispiele.

● 21. Johannes hat festgestellt, dass bei der Division durch einen Bruch das Ergebnis manchmal größer und manchmal kleiner ist als der Dividend. Finde eigene Beispiele und untersuche, wann das Ergebnis größer und wann kleiner ist. Präsentiere deine Ergebnisse.

● 22. Pia hat eine andere Regel zur Division von Brüchen aufgestellt: Sie erweitert den ersten Bruch und dividiert dann Zähler durch Zähler und Nenner durch Nenner.
Beispiel: $\frac{5}{6} : \frac{2}{3} = \frac{10}{12} : \frac{2}{3} = \frac{10:2}{12:3} = \frac{5}{4}$
   a) Rechne wie Pia. Überprüfe die Ergebnisse durch Multiplizieren mit dem Kehrwert.
   ① $\frac{4}{9} : \frac{2}{3}$ ② $\frac{8}{15} : \frac{4}{5}$ ③ $\frac{4}{5} : \frac{1}{4}$ ④ $\frac{2}{3} : \frac{4}{3}$ ⑤ $\frac{7}{8} : \frac{5}{6}$
   b) Begründe, warum Pias Regel gilt.

23. Berechne. Pass auf, dass du die Regeln nicht verwechselst.
   a) $\frac{2}{3} + \frac{5}{6}$ b) $\frac{7}{15} \cdot \frac{9}{14}$ c) $\frac{7}{8} : \frac{2}{3}$ d) $\frac{8}{5} - \frac{2}{15}$ e) $1\frac{5}{12} + \frac{8}{15}$
   f) $8 : \frac{4}{5}$ g) $\frac{9}{22} - \frac{5}{33}$ h) $\frac{13}{27} \cdot 9$ i) $\frac{16}{15} : \frac{20}{39}$ j) $\frac{3}{8} + \frac{9}{10}$
   k) $3\frac{1}{6} - \frac{2}{3}$ l) $\frac{15}{11} : 6$ m) $1\frac{2}{5} \cdot \frac{5}{14}$ n) $\frac{4}{5} + \frac{7}{9}$ o) $\frac{4}{5} : \frac{7}{9}$

Tipp zu 23:
Erstelle dir eine Übersicht zu den Rechenregeln für die vier Grundrechenarten.

Hinweis zu 23:
Hier findest du die Lösungen zu a) bis j).

● 24. Ausblick: Samuel findet in einem alten Mathematikbuch einen Doppelbruch: $\frac{\frac{2}{3}}{\frac{4}{5}}$.
Er überlegt: „Wenn $\frac{2}{3}$ dasselbe ist wie 2 : 3, dann muss doch $\frac{\frac{2}{3}}{\frac{4}{5}}$ dasselbe sein wie …"
   a) Welche Idee hat Samuel? Berechne den Doppelbruch, indem du dividierst.
   b) Berechne die Doppelbrüche $\frac{\frac{3}{4}}{\frac{1}{3}}$, $\frac{\frac{7}{8}}{\frac{5}{6}}$ und $\frac{\frac{11}{15}}{\frac{22}{35}}$.
   c) Gib einen Doppelbruch an, der den Wert 1 (10; $\frac{1}{2}$; $\frac{3}{10}$; $1\frac{1}{2}$) hat.

4.5 Kommaverschiebung bei Dezimalzahlen

■ Beim Kistenklettern werden viel Geschick und eine gute Sicherung benötigt. In welcher Höhe befindet sich ein Kletterer, wenn er auf 10 Getränkekisten (Höhe je 0,26 m) steht?
100 Kisten hat noch niemand geschafft, aber wie hoch wäre der Stapel dann? ■

Erinnere dich:
Zehnerpotenzen:
$10^1 = 10$
$10^2 = 100$
$10^3 = 1000$
$10^4 = 10\,000$
usw.

Dezimalzahlen mit Zehnerpotenzen multiplizieren

Beim Multiplizieren einer Dezimalzahl mit 10 verschiebt sich das Komma um eine Stelle nach rechts. Dies kann man nachrechnen, indem man die Dezimalzahl als Zehnerbruch schreibt:

Dezimalzahl mit 10 multiplizieren: $3{,}14 \cdot 10 = 31{,}4$

Zehnerbruch mit 10 multiplizieren: $\frac{314}{100} \cdot 10 = \frac{3140}{100} = \frac{314}{10} = 31{,}4$

Die Kommaverschiebung beim Multiplizieren mit 10; 100; 1000; ... kann man auch an der Stellenwerttafel sehen:

Erinnere dich:
T: Tausender
H: Hunderter
Z: Zehner
E: Einer
z: Zehntel
h: Hundertstel
t: Tausendstel
zt: Zehntausendstel

3,14 mit 10 multiplizieren: $3{,}14 \cdot 10 =$
3,14 mit 100 multiplizieren: $3{,}14 \cdot 100 =$
3,14 mit 1000 multiplizieren: $3{,}14 \cdot 1000 =$

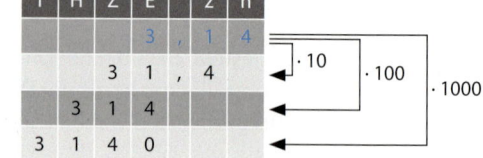

> **Wissen: Dezimalzahlen mit Zehnerpotenzen multiplizieren**
> Beim Multiplizieren einer Dezimalzahl mit 10; 100; 1000; ... wird das Komma um eine, um zwei, um drei, ... Stellen nach rechts verschoben.
> Dabei werden Nullen ergänzt, wenn nach dem Komma nicht genügend Ziffern stehen.

Beispiel 1: Berechne.
a) $9{,}31 \cdot 10$ b) $9{,}31 \cdot 100$ c) $9{,}31 \cdot 1000$

Lösung:
Verschiebe das Komma jeweils um die Anzahl der Nullen in der Zehnerpotenz.
a) Verschiebe um eine Stelle nach rechts. $9{,}31 \cdot 10 = 93{,}1$
b) Verschiebe um zwei Stellen nach rechts. $9{,}31 \cdot 100 = 931$
c) Verschiebe um drei Stellen nach rechts. $9{,}31 \cdot 1000 = 9{,}310 \cdot 1000 = 9310$
    Ergänze dazu rechts eine Null.

Basisaufgaben

1. Berechne die Aufgabenserie.
   a) $3{,}125 \cdot 10$ b) $5{,}89 \cdot 10$ c) $1{,}2 \cdot 10$ d) $7{,}834 \cdot 100$
      $3{,}125 \cdot 100$ $5{,}89 \cdot 100$ $1{,}2 \cdot 100$ $7{,}834 \cdot 1000$
      $3{,}125 \cdot 1000$ $5{,}89 \cdot 1000$ $1{,}2 \cdot 1000$ $7{,}834 \cdot 10\,000$

4.5 Kommaverschiebung bei Dezimalzahlen

2. Berechne.
   a) 312,14 · 10
   b) 912,021 · 100
   c) 42,023 · 10 000
   d) 0,11 · 100
   e) 2,07 · 1000
   f) 10 · 1,25
   g) 1000 · 200,8
   h) 0,001 · 100

3. Übertrage ins Heft und setze die fehlende Zahl ein.
   a) 5,783 · ■ = 578,3
   b) 3,56 · ■ = 35,6
   c) 23,4 · ■ = 2340
   d) ■ · 87,3 = 87 300

4. **Größenangaben in kleinere Einheiten umrechnen:** Schreibe in der angegebenen Einheit.
   Beispiel: 1,429 km in m   1,429 km = 1,429 · 1 km = 1,429 · 1000 m = 1429 m
   a) 78,3 cm in mm
   b) 14,15 km in m
   c) 57,3 m in cm
   d) 3,25 cm in mm

5. Diese Türme kannst du nur in deiner Phantasie bauen. Wie hoch wäre ein Turm aus
   a) 100 Pfannkuchen mit einer Dicke von 1,4 cm,
   b) 1000 Mobiltelefonen mit einer Dicke von 9,7 mm,
   c) 1000 Getränkekisten mit einer Höhe von 35,5 cm,
   d) 10 000 Scheiben Salami mit einer Dicke von 2,5 mm?

Dezimalzahlen durch Zehnerpotenzen dividieren

Eine Umkehraufgabe von 3,14 · 10 = 31,4 ist 31,4 : 10 = 3,14. Beim Dividieren von 3,14 durch 10 verschiebt sich das Komma also um eine Stelle nach links.

Die Kommaverschiebung beim Dividieren durch 10; 100; 1000; … kann man auch an der Stellenwerttafel sehen:

25,9 durch 10 dividieren: 25,9 :   10 =
25,9 durch 100 dividieren: 25,9 :   100 =
25,9 durch 1000 dividieren: 25,9 : 1000 =

> **Wissen: Dezimalzahlen durch Zehnerpotenzen dividieren**
> Beim Dividieren einer Dezimalzahl durch 10; 100; 1000; … wird das Komma um eine, um zwei, um drei, … Stellen nach links verschoben.
> Dabei werden Nullen ergänzt, wenn vor dem Komma nicht genügend Ziffern stehen.

Beispiel 2: Berechne.
a) 31,2 : 10
b) 31,2 : 100
c) 31,2 : 1000

Lösung:
Verschiebe das Komma jeweils um die Anzahl der Nullen in der Zehnerpotenz.
a) Verschiebe um eine Stelle nach links.   31,2 : 10 = 3,12
b) Verschiebe um zwei Stellen nach links. Ergänze dazu links eine Null.   31,2 : 100 = 0,312
c) Verschiebe um drei Stellen nach links. Ergänze dazu links zwei Nullen.   31,2 : 1000 = 0,0312

Basisaufgaben

6. Berechne die Aufgabenserie.
- a) 1324,6 : 10
  1324,6 : 100
  1324,6 : 1000
- b) 278,2 : 10
  278,2 : 100
  278,2 : 1000
- c) 17,3 : 10
  17,3 : 100
  17,3 : 1000
- d) 1,2 : 100
  1,2 : 1000
  1,2 : 10 000

7. Berechne.
- a) 878,31 : 10
- b) 91 : 10
- c) 4,1 : 10 000
- d) 0,7 : 100
- e) 1,03 : 1000
- f) 0,0102 : 10
- g) 56 : 1000
- h) 0,209 : 100

8. **Größenangaben in größere Einheiten umrechnen:** Schreibe in der angegebenen Einheit.
Beispiel: 4219 m in km 4219 m = 4219 km : 1000 = 4,219 km
- a) 1949 m in km
- b) 57,3 cm in m
- c) 419,2 mm in cm
- d) 30 m in km

Weiterführende Aufgaben

9. Berechne im Kopf.
- a) 13 : 10
- b) 2,5 · 10
- c) 14,4 : 100
- d) 1,11 · 100
- e) 14,3 : 10
- f) 10 · 1,54
- g) 7,3 : 100
- h) 38,7 · 100

10. Stolperstelle: Finde die Fehler und korrigiere sie.
- a) 41,31 · 10 = 4,131
- b) 2 : 1000 = 0,0002

Hinweis zu 11:
Hier findest du die fehlenden Zahlen.

11. Übertrage die Aufgaben in dein Heft und ergänze die fehlenden Zahlen.
- a) 19,31 · ■ = 1 931
- b) 523,1 · ■ = 0,5231
- c) ■ · 100 = 421,93
- d) ■ : 100 = 0,003
- e) 0,003 · 100 = ■
- f) 412,9 : ■ = 4,129

12. Wie ändert sich der Stellenwert der Ziffer 3, wenn man die Zahl 30,14
- a) mit 10 (mit 100; mit 1000) multipliziert,
- b) durch 10 (durch 100; durch 1000) dividiert?

13. Rechne in die angegebene Einheit um.
- a) 81 593 g in kg
- b) 3,28 € in ct
- c) 4,23 t in kg
- d) 250 ml in ℓ
- e) 45 mg in g
- f) 643 ct in €
- g) 18,21 kg in g
- h) 0,625 cm^2 in mm^2

14. Ein Stapel von 1000 DIN-A4-Blättern ist 11 cm hoch und wiegt 4 989,6 g. Wie dick und wie schwer ist ein einzelnes Blatt?

Erinnere dich:
Der Maßstab 1 : 100 bedeutet, dass 1 cm auf der Karte 100 cm (also 1 m) in der Wirklichkeit sind.

15. a) Auf einer Wanderkarte im Maßstab 1 : 100 000 misst Jan auf der Karte 5,5 cm für seine Tour zum Ausfluglokal. Wie weit ist sein Weg in Wirklichkeit?
b) Seine Freundin Maike erzählt ihm von einer 12,75 km langen Tour. Wie lang ist dieser Weg in Jans Karte?

16. Ausblick: Peter multipliziert schrittweise: 8,91 · 1000 = 891 · 10 = 8910
- a) Erkläre Peters Rechnung.
- b) Rechne ebenso. ① 193,41 · 10 000 ② 0,4 · 1000 ③ 49,73 : 10 000
- c) Formuliere eine Regel.
- d) Finde für die Multiplikation und Division jeweils drei eigene Beispiele.

4.6 Dezimalzahlen multiplizieren

■ Simon möchte ein neues Handy kaufen.
Er überlegt, ob ihm ein 4-Zoll-Display reicht.
1 Zoll sind 2,54 cm.
Wie groß ist ein 4-Zoll-Display in Zentimeter? ■

Dezimalzahlen kannst du schon multiplizieren, wenn du mit Zehnerbrüchen rechnest.

Dezimalzahlen multiplizieren: $1{,}3 \cdot 2{,}5 = 3{,}25$

Zehnerbrüche multiplizieren: $\frac{13}{10} \cdot \frac{25}{10} = \frac{325}{100} = 3{,}25$

Zehntel mal Zehntel sind Hundertstel, und damit erhält man zwei Nachkommastellen im Ergebnis.

> **Wissen: Dezimalzahlen multiplizieren**
> Dezimalzahlen werden multipliziert, in dem zuerst die Zahlen multipliziert werden, ohne das Komma zu beachten. Das Komma wird anschließend so gesetzt, dass **das Ergebnis genauso viele Nachkommastellen** hat **wie die Faktoren zusammen**.

Beispiel 1: Berechne $3{,}75 \cdot 2{,}3$.

Lösung:
Multipliziere wie bei natürlichen Zahlen, ohne das Komma zu berücksichtigen.

Nebenrechnung:

3	7	5	·	2	3
		7	5	0	
		1	1	2	5
		8	6	2	5

3,75 hat zwei Nachkommastellen.
2,3 hat eine Nachkommastelle.
Also hat das Ergebnis drei Nachkommastellen. Setze das Komma nach der 8.

$3{,}75 \cdot 2{,}3 = 8{,}625$
   2   1   3   Nachkommastellen

Basisaufgaben

1. Berechne im Kopf.
   a) $0{,}5 \cdot 3$
   b) $1{,}1 \cdot 4$
   c) $0{,}7 \cdot 8$
   d) $0{,}9 \cdot 3$
   e) $0{,}1 \cdot 4$
   f) $4{,}2 \cdot 3$
   g) $2 \cdot 1{,}3$
   h) $4 \cdot 1{,}2$
   i) $3{,}5 \cdot 3$
   j) $5 \cdot 2{,}5$

2. Berechne im Kopf. Achte auf die Anzahl der Nachkommastellen.
   a) $0{,}7 \cdot 0{,}7$
   b) $2 \cdot 0{,}03$
   c) $1{,}2 \cdot 0{,}4$
   d) $0{,}13 \cdot 0{,}3$
   e) $2{,}5 \cdot 4$
   f) $20 \cdot 0{,}6$
   g) $0{,}1 \cdot 700$
   h) $300 \cdot 0{,}5$
   i) $400 \cdot 0{,}04$
   j) $0{,}08 \cdot 0{,}01$

3. **Überschlag:** Führe eine Überschlagsrechnung durch, indem du beide Faktoren auf Einer rundest. Multipliziere dann schriftlich.
   Beispiel: $6{,}2 \cdot 2{,}5$ Überschlag: $6 \cdot 3 = 18$ Exaktes Ergebnis: 15,5
   a) $2{,}7 \cdot 5$
   b) $10{,}6 \cdot 7$
   c) $1{,}73 \cdot 6$
   d) $7{,}84 \cdot 8$
   e) $5 \cdot 1{,}93$
   f) $2{,}35 \cdot 2{,}7$
   g) $1{,}34 \cdot 19{,}1$
   h) $5{,}2 \cdot 2{,}4$
   i) $2{,}34 \cdot 7{,}85$
   j) $1{,}83 \cdot 9{,}75$

Hinweis zu 2:
Hier findest du die Lösungen.

4. Brüche und Dezimalzahlen multiplizieren und dividieren

Hinweis zu 4:
Manchmal ist es nicht sinnvoll, beim Überschlag auf Einer zu runden.
Beispiel: 500 · 0,11
ungünstig: 500 · 0 = 0
besser: 500 · 0,1 = 50
Runde so, dass es einfach ist zu rechnen.

4. Überschlage, indem du die Aufgabe geeignet vereinfachst.
   Multipliziere dann schriftlich.
   Beispiel: 8,7 · 0,23   Überschlag: 9 · 0,2 = 1,8   Exaktes Ergebnis: 2,001
   a) 0,81 · 7,9   b) 12,8 · 0,467   c) 134 · 0,111   d) 19,8 · 9,02   e) 0,38 · 0,408
   f) 3,73 · 4,2   g) 5,4 · 17,2   h) 2,43 · 6,04   i) 0,39 · 0,12   j) 2,75 · 0,072

5. Überschlage und wähle aus ① bis ④ das richtige Ergebnis aus.
   a) 0,23 · 301,7   ① 0,69391   ② 693,91   ③ 69,391   ④ 6,9391
   b) 2,5 · 56,4   ① 1,41   ② 14,10   ③ 0,141   ④ 141
   c) 0,062 · 1,25   ① 0,775   ② 0,0775   ③ 7,75   ④ 0,00775

6. Setze im Ergebnis das Komma an die richtige Stelle. Füge – falls nötig – noch Nullen ein.
   a) 3,4 · 2,3 = 782   b) 0,1 · 0,343 = 343   c) 19 · 0,02 = 38   d) 5 · 13,5 = 675

7. a) Berechne und vergleiche in jeder Aufgabenserie die Ergebnisse. Stelle Regeln auf.
   ① 50 · 7   5 · 7   0,5 · 7   0,05 · 7   0,005 · 7
   ② 1,2 · 0,009   1,2 · 0,09   1,2 · 0,9   1,2 · 9   1,2 · 90
   ③ 12 · 0,8   1,2 · 8   0,12 · 80   0,012 · 800   0,0012 · 8000
   b) Erstelle zu jeder Regel eine Aufgabenserie. Tausche die Serie mit deinem Nachbarn und berechne die Ergebnisse.

Weiterführende Aufgaben

8. Berechne. Begründe, warum du nur einmal eine schriftliche Multiplikation durchführen musst und alle anderen Ergebnisse daraus ableiten kannst.
   a) 123 · 27   b) 12,3 · 2,7   c) 1,23 · 0,27   d) 123 · 2,7   e) 123 · 0,027

9. Alexandra meint: „Die Rechnungen können nicht stimmen. Das Ergebnis hat ja weniger Nachkommastellen als die Faktoren zusammen."
   ① 0,5 · 0,8 = 0,4   ② 2 · 1,5 = 3   ③ 0,25 · 0,4 = 0,1   ④ 0,01 · 900 = 9
   a) Berechne die Aufgaben und überprüfe, ob alle Ergebnisse richtig sind.
   b) Erkläre, was Alexandra nicht bedacht hat.

10. **Stolperstelle:** Korrigiere Tinas Rechnungen. Beschreibe ihre Fehler.
    a) 0,3 · 0,3 = 0,9   b) 2,3 · 2,7 = 4,21   c) 40 · 0,2 = 0,8   d) 0,6 · 0,5 = 0,03

11. Gib jeweils zwei verschiedene Multiplikationsaufgaben mit dem angegebenen Ergebnis an.
    a) 1,2   b) 0,04   c) 0,5   d) 1,44

12. Übertrage ■,■ · ■,■ dreimal in dein Heft. Trage die Ziffern 0; 1; 2; 3 so ein, dass
    a) ein möglichst großes Ergebnis entsteht,
    b) ein möglichst kleines Ergebnis entsteht,
    c) das Produkt genau 0,63 ergibt.
    Vergleicht eure Ergebnisse untereinander.

13. Überprüfe die Aussage. Ist sie richtig oder falsch? Begründe.
    a) Das Produkt zweier Dezimalzahlen ist immer größer als 1.
    b) Das Produkt zweier Dezimalzahlen ist stets größer als jeder der beiden Faktoren.
    c) Das Produkt einer Dezimalzahl mit der Zahl 10 kann kleiner als 1 sein.

4.6 Dezimalzahlen multiplizieren

14. Übertrage in dein Heft und setze das richtige Zeichen <, > oder = ein.
a) 1,7 · 1,3 ▇ 1   b) 0,7 · 0,3 ▇ 1   c) 1,2 · 1,2 ▇ 1,2   d) 0,9 · 0,9 ▇ 0,9
e) 0,7 · 1,3 ▇ 0,7   f) 0,7 · 1,3 ▇ 1,3   g) 0,9 · 1,1 ▇ 1   h) 0 · 1,7 ▇ 0

15. Übertrage in dein Heft und setze das richtige Zeichen <, > oder = ein. Achte bei jeder Zahl auf die Position des Kommas.
a) 8,5 · 1,2 ▇ 85 · 1,2   b) 8,5 · 1,2 ▇ 0,85 · 1,2   c) 8,5 · 1,2 ▇ 0,85 · 12
d) 8,5 · 1,2 ▇ 850 · 0,12   e) 8,5 · 1,2 ▇ 850 · 0,012   f) 8,5 · 1,2 ▇ 0,0085 · 120

Hinweis zu 15: Du musst die Ergebnisse nicht ausrechnen.

● **16.** Setze bei den Faktoren das Komma an der richtigen Stelle. Finde verschiedene Möglichkeiten. Streiche jeweils die Anfangs- und Endnullen, die nicht benötigt werden.
a) 0050 · 0040 = 2,0   b) 00210 · 0030 = 0,063   c) 001030 · 0020 = 2,06
d) 0060 · 0050 = 0,03   e) 0070 · 0080 = 0,056   f) 00190 · 0040 = 0,076

17. 1 kg kernlose Weintrauben kosten 1,90 €. Ermittle den Preis für
a) 0,8 kg;   b) 1,3 kg;   c) 2,4 kg;   d) 1,540 kg.

● **18.** Vincent soll für seine Mutter Lebensmittel einkaufen. Berechne, wie viel er bezahlen muss.

2 kg Tomaten
1,5 kg Kartoffeln
0,4 kg Trauben
150 g Käseaufschnitt

1,95 € pro kg   1,45 € pro kg   2,85 € pro kg   14,40 € pro kg

19. Eine Ameise (Länge 0,5 cm) wird durch eine Lupe mit 4,75-facher Vergrößerung betrachtet. Gib die Länge der Ameise in der Vergrößerung an.

● **20.** Ein Kreuzfahrtschiff bewegt sich mit einer durchschnittlichen Geschwindigkeit von 21 Seemeilen je Stunde von Hamburg nach Amsterdam. 1 Seemeile entspricht 1,852 km.
Wie viele Kilometer legt das Schiff in fünf Stunden zurück? Runde auf Ganze.

21. Berechne den Flächeninhalt des Rechtecks mit den Seiten a und b. Achte auf die Einheiten.
a) a = 3,5 cm; b = 2,7 cm   b) a = 0,8 cm; b = 5,7 cm   c) a = 4,23 cm; b = 1,9 cm
d) a = 1,25 m; b = 3,7 cm   e) a = 0,47 m; b = 47 cm   f) 1,25 cm; b = 6,4 mm

Erinnere dich: Formel für den Flächeninhalt eines Rechtecks mit den Seiten a und b: $A = a \cdot b$

● **22. Ausblick:** Vervollständige die Multiplikationsmauer im Heft. Die Zahl auf einem Stein ergibt sich aus dem Produkt der beiden direkt darunterliegenden Steine.

a) 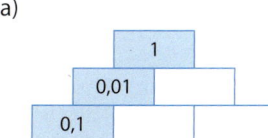   b) 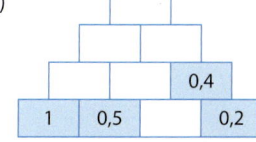   c)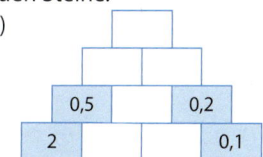

4.7 Dezimalzahlen dividieren

■ Die Geschwister Robin, Jonas und Sandra holen am Sonntagmorgen für die ganze Familie Brötchen. Als Belohnung dürfen sie das Wechselgeld behalten. Die Bäckerin gibt ihnen insgesamt 3,42 € zurück.
Wie viel Geld bekommt jeder der Drei, wenn sie gerecht teilen? ■

Dezimalzahlen durch natürliche Zahlen dividieren

Hinweis:
Man kann auch die Zahlen ohne Komma dividieren, also 48 : 3 = 16.
Im Ergebnis muss man dann das Komma an der richtigen Stelle setzen.

Dezimalzahlen kann man durch eine natürliche Zahl dividieren, wenn man die Dezimalzahl als Zehnerbruch schreibt.

Dezimalzahl dividieren: 4,8 : 3 = 1,6

Zehnerbruch dividieren: $\frac{48}{10} : 3 = \frac{48 : 3}{10} = \frac{16}{10} = 1{,}6$

> **Wissen: Dezimalzahlen durch eine natürliche Zahl dividieren**
> Eine Dezimalzahl lässt sich wie eine natürliche Zahl **stellenweise** durch eine natürliche Zahl **dividieren**. Überschreitet man bei der Dezimalzahl das Komma, setzt man auch im Ergebnis ein Komma.

Beispiel 1: Dividiere schriftlich.
a) 5,85 : 5   b) 3,48 : 8

Lösung:
a) Rechne nach dem Verfahren der schriftlichen Division wie bei natürlichen Zahlen.
Setze im Ergebnis ein Komma, wenn du bei 5,85 die erste Ziffer nach dem Komma herunterziehst.

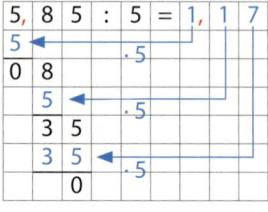

Hinweis:
Geht die Division nicht auf, musst du beim Dividenden nach dem Komma Endnullen ergänzen, um weiterzurechnen.

b) Ergänze im letzten Schritt hinter der 3,48 eine 0, damit die Rechnung aufgeht.

```
3, 4 8 0 : 8 = 0, 4 3 5
0
  3 4
  3 2
    2 8
    2 4
      4 0
      4 0
        0
```

Basisaufgaben

1. Berechne im Kopf.
   a) 1,5 : 3   b) 2,5 : 5   c) 2,4 : 2   d) 1,6 : 4   e) 10,6 : 2
   f) 1,2 : 12   g) 0,09 : 3   h) 0,36 : 6   i) 0,01 : 2   j) 6,4 : 20

4.7 Dezimalzahlen dividieren

2. Berechne schriftlich. Überprüfe dein Ergebnis durch eine Multiplikation.
   Beispiel: 2,7 : 5 = 0,54   Probe: 0,54 · 5 = 2,7
   a) 1,3 : 4   b) 6,3 : 3   c) 4,5 : 6   d) 22,8 : 4   e) 0,9 : 5
   f) 6,318 : 2   g) 897,6 : 4   h) 0,1 : 8   i) 1,005 : 5   j) 0,09 : 40

   Hinweis zu 2:
   Du kannst dir die Probe am Pfeilmodell verdeutlichen.

   $$2{,}7 \xrightarrow[\cdot\,5]{:\,5} 0{,}54$$

3. **Überschlag:** Führe eine Überschlagsrechnung durch. Ändere die Zahlen so, dass du einfach im Kopf dividieren kannst. Dividiere anschließend schriftlich.
   Beispiel: 30,2 : 8   Überschlag: 32 : 8 = 4   Exaktes Ergebnis: 3,775
   a) 16,8 : 2   b) 7,4 : 5   c) 23,7 : 6   d) 38,6 : 4   e) 69,2 : 8
   f) 31,2 : 12 g) 4,61 : 2 h) 14,35 : 7 i) 16,42 : 4 j) 240,8 : 80

4. Dividiere. Gib das Ergebnis als natürliche Zahl mit Rest und als Dezimalzahl an.
   Beispiel: 11 : 4 = 2 Rest 3 und 11 : 4 = 2,75
   a) 14 : 5   b) 37 : 4   c) 51 : 6   d) 100 : 8   e) 9 : 12

Dezimalzahlen dividieren

Ein 4,5 m langer Flur soll mit Holzdielen der Breite 0,15 m ausgelegt werden. Die Anzahl der benötigten Holzdielen lässt sich wie folgt berechnen:

   4,5 m : 0,15 m oder
   45 dm : 1,5 dm oder
   450 cm : 15 cm = 30

Das Ergebnis muss jeweils gleich sein, nämlich 30 (Holzdielen).

Das Beispiel zeigt, dass der Quotient von zwei Zahlen sich nicht ändert, wenn man das Komma bei beiden Zahlen um gleich viele Stellen in die gleiche Richtung verschiebt:
4,5 : 0,15 = 45,0 : 1,5 = 450 : 15

> **Wissen: Dezimalzahlen dividieren**
> Zwei Dezimalzahlen werden dividiert, indem das **Komma** bei Dividend und Divisor **um gleich viele Stellen nach rechts verschoben** wird, sodass der Divisor eine natürliche Zahl wird. Anschließend wird durch die natürliche Zahl dividiert.

Beispiel 2: Berechne.
a) 0,36 : 0,3   b) 1,7 : 0,25

Lösung:
a) Verschiebe das Komma bei beiden Zahlen um eine Stelle nach rechts, damit du durch eine natürliche Zahl teilen kannst.
   3,6 : 3 lässt sich im Kopf rechnen.

   0,36 : 0,3 = 3,6 : 3 = 1,2

b) Verschiebe das Komma bei beiden Zahlen um zwei Stellen nach rechts. Schreibe dazu 1,7 als 1,70.
   Nun kannst du schriftlich durch eine natürliche Zahl teilen.

   1,70 : 0,25 = 170 : 25 = 170,0 : 25 = 6,8
                                   150
                                   200
                                   200
                                     0

Hinweis zu 6:
Hier findest du die Lösungen.

Basisaufgaben

5. Verschiebe das Komma so, dass der Divisor eine natürliche Zahl wird, und berechne.
   a) 5,7 : 1,9   b) 0,35 : 0,5   c) 0,4 : 0,02   d) 8,123 : 0,01   e) 45 : 0,003

6. Berechne im Kopf.
   a) 1,2 : 0,4   b) 2,8 : 1,4   c) 3,6 : 0,6   d) 10 : 0,5   e) 6 : 1,2
   f) 0,15 : 0,3   g) 0,47 : 0,01   h) 9 : 0,09   i) 0,4 : 0,08   j) 0,75 : 0,001

7. **Überschlag:** Führe eine Überschlagsrechnung durch. Dividiere anschließend schriftlich. Runde beim Überschlag so, dass du gut rechnen kannst.
   Beispiel: 2,7 : 0,4   Überschlag: 2,8 : 0,4 = 28 : 4 = 7   Exaktes Ergebnis: 6,75
   a) 3,1 : 0,5   b) 7,83 : 0,9   c) 2,1 : 0,12   d) 8,32 : 0,2   e) 33 : 0,8
   f) 2,156 : 1,1   g) 1,9 : 0,02   h) 4,32 : 36   i) 8,67 : 1,7   j) 770,52 : 1,2

Hinweis zu 8:
Du kannst dir die Probe auch am Pfeilmodell verdeutlichen.

8. Berechne. Überprüfe dein Ergebnis durch eine Multiplikation.
   Beispiel: 0,2 : 0,5 = 0,4   Probe: 0,4 · 0,5 = 0,2
   a) 0,1 : 0,4   b) 51 : 0,02   c) 6,4 : 0,05   d) 2,7 : 0,15   e) 3,2 : 0,16
   f) 19,8 : 1,5   g) 22,22 : 2,2   h) 8,16 : 4,8   i) 0,102 : 0,03   j) 0,36 : 0,016

9. Berechne jeweils den Preis pro Kilogramm Kartoffeln und vergleiche.
   a) 1,5 kg für 1,95 €
   b) 5,5 kg für 6,60 €

Weiterführende Aufgaben

10. Berechne und vergleiche in jeder Aufgabenserie die Ergebnisse. Stelle Regeln auf.
    a) 0,015 : 5   0,15 : 5   1,5 : 5   15 : 5
    b) 90 : 4   90 : 40   90 : 400   90 : 4000
    c) 0,04 : 2   0,4 : 20   4 : 200   40 : 2000

11. Wähle aus den Aufgaben ① bis ④ jeweils die einfachste Aufgabe aus und berechne sie. Bestimme dann die Ergebnisse der anderen Aufgaben. Überlege, nach welcher Regelmäßigkeit die Serie aufgebaut ist.
    a) ① 917,2 : 40   ② 91,72 : 4   ③ 9,172 : 0,4   ④ 0,9172 : 0,04
    b) ① 738 : 0,3   ② 73,8 : 0,3   ③ 7,38 : 0,3   ④ 0,738 : 0,3
    c) ① 1,6 : 0,0005 ② 1,6 : 0,005 ③ 1,6 : 0,05   ④ 1,6 : 0,5

12. **Stolperstelle:** Beschreibe Nicos Fehler und korrigiere sie.
    a) 15,25 : 5 = 3,5
    b) 8,24 : 0,02 = 8,24 : 2 = 4,12
    c) 0,35 : 0,7 = 5
    d) 17,804 : 0,2 = 89,2

13. Lisa rechnet die Aufgaben 4 : 2; 4 : 1; 4 : 0,5; 4 : 0,2; 4 : 0,1; …
    a) Berechne die Aufgaben. Setze die Folge der Aufgaben fort. Beschreibe, was passiert, wenn der Divisor immer kleiner wird.
    b) Finde Divisionsaufgaben, deren Ergebnis größer ist als 100.

4.7 Dezimalzahlen dividieren

14. Die Schüler der 6d vergleichen für die Division 6,832 : 0,61 ihre Überschlagsrechnungen.
Finn: $6,6 : 0,6$ Alicja: $7 : 1$ Magdalena: $6 : 0,6$
Liam: $7 : 0,5$ Mohammed: $6,832 : 0,61 = 68,32 : 6,1 \approx 66 : 6$
a) Wie geeignet findest du die einzelnen Überschläge? Begründe ohne zu rechnen.
b) Berechne die Überschläge und das exakte Ergebnis.
c) Welche Überschläge sind am besten, welche am schlechtesten? Vergleiche mit deiner Beurteilung in a).

15. Prüfe durch Überschlag und Rechnung, ob ein Komma fehlt. Falls ja, ergänze es.
a) 172 : 0,4 = 43   b) 198,1 : 20 = 99,05   c) 375 : 0,2 = 187,5   d) 89,2 : 20 = 44 600
e) 0,735 : 0,5 = 147   f) 219,81 : 3 = 73,27   g) 549,5 : 7 = 785   h) 789,8 : 1,1 = 71 800

16. a) Dividiere schriftlich.
① 1,56 cm : 1,2 cm   ② 0,336 km : 0,105 km   ③ 0,9 kg : 0,002 kg   ④ 0,2 ℓ : 0,25 ℓ
b) Rechne die Größenangaben aus a) in die nächstkleinere Einheit um und dividiere anschließend. Vergleiche die Rechnungen mit denen in a). Was fällt dir auf?

17. Ein Lkw kann pro Fahrt 3,5 t Erde transportieren. Wie viele Fahrten benötigt er, bis er 73,5 t Erde abtransportiert hat?

18. Wie dick ist eigentlich Alu-Folie? 120 Schichten Folie sind 1,2 cm dick. Berechne die Dicke eines Streifens Alu-Folie.

19. Dividiere schriftlich. Runde das Ergebnis auf Hundertstel.
Beispiel: 8,6 : 7 = 1,228...; also 8,6 : 7 ≈ 1,23
a) 8 : 3   b) 7,4 : 6   c) 0,2 : 7   d) 53,47 : 30   e) 46,83 : 9
f) 10 : 1,1   g) 0,2 : 1,2   h) 0,4 : 0,09   i) 2,18 : 0,15   j) 15,08 : 7,5

Hinweis:
Das Ergebnis einer Division kann sehr viele Nachkommastellen haben. Dann ist es sinnvoll, die schriftliche Division abzubrechen und das Ergebnis zu runden.

20. Laras Schuhe sind 8,5 cm breit. Ein Fach im Schuhregal ist innen 119,4 cm breit. Wie viele Paar Schuhe kann sie dort hineinstellen? Runde sinnvoll.

21. Ein Klippspringer – das ist eine afrikanische Antilope – mit einer Schulterhöhe von 58 cm springt 7,98 m hoch, eine 6 mm große Wiesenschaumzikade 0,696 m. Berechne jeweils, wie viele Tiere derselben Art aufeinander stehend übersprungen werden könnten.

22. Ausblick: Sophie steht mit ihren Eltern im Stau. Sie liest in der Bedienungsanleitung, dass das Auto 4397 mm lang ist.
a) Wie oft könnte ihr Auto auf einer Strecke von 3,8 km hintereinander stehen? Runde vor dem Rechnen die Autolänge auf dm.
b) Schätze ungefähr, wie viele Autos bei einem 3,8 km langen Stau auf einer dreispurigen Straße stehen. Berücksichtige auch Lkws und andere Fahrzeuge.

4.8 Rechnen mit allen Grundrechenarten

- Achte auf die Reihenfolge der Rechenschritte.
a) Berechne. Gib an, nach welchen Rechenregeln du rechnest.
   ① $2 \cdot (9 - 5)$ ② $7 + 3 \cdot 8$
b) Rechne nach den gleichen Regeln wie in a).
   ① $\frac{1}{3} \cdot \left(\frac{7}{8} - \frac{3}{8}\right)$ ② $2{,}1 + 4 \cdot 0{,}5$ ■

Wiederholung der Vorrangregeln

Erinnere dich:
„KLAPS":
   Klammer
      Punktrechnung
         Strichrechnung

1. Ausdrücke in **Klammern** werden **zuerst** berechnet.
   $28 - (6 + 14) = 28 - 20 = 8$
2. Wo keine Klammern sind, geht **Punktrechnung vor Strichrechnung**.
   $12 + 8 \cdot 11 = 12 + 88 = 100$
3. In allen anderen Fällen rechnet man **von links nach rechts**.
   $36 - 16 - 6 = 20 - 6 = 14$

Diese Vorrangregeln gelten auch beim Rechnen mit Brüchen und Dezimalzahlen.

Basisaufgaben

1. Rechne von links nach rechts.
   a) $\frac{3}{4} - \frac{1}{2} + \frac{1}{4}$
   b) $\frac{27}{10} - 2 - \frac{2}{5}$
   c) $8 \cdot \frac{2}{9} : \frac{4}{9}$
   d) $\frac{5}{7} : \frac{1}{3} \cdot \frac{2}{5}$
   e) $1{,}2 - 0{,}2 + 3{,}5$
   f) $6{,}2 + 2 - 1{,}1 + 4$
   g) $0{,}4 : 2 \cdot 0{,}9$
   h) $15 \cdot 0{,}3 : 0{,}01$

2. Berechne. Beachte die Regel „Punktrechnung geht vor Strichrechnung".
   a) $5 \cdot \frac{5}{6} - \frac{1}{6}$
   b) $\frac{3}{2} - \frac{2}{5} \cdot \frac{1}{2}$
   c) $\frac{7}{9} + \frac{14}{3} : 7$
   d) $\frac{1}{4} \cdot \frac{1}{3} + \frac{2}{3} \cdot \frac{3}{4}$
   e) $10 - 3 \cdot 1{,}2$
   f) $0{,}6 + 0{,}8 \cdot 0{,}5$
   g) $7{,}2 - 1{,}6 : 0{,}4$
   h) $3 \cdot 0{,}3 - 0{,}1 \cdot 9$

3. Berechne zuerst die Klammer. Berechne dann das Ergebnis.
   a) $5 - \left(1 - \frac{1}{2}\right)$
   b) $\left(\frac{1}{8} + \frac{2}{8}\right) \cdot \frac{2}{3}$
   c) $\frac{2}{7} : \left(\frac{3}{14} : \frac{15}{21}\right)$
   d) $\left(\frac{1}{2} + 2\right) \cdot \left(\frac{13}{10} - 1\right)$
   e) $(0{,}5 + 0{,}7) : 2$
   f) $(4{,}4 + 5{,}6) \cdot 3{,}03$
   g) $19 - (11{,}8 + 7)$
   h) $(8 - 7{,}5) \cdot (4 - 2{,}8)$

4. Vervollständige den Rechenbaum im Heft. Notiere die zugehörige Aufgabe.
   a)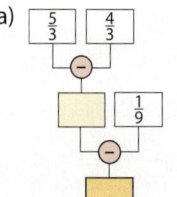
   b)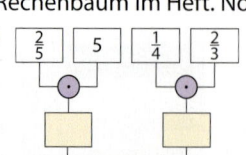
   c)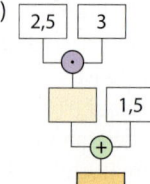
   d)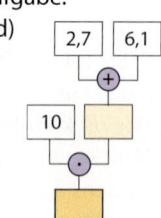

5. Stelle die Aufgaben in einem Rechenbaum dar und berechne.
   a) $\frac{20}{11} - 1 - \frac{5}{11}$
   $\frac{20}{11} - \left(1 - \frac{5}{11}\right)$
   b) $\frac{4}{5} + \frac{1}{10} \cdot \frac{10}{3}$
   $\left(\frac{4}{5} + \frac{1}{10}\right) \cdot \frac{10}{3}$
   c) $1{,}2 \cdot 0{,}5 : 2$
   $(1{,}2 \cdot 0{,}5) : 2$
   d) $4 + 0{,}1 \cdot 3{,}3 - 2{,}3$
   $(4 + 0{,}1) \cdot (3{,}3 - 2{,}3)$

4.8 Rechnen mit allen Grundrechenarten

Wiederholung der Rechengesetze der Addition und Multiplikation

Bei der **Addition** dürfen
1. Summanden beliebig vertauscht werden (**Kommutativgesetz**),
2. Klammern beliebig gesetzt oder weggelassen werden (**Assoziativgesetz**).

$12 + 35 = 35 + 12$

$(6 + 12) + 8 = 6 + (12 + 8) = 6 + 12 + 8$

Bei der **Multiplikation** dürfen
1. Faktoren beliebig vertauscht werden (**Kommutativgesetz**),
2. Klammern beliebig gesetzt oder weggelassen werden (**Assoziativgesetz**).

$3 \cdot 12 = 12 \cdot 3$

$(7 \cdot 4) \cdot 5 = 7 \cdot (4 \cdot 5) = 7 \cdot 4 \cdot 5$

Diese Rechengesetze gelten auch beim Rechnen mit Brüchen und Dezimalzahlen.

Basisaufgaben

6. Setze geschickt ein oder mehrere Klammerpaare und berechne.
   Beispiel: $\frac{1}{16} + \frac{3}{20} + \frac{7}{20} = \frac{1}{16} + \left(\frac{3}{20} + \frac{7}{20}\right) = \frac{1}{16} + \frac{1}{2} = \frac{9}{16}$
   a) $\frac{3}{5} + \frac{5}{12} + \frac{7}{12}$
   b) $2 + \frac{1}{3} + \frac{29}{40} + \frac{11}{40}$
   c) $\frac{3}{13} \cdot \frac{7}{12} \cdot \frac{24}{7}$
   d) $0,9 + 3,82 + 0,18$
   e) $2,5 + 1,73 + 1,27 + 4$
   f) $0,25 \cdot 8 \cdot 4,1$

7. Vertausche geschickt Summanden und berechne vorteilhaft.
   Beispiel: $\frac{5}{48} + 2 + \frac{7}{48} = \frac{5}{48} + \frac{7}{48} + 2 = \frac{1}{4} + 2 = \frac{9}{4}$
   a) $\frac{3}{16} + \frac{2}{9} + \frac{5}{16}$
   b) $\frac{10}{17} + \frac{5}{8} + \frac{7}{17} + \frac{7}{8}$
   c) $\frac{3}{50} + 1 + \frac{1}{15} + \frac{7}{50}$
   d) $2,49 + 9,6 + 0,51$
   e) $0,19 + 2,87 + 0,1 + 0,81$
   f) $3,12 + 0,999 + 5 + 0,001$

8. Vertausche geschickt Faktoren und berechne vorteilhaft.
   Beispiel: $\frac{5}{16} \cdot \frac{7}{9} \cdot \frac{8}{5} = \frac{5}{16} \cdot \frac{8}{5} \cdot \frac{7}{9} = \frac{1}{2} \cdot \frac{7}{9} = \frac{7}{18}$
   a) $\frac{20}{3} \cdot \frac{1}{17} \cdot \frac{3}{10}$
   b) $\frac{3}{4} \cdot \frac{14}{9} \cdot 4 \cdot \frac{9}{14}$
   c) $\frac{22}{21} \cdot \frac{5}{9} \cdot 9 \cdot \frac{7}{11}$
   d) $0,01 \cdot 0,057 \cdot 100$
   e) $0,2 \cdot 7 \cdot 50 \cdot 1,1$
   f) $1,25 \cdot 4 \cdot 0,2 \cdot 8$

9. Berechne die Aufgaben auf beiden Kärtchen. Wenn die Ergebnisse gleich sind, begründe dies durch ein Rechengesetz.
   a) $\frac{5}{6} \cdot \frac{1}{3}$ $\frac{1}{3} \cdot \frac{5}{6}$
   b) $\frac{5}{6} : \frac{1}{3}$ $\frac{1}{3} : \frac{5}{6}$
   c) $\frac{5}{6} + \frac{1}{3}$ $\frac{1}{3} + \frac{5}{6}$
   d) $(3,2 + 1,6) + 0,8$ $3,2 + (1,6 + 0,8)$
   e) $(3,2 - 1,6) - 0,8$ $3,2 - (1,6 - 0,8)$
   f) $(3,2 - 1,6) \cdot 0,8$ $3,2 \cdot (1,6 \cdot 0,8)$

Weiterführende Aufgaben

10. Berechne. Gib an, welche Regeln oder Gesetze du anwendest.
    a) $2 \cdot \left(\frac{1}{2} - \frac{1}{3}\right)$
    b) $\frac{5}{6} \cdot \frac{4}{5} + \frac{5}{6} \cdot \frac{4}{5}$
    c) $\frac{13}{18} + \frac{11}{20} + \frac{7}{9}$
    d) $14 \cdot \frac{44}{3} \cdot \frac{6}{22}$
    e) $2 - 1,3 - 0,3$
    f) $5,6 + 2,8 : 2$
    g) $0,37 + 3,8 + 0,63$
    h) $4,7 \cdot 2,5 \cdot 0,4$

11. Stolperstelle: Erläutere Tanjas Fehler und korrigiere sie.

a) $\frac{1}{2} + \frac{1}{2} \cdot 3 = 1 \cdot 3 = 3$
b) $\frac{7}{8} - \left(\frac{3}{8} + \frac{1}{4}\right) = \frac{4}{8} + \frac{1}{4} = \frac{3}{4}$
c) $9 - 5{,}7 - 1{,}7 = 9 - 4 = 5$
d) $5 : 2 : 0{,}2 = 5 : (2 : 0{,}2) = 5 : 10 = 0{,}5$

12. Schreibe als Rechenausdruck und berechne.
a) Multipliziere $\frac{12}{13}$ mit der Summe der Zahlen von $\frac{1}{6}$ und $\frac{1}{4}$.
b) Addiere das Produkt von 0,3 und 7 zum Produkt von 8 und 0,01.
c) Multipliziere die Differenz von 1 und 0,5 mit ihrer Summe.

13. Gib den Rechenausdruck mit Worten an wie in Aufgabe 12 und berechne.
a) $\left(\frac{4}{5} - \frac{7}{10}\right) \cdot \frac{1}{2}$
b) $19 : (0{,}6 + 1{,}3)$
c) $3 \cdot 0{,}75 + 2 \cdot 0{,}49$

Hinweis zu 14:
Hier findest du die Lösungen.

14. Berechne. Beachte die Vorrangregeln.
a) $\frac{9}{40} - \frac{1}{20} + \frac{2}{5} \cdot \frac{3}{4}$
b) $2\frac{1}{4} + 3 \cdot \left(3\frac{1}{2} - 2\right)$
c) $\left(1 + 1\frac{1}{3}\right) \cdot \left(12 - 1\frac{2}{9} \cdot 9\right)$
d) $3{,}5 - 25 : 10 + 0{,}05$
e) $(0{,}1 + 1) \cdot 6 - 1{,}9$
f) $(0{,}3 + 0{,}2 \cdot 4) - (0{,}6 + 0{,}4)$

15. Der Pilotfilm einer Fernsehserie dauert eineinhalb Stunden. Jede der anschließenden 30 Folgen dauert eine Dreiviertelstunde. Wie lang ist die Serie insgesamt? Schreibe einen passenden Rechenausdruck auf und berechne.

16. Benjamin kauft einen Collegeblock für 2,70 €, zwei Bleistifte für je 0,99 € und einen Radiergummi für 1,30 €. Er zahlt mit einem 10-€-Schein. Schreibe für das Wechselgeld, das er zurückbekommt, einen passenden Rechenausdruck auf und berechne ihn vorteilhaft.

17. a) Berechne auf zwei Arten. Wandle in Brüche oder in Dezimalzahlen um.
Beispiel: $\frac{1}{2} \cdot 0{,}2 = \frac{1}{2} \cdot \frac{1}{5} = \frac{1}{10}$ oder $\frac{1}{2} \cdot 0{,}2 = 0{,}5 \cdot 0{,}2 = 0{,}1$

① $\frac{3}{8} + 0{,}25$ ② $5{,}73 - \frac{11}{2}$ ③ $1{,}2 \cdot \frac{6}{5}$ ④ $\frac{1}{8} : 0{,}1$ ⑤ $2\frac{1}{2} + 8{,}5$

b) Berechne. Entscheide, ob du mit Brüchen oder Dezimalzahlen rechnest, und begründe.

① $6{,}6 + \frac{7}{2}$ ② $0{,}4 - \frac{1}{16}$ ③ $0{,}01 \cdot \frac{27}{40}$ ④ $2{,}5 : \frac{1}{4}$ ⑤ $2{,}6 + 3\frac{1}{4}$

18. Lara möchte $0{,}7 \cdot \frac{1}{3}$ berechnen und weiß nicht weiter: $0{,}7 \cdot \frac{1}{3} = 0{,}7 \cdot 0{,}3333 \ldots$
a) Erläutere, warum der Rechenweg von Lara nicht funktioniert.
b) Wähle einen anderen Rechenweg und berechne das Ergebnis.
c) Rechne mit Dezimalzahlen, wenn die Brüche bei der Umwandlung abbrechende Dezimalzahlen ergeben. Rechne in den anderen Fällen mit Brüchen

① $\frac{2}{3} + 1{,}8$ ② $\frac{9}{4} - 0{,}14$ ③ $\frac{1}{6} \cdot 0{,}8$ ④ $1{,}5 : \frac{7}{15}$ ⑤ $\frac{11}{50} + 1{,}2$

19. Tobias mischt in einem Gefäß $\frac{3}{4}$ ℓ Kirschsaft und 0,7 ℓ Bananensaft. Wie viele 0,2-ℓ-Gläser kann er damit füllen?

20. Ausblick: Berechne geschickt. Achte auf Rechenregeln und Rechengesetze.
a) $0{,}25 : \left(\frac{1}{4} + 0{,}75\right)$
b) $0{,}5 \cdot \frac{3}{4} \cdot 0{,}4$
c) $\frac{3}{4} + 0{,}125 - \frac{1}{8}$
d) $\frac{5}{3} \cdot \left[\frac{11}{10} - (3{,}1 - 2{,}9)\right]$
e) $5{,}5 + 3\frac{4}{5} + \frac{9}{2} + 6{,}2$
f) $3\frac{1}{4} - 0{,}75 \cdot \frac{1}{16}$
g) $1{,}2 - \frac{2}{3} - 0{,}05$
h) $2{,}5 - \left(0{,}75 - \frac{7}{12}\right) \cdot 10$

4.9 Ausmultiplizieren und Ausklammern

■ Vervollständige die Rechnungen im Heft.
Multipliziere bei b) und c) aus wie in a). ■

a) $3 \cdot (10 + 2) = 3 \cdot 10 + 3 \cdot 2 = ...$
b) $30 \cdot \left(\frac{1}{6} + \frac{2}{5}\right) = ...$
c) $0{,}7 \cdot (20 - 1) = ...$

Beim **Ausmultiplizieren** wendet man das Distributivgesetz an.

$4 \cdot (3 + 2) = 4 \cdot 3 + 4 \cdot 2$ $6 \cdot (8 - 5) = 6 \cdot 8 - 6 \cdot 5$

Beim **Ausklammern** wendet man das Distributivgesetz in umgekehrter Richtung an.

$4 \cdot 3 + 4 \cdot 2 = 4 \cdot (3 + 2)$ $6 \cdot 8 - 6 \cdot 5 = 6 \cdot (8 - 5)$

Das Distributivgesetz gilt auch beim Rechnen mit Brüchen und Dezimalzahlen.

Basisaufgaben

1. Multipliziere aus und berechne.
   a) $\frac{1}{2} \cdot (66 + 88)$ b) $\frac{1}{10} \cdot (360 - 190)$ c) $28 \cdot \left(\frac{11}{14} - \frac{3}{7}\right)$ d) $\left(\frac{5}{3} + \frac{1}{2}\right) \cdot \frac{6}{5}$
   e) $0{,}2 \cdot (70 + 8)$ f) $(9 - 0{,}4) \cdot 5$ g) $1{,}1 \cdot (300 - 5)$ h) $(10 + 0{,}3) \cdot 0{,}3$

2. Führe beide Rechnungen im Heft zu Ende und vergleiche die Rechenwege.
   Welcher Rechenweg fällt dir leichter? Begründe.
   a) $\frac{2}{7} \cdot \left(\frac{5}{8} - \frac{1}{8}\right) = \frac{2}{7} \cdot \frac{5}{8} - \frac{2}{7} \cdot \frac{1}{8} = ...$ $\frac{2}{7} \cdot \left(\frac{5}{8} - \frac{1}{8}\right) = \frac{2}{7} \cdot \frac{4}{8} = ...$
   b) $24 \cdot \left(\frac{1}{3} + \frac{1}{4}\right) = 24 \cdot \frac{1}{3} + 24 \cdot \frac{1}{4} = ...$ $24 \cdot \left(\frac{1}{3} + \frac{1}{4}\right) = 24 \cdot \left(\frac{4}{12} + \frac{3}{12}\right) = ...$
   c) $1{,}9 \cdot (10 - 1) = 1{,}9 \cdot 10 - 1{,}9 \cdot 1 = ...$ $1{,}9 \cdot (10 - 1) = 1{,}9 \cdot 9 = ...$
   d) $4 \cdot (1{,}3 + 1{,}7) = 4 \cdot 1{,}3 + 4 \cdot 1{,}7 = ...$ $4 \cdot (1{,}3 + 1{,}7) = 4 \cdot 3 = ...$

3. Entscheide, ob Ausmultiplizieren vorteilhaft ist, und berechne.
   a) $11 \cdot \left(\frac{17}{20} + \frac{13}{20}\right)$ b) $\frac{1}{9} \cdot \left(\frac{9}{4} + \frac{9}{2}\right)$ c) $2{,}8 \cdot (6 + 4)$ d) $100 \cdot (0{,}8 - 0{,}23)$

4. Klammere aus und berechne.
   a) $7 \cdot \frac{1}{4} + 7 \cdot \frac{11}{4}$ b) $\frac{8}{7} \cdot 19 - \frac{1}{7} \cdot 19$ c) $\frac{2}{5} \cdot 33 - \frac{2}{5} \cdot 13$ d) $\frac{3}{4} \cdot \frac{7}{6} + \frac{3}{4} \cdot \frac{5}{6}$
   e) $9 \cdot 1{,}4 + 9 \cdot 1{,}6$ f) $7 \cdot 2{,}3 - 7 \cdot 0{,}3$ g) $48 \cdot 0{,}6 - 8 \cdot 0{,}6$ h) $0{,}7 \cdot 0{,}8 + 0{,}7 \cdot 0{,}2$

   Hinweis zu 4:
   Hier findest du die Lösungen.

5. Führe beide Rechnungen im Heft zu Ende und vergleiche die Rechenwege.
   Welcher Rechenweg fällt dir leichter? Begründe.
   a) $30 \cdot \frac{1}{20} + 30 \cdot \frac{1}{6} = 30 \cdot \left(\frac{1}{20} + \frac{1}{6}\right) = ...$ $30 \cdot \frac{1}{20} + 30 \cdot \frac{1}{6} = \frac{30}{20} + \frac{30}{6} = ...$
   b) $\frac{7}{9} \cdot \frac{14}{3} - \frac{7}{9} \cdot \frac{11}{3} = \frac{7}{9} \cdot \left(\frac{14}{3} - \frac{11}{3}\right) = ...$ $\frac{7}{9} \cdot \frac{14}{3} - \frac{7}{9} \cdot \frac{11}{3} = \frac{98}{27} - \frac{77}{27} = ...$
   c) $0{,}4 \cdot 20 + 0{,}4 \cdot 8 = 0{,}4 \cdot (20 + 8) = ...$ $0{,}4 \cdot 20 + 0{,}4 \cdot 8 = 8 + 3{,}2 = ...$
   d) $1{,}2 \cdot 13 - 1{,}2 \cdot 3 = 1{,}2 \cdot (13 - 3) = ...$ $1{,}2 \cdot 13 - 1{,}2 \cdot 3 = 15{,}6 - 3{,}6 = ...$

6. Entscheide, ob Ausklammern vorteilhaft ist, und berechne.
   a) $\frac{1}{4} \cdot 136 - \frac{1}{4} \cdot 96$ b) $\frac{3}{2} \cdot \frac{2}{3} + \frac{3}{2} \cdot \frac{1}{6}$ c) $15 \cdot 4 - 15 \cdot 0{,}2$ d) $3 \cdot 1{,}15 + 3 \cdot 0{,}85$

Weiterführende Aufgaben

7. Berechne geschickt. Ist es sinnvoll das Distributivgesetz anzuwenden?
   a) $\frac{5}{6} \cdot 90 - \frac{5}{6} \cdot 84$
   b) $\frac{4}{3} \cdot \left(\frac{9}{20} + \frac{11}{20}\right)$
   c) $\frac{19}{40} \cdot 18 + \frac{21}{40} \cdot 18$
   d) $100 \cdot \left(\frac{7}{100} + 0{,}9\right)$
   e) $4 \cdot (5{,}3 - 1{,}3)$
   f) $3 \cdot 0{,}75 + 7 \cdot 0{,}75$
   g) $(40 - 2) \cdot 0{,}8$
   h) $7 \cdot 1{,}1 + 7 \cdot 1{,}1$

8. Berechne, indem du das Distributivgesetz für die Division anwendest.
   Beispiel: $\left(\frac{9}{2} - \frac{9}{4}\right) : 9 = \frac{9}{2} : 9 - \frac{9}{4} : 9 = \frac{1}{2} - \frac{1}{4} = \frac{1}{4}$
   a) $\left(\frac{5}{3} + \frac{25}{6}\right) : 5$
   b) $\left(8 - \frac{47}{10}\right) : \frac{1}{10}$
   c) $(120 - 2{,}4) : 12$
   d) $(0{,}8 + 16) : 0{,}8$

9. **Stolperstelle:** Sina behauptet: „Bei der Division gilt das Distributivgesetz, wenn man die Klammer durch die Zahl teilt, aber nicht, wenn man die Zahl durch die Klammer teilt."
   Hat Sina recht? Überprüfe, indem du folgende Rechenausdrücke berechnest:
   ① $(2 + 0{,}5) : 10$ und $2 : 10 + 0{,}5 : 10$
   ② $10 : (2 + 0{,}5)$ und $10 : 2 + 10 : 0{,}5$

10. Übertrage die Rechenbäume in dein Heft.

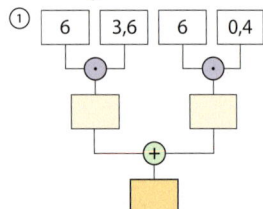
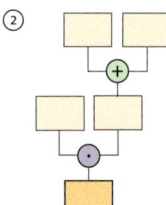

   a) Vervollständige den Rechenbaum ①. Notiere die zugehörige Aufgabe.
   b) Forme die Aufgabe aus a) nach dem Distributivgesetz um. Trage sie dann in den Rechenbaum ② ein und vervollständige ihn.

11. Welche Rechenausdrücke haben das gleiche Ergebnis wie $9 \cdot (4 + 0{,}9)$?
    Entscheide ohne zu rechnen.

$9 \cdot 4 + 0{,}9$	$0{,}9 \cdot 9 + 4 \cdot 9$	$(4 + 0{,}9) \cdot 9$	$9 \cdot 4 + 9 \cdot 0{,}9$
$(0{,}9 + 4) \cdot 9$	$(9 + 4) \cdot (9 + 0{,}9)$	$9 \cdot 0{,}9 + 4 \cdot 0{,}9$	$9 \cdot 0{,}9 + 4 \cdot 9$

12. In einem Zirkus gibt es 300 Plätze zum Preis von 8,50 € und 300 Plätze zum Preis von 6,50 €. Wie viel Euro nimmt der Zirkus ein, wenn eine Vorstellung ausverkauft ist? Schreibe einen passenden Rechenausdruck auf und berechne ihn vorteilhaft.

13. Ben erhält jeden Monat von seinen Eltern 20 € und von seinem Opa 2,50 € Taschengeld.
    a) Mit welchen der Rechenausdrücke kann Ben sein jährliches Taschengeld berechnen?
       ① $12 \cdot (20 + 2{,}5)$ ② $20 + 2{,}50 \cdot 12$ ③ $12 \cdot 20 + 12 \cdot 2{,}5$ ④ $(2{,}50 + 20) \cdot 12$
    b) Wie viel Taschengeld bekommt Ben im Jahr? Wie würdest du rechnen?

● 14. **Ausblick:** Zerlege einen Faktor geschickt in eine Summe oder Differenz und berechne.
    Beispiel: $22 \cdot 3{,}1 = 22 \cdot (3 + 0{,}1) = 22 \cdot 3 + 22 \cdot 0{,}1 = 66 + 2{,}2 = 68{,}2$
    a) $40 \cdot 7{,}2$
    b) $0{,}9 \cdot 67$
    c) $29 \cdot 2{,}5$
    d) $0{,}27 \cdot 2{,}1$
    e) $0{,}11 \cdot 245$

4.10 Vermischte Aufgaben

1. Übertrage in dein Heft und setze für ■ das Zeichen < oder > ein.
   a) $\frac{1}{3}+\frac{5}{6}$ ■ $\frac{1}{2}\cdot\frac{3}{4}$
   b) $\frac{2}{6}\cdot\frac{9}{5}$ ■ $\frac{7}{8}+\frac{2}{4}$
   c) $\frac{8}{5}:\frac{7}{9}$ ■ $\frac{8}{15}-\frac{2}{5}$
   d) $\frac{13}{17}\cdot\frac{34}{49}$ ■ $\frac{8}{5}-\frac{9}{25}$

2. Berechne.
   a) $4{,}132 \cdot 10$
   b) $19{,}312 \cdot 100$
   c) $42{,}723 \cdot 1\,000$
   d) $0{,}312 \cdot 10$
   e) $942{,}31 : 10$
   f) $9{,}112 : 100$
   g) $0{,}125 : 1\,000$
   h) $100 : 10\,000$

3. Berechne zunächst die Aufgaben in der linken Spalte schriftlich. Ordne dann, ohne zu rechnen, jeder Aufgabe in der linken Spalte die Aufgabe in der rechten Spalte zu, die das gleiche Ergebnis hat.

   a) 1,5 · 30   58,7 · 1,04   b) 800 : 3,2   8,7 : 3
       2,7 · 1,9   0,34 · 93   81 : 2,7   80 : 0,32
       3,4 · 9,3   19 · 0,27   870 : 300   910 : 260
       5,87 · 10,4   132,3 · 0,36   54 : 2,4   810 : 27
       13,23 · 3,6   0,3 · 150   91 : 26   5,4 : 0,24

4. Übertrage in dein Heft und setze im Dividenden das Komma so, dass das Ergebnis stimmt.
   a) $342 : 12 = 2{,}85$
   b) $441 : 7 = 6{,}3$
   c) $132 : 1{,}1 = 12$
   d) $2912 : 3{,}2 = 9{,}1$

5. Stelle einen Term auf und bestimme die fehlende Zahl.
   a) Der Quotient aus einer Zahl und 1,4 ergibt 1,6.
   b) Der Dividend ist 1,3 und der Wert des Quotienten ist 1,6.
   c) Der Divisor ist 2,7 und der Dividend ist 17,55.
   d) Der Quotient aus einer Zahl und 2,7 ist gleich dem Produkt der Zahlen 3 und 3,24.
   e) Entwickle selbst drei verschiedene Aufgaben. Tausche mit deinem Nachbarn und überprüfe dann die Lösung.

6. Ist die Aussage beim Rechnen mit Dezimalzahlen richtig oder falsch? Begründe.
   a) Wenn der Dividend verdoppelt wird, so verdoppelt sich der Wert des Quotienten.
   b) Wenn das Komma beim Dividenden um eine Stelle nach rechts und beim Divisor um eine Stelle nach links verschoben wird, so vergrößert sich das Ergebnis um den Faktor 100.
   c) Wenn beide Faktoren verdoppelt werden, so verdoppelt sich der Wert des Produkts.
   d) Wenn bei einem Faktor das Komma um eine Stelle nach links verschoben wird, dann wird das Komma im Ergebnis ebenfalls um eine Stelle nach links verschoben.
   e) Wenn ein Faktor halbiert und der andere verdoppelt wird, so ändert sich der Wert des Produkts nicht.

   Tipp zu 6:
   Bei falschen Aussagen genügt ein Gegenbeispiel, bei richtigen Aussagen musst du argumentieren.

7. Übertrage in dein Heft. Ersetze die Leerstellen ■ durch eine Ziffer und setze im zweiten Faktor ein Komma, damit die Rechnung stimmt.

   a) 2,3 4 · ■ 4
       ─────────
       1 1 7 0
         9 3 6
       ─────────
       ■ ■ , ■ 3 6

   b) 6 8,9 · ■ ■ 7
       ─────────
           ■ ■ 9
         4 8 2 3
       ─────────
       1 1, 7 1 3

   c) 1 7 6 · 0 ■ 2 ■
       ─────────
             3 5 ■
             5 ■ ■
       ─────────
         4, 0 4 8

8. Die Schüler der Klasse 6b sollen die Längen 1,18 m und 5 dm addieren und das Ergebnis auf eine Nachkommastelle runden. Es gibt folgende Ergebnisse.
   Sven: *16,8 dm*   Nina: *1,7 m*   Sandra: *168,0 cm*
   Erläutere, wie die Schüler gerechnet haben könnten. Wer hat deiner Meinung nach das richtige Ergebnis?

9. Janas Schulweg ist 1,5 km lang. Lukas muss $\frac{7}{5}$-mal so weit fahren wie Jana und Sebastian wohnt 750 m weiter weg als Lukas. Anna hat den weitesten Weg, sie muss das $\frac{4}{3}$-fache von Sebastians Weg zurücklegen. Wie lang sind die Schulwege von Lukas, Sebastian und Anna?

10. Lisa möchte ihrer Mutter einen Blumenstrauß für ungefähr 7 € schenken. Eine Rose kostet 0,80 €, eine Tulpe 0,50 € und eine Nelke 0,40 €. Der Blumenstrauß soll zu $\frac{1}{3}$ aus Rosen und zu $\frac{1}{4}$ aus Nelken bestehen. Der Rest wird mit Tulpen aufgefüllt. Wie viele Rosen, Tulpen und Nelken kauft Lisa?

11. Leon und Lucas haben sich $\frac{1}{3}$ der Familienpizza genommen. Die Mutter der Zwillinge, beide Großelternpaare und eine Uroma wollen den Rest gleichmäßig untereinander aufteilen.
    a) Welchen Anteil erhält jeder der anderen? Erstelle eine zeichnerische Lösung.
    b) Gib einen rechnerischen Lösungsweg an.
    c) Haben Leon und Lucas jeweils mehr als die anderen Familienmitglieder gegessen?
    d) Wie viel von der ganzen Pizza hätten die Zwillinge essen dürfen, damit eine gerechte Teilung möglich gewesen wäre?

12. Eine $\frac{3}{4}$-ℓ-Flasche ist halb mit Apfelsaft gefüllt. In einer 2-ℓ-Kanne sind $\frac{5}{4}$ ℓ Apfelsaft mit $\frac{1}{4}$ ℓ Wasser gemischt. In die Kanne wird der Saft aus der Flasche gegossen und mit Wasser aufgefüllt. Wie hoch ist der Wasseranteil?

13. Bei einem Sponsorenlauf startet Julia mit drei Sponsoren. Pro gelaufener Runde erhält sie vom ersten Sponsor 1,50 €, vom zweiten Sponsor 0,80 € und vom dritten Sponsor 3,50 €. Sie läuft insgesamt 10 Runden. Welchen Betrag erhält sie insgesamt von ihren Sponsoren?

14. Timo möchte einen Obstsalat für die ganze Familie zubereiten. Im Supermarkt sind alle Preise pro kg angegeben. Überschlage, was der Obstsalat insgesamt kostet. Berechne dann den Gesamtpreis und den Preis pro Portion.

Obstsalat (4 Portionen)
2 Bananen (150 g)
2 Orangen (ca. 300 g)
300 g Weintrauben
200 g Erdbeeren
etwas Vanillezucker

Preise:	
Bananen	1,59 €/kg
Orangen	2,29 €/kg
Weintrauben	1,99 €/kg
Erdbeeren	5,99 €/kg
Päckchen Vanillezucker	0,95 €

15. Berechne für jede Wurstsorte den Preis pro 100 g.

Name	Packungsgröße	Preis
Edelsalami	200 g	1,29 €
Salami extra frisch	75 g	1,59 €
geräucherte Salami	150 g	1,49 €
Mortadella	125 g	1,69 €
Schinkenwurst extra fein	80 g	1,19 €
Schinkenwurst extra fein Vorratspackung	200 g	2,95 €

4.10 Vermischte Aufgaben

16. Auf vielen Nahrungsmittelverpackungen sind die Nährwerte pro Portion angegeben.
    a) kJ (Kilojoule) ist die Einheit des Energiegehalts. Im Alltag ist auch die Einheit kcal (Kilokalorien) gebräuchlich, es gilt 1 kcal ≈ 4,2 kJ. Wie viel kcal enthalten drei Schokowaffeln? Runde auf Ganze.
    b) Berechne den Energiegehalt in kJ und in kcal sowie die Zucker- und Fettmenge von 100 g Schokowaffeln.

17. Jan möchte Himbeereis herstellen. Im Internet findet er ein Rezept.
    - Berechne, wie viel eine Portion wiegt. Gib in Kilogramm und Gramm an.
    - Berechne die Zutatenmengen für eine Person. Runde auf ganze Gramm.
    - Wie teuer sind die 6 Portionen, wenn 1 kg Himbeeren 7,90 €, 1 kg Zucker 0,88 € und 1 kg Joghurt 1,40 € kosten?
    - Jans Freund Niko findet die Portionen zu klein. Er schlägt die 1,5-fache Menge pro Portion vor. Wie viele Portionen ergeben dann die Zutaten aus dem Rezept?
    - Suche im Internet ein Eisrezept für deine Lieblingssorte. Was würden die Zutaten insgesamt kosten, wenn du dieses Eis für deine ganze Klasse herstellen würdest?

18. Kirsten hat noch 3,85 € im Portemonnaie. Sie kauft für sich und jede ihrer Freundinnen jeweils einen Schokoriegel für 0,60 €. Ihr Geld reicht nicht mehr, um auch ihrer kleinen Schwester Marie noch einen Schokoriegel mitzubringen. Mit wie vielen Freundinnen ist Kirsten unterwegs?

19. An einem 7,3 m langen Zaunabschnitt soll alle 0,65 m ein Haselnussstrauch eingepflanzt werden. Wie viele Sträucher werden benötigt? Runde sinnvoll.

20. Berechne. Beachte gegebenenfalls die Klammern.
    a) $\frac{2}{7} \cdot \frac{3}{14} \cdot \frac{15}{21}$
    b) $\frac{2}{7} : \left(\frac{3}{14} \cdot \frac{15}{21}\right)$
    c) $\frac{3}{4} \cdot \frac{12}{5} \cdot \frac{1}{10}$
    d) $\frac{3}{4} : \left(\frac{12}{5} \cdot \frac{1}{10}\right)$

21. Berechne vorteilhaft.
    a) $\frac{5}{7} \cdot \left(\frac{1}{3} + \frac{4}{9}\right)$
    b) $\frac{8}{3} \cdot \left(\frac{3}{8} + \frac{3}{11}\right)$
    c) $\frac{4}{5} \cdot \frac{5}{8} + \frac{4}{5} \cdot \frac{15}{4}$
    d) $\frac{2}{5} \cdot \frac{9}{7} - \frac{2}{5} \cdot \frac{2}{7}$
    e) $\frac{4}{9} \cdot \left(\frac{2}{5} + \frac{1}{10}\right)$
    f) $\frac{63}{11} \cdot \left(\frac{8}{9} - \frac{7}{9}\right)$
    g) $\frac{15}{38} \cdot \frac{2}{3} + \frac{15}{38} \cdot \frac{3}{5}$
    h) $\frac{9}{16} \cdot \frac{8}{15} - \frac{3}{25} \cdot \frac{5}{12}$

22. Berechne. Nutze Rechenvorteile.
    a) $2 \cdot 7,8 \cdot 0,5$
    b) $0,4 \cdot 7,93 \cdot 25$
    c) $0,2 \cdot 1,98 \cdot 0,5$
    d) $8 \cdot 23,87 \cdot 1,25$

23. Überschlage zunächst, berechne dann möglichst geschickt.
    a) $0,56 \cdot 2,37 + 0,56 \cdot 4,63$
    b) $0,72 : 0,8 + 0,08 : 0,8$
    c) $5 \cdot 2,22 \cdot 3,6$
    d) $9,87 + 9,87 \cdot 3 + 9,87 \cdot 5 + 9,87 - 4 \cdot 9,87$
    e) $73 - 7 \cdot (8,7 : 2)$
    f) $78,345 \cdot 100 - 12,7 \cdot 10$

Prüfe dein neues Fundament
5. Multiplizieren und dividieren

Lösungen ↗ S. 215

1. Berechne. Kürze das Ergebnis – falls möglich.
   a) $3 \cdot \frac{3}{4}$ b) $\frac{5}{12} \cdot 6$ c) $4 \cdot \frac{3}{8}$ d) $\frac{8}{3} : 2$ e) $\frac{5}{6} : 6$

2. Berechne.
   a) $\frac{1}{10} \cdot \frac{1}{4}$ b) $\frac{5}{8} \cdot \frac{1}{3}$ c) $\frac{3}{5} \cdot \frac{2}{7}$ d) $\frac{3}{5} : \frac{1}{2}$ e) $\frac{9}{10} : \frac{10}{7}$

3. Kürze geschickt und berechne dann.
   a) $\frac{2}{3} \cdot \frac{9}{8}$ b) $\frac{7}{12} \cdot \frac{24}{7}$ c) $\frac{5}{9} \cdot \frac{36}{55}$ d) $\frac{7}{50} \cdot 75$ e) $\frac{14}{27} \cdot \frac{18}{35}$
   f) $\frac{5}{6} : \frac{10}{3}$ g) $\frac{1}{16} : \frac{5}{8}$ h) $\frac{7}{9} : 14$ i) $20 : \frac{10}{21}$ j) $\frac{40}{9} : \frac{25}{6}$

4. Berechne den Anteil.
   a) $\frac{1}{3}$ von $\frac{3}{5}$ b) $\frac{3}{7}$ von $\frac{4}{9}$ c) $\frac{1}{2}$ von $\frac{1}{10}$ kg   d) $\frac{1}{3}$ von $\frac{3}{4}$ mm   e) $\frac{2}{5}$ von $1\frac{1}{2}$ ℓ

5. Die Hälfte der Schüler in der Klasse 6d spielt gerne Fußball, ein Drittel davon sogar im Verein.
   a) Bestimme den Anteil der Vereinsspieler in der Klasse.
   b) Wie viele Kinder sind das, wenn 24 Schüler in der Klasse sind?

6. Berechne.
   a) $5 \cdot 1\frac{2}{3}$ b) $2\frac{3}{4} \cdot 3\frac{1}{2}$ c) $5\frac{1}{2} : 10$ d) $30 : 1\frac{1}{3}$ e) $2\frac{2}{5} : \frac{4}{5}$

7. Sylvana nimmt jeden Tag eine halbe Tablette. In der Packung sind 20 Tabletten. Wie viele Tage reichen diese Tabletten?

8. Nina, Kathrin und Mathias unterhalten sich darüber, wie lange sie jeweils pro Woche im Internet „surfen". Nina ist pro Woche fünfmal eine halbe Stunde im Internet, Kathrin dreimal eine Dreiviertelstunde und Mathias an jedem Tag der Woche eine Viertelstunde. Wer verbringt in einer Woche die meiste Zeit mit dem „Surfen" im Internet?

9. Rechne in die angegebene Einheit um.
   a) 7261 m in km   b) 212,3 mm in cm   c) 1,75 dm in cm   d) 23,92 kg in g

10. Multipliziere die Zahl mit 100 und dividiere sie durch 100.
    a) 0,033   b) 1,562   c) 0,862   d) 13,9   e) 440,8

11. Berechne im Kopf.
    a) $0,2 \cdot 8$ b) $3 \cdot 2,3$ c) $0,7 \cdot 0,9$ d) $1,25 \cdot 4$ e) $0,8 \cdot 0,05$
    f) $1,8 : 6$ g) $2 : 5$ h) $3,3 : 1,1$ i) $0,4 : 20$ j) $7 : 0,07$

12. Führe eine Überschlagsrechnung durch. Berechne anschließend schriftlich.
    a) $2,6 \cdot 1,7$ b) $3,45 \cdot 2,1$ c) $6,2 \cdot 0,17$ d) $9,5 \cdot 5,12$ e) $15,15 \cdot 10,51$
    f) $23,2 : 4$ g) $45,95 : 5$ h) $13,2 : 1,1$ i) $43 : 0,8$ j) $27,12 : 1,2$

Prüfe dein neues Fundament

13. Übertrage ins Heft und setze für ■ die fehlende Zahl ein.
  a) 0,35 · ■ = 350
  b) ■ · 100 = 0,6
  c) 5 · ■ = 0,5
  d) ■ · 7 = 2,1
  e) 1,2 : ■ = 0,12
  f) ■ : 1000 = 27,2
  h) 8 : ■ = 80
  h) ■ : 2 = 0,3

14. Der höchste Kurswert des Euro im Jahr 2016 betrug etwa 1,16 US-Dollar. Wie viel Dollar entsprachen damals 200 €?

15. Bei einem Marathon müssen Läufer etwa 42,2 km laufen. Ein guter Läufer schafft die Strecke in zweieinhalb Stunden. Wie hoch ist seine durchschnittliche Geschwindigkeit? Runde auf ganze Kilometer pro Stunde.

16. Schreibe als Rechenausdruck und berechne.
  a) Dividiere 9 durch die Summe aus $\frac{3}{5}$ und $\frac{3}{10}$.
  b) Multipliziere die Summe von 0,1 und 0,05 mit der Differenz von 2 und 1,6.

17. Berechne. Beachte die Vorrangregeln.
  a) $\frac{1}{6} + 5 \cdot \frac{2}{3}$
  b) $\left(\frac{2}{5} + \frac{1}{5}\right) : \frac{1}{5}$
  c) 14 − 3,6 + 6,4
  d) 1,2 + (2 − 0,2) · 0,1

18. Berechne vorteilhaft durch Nutzung der Rechengesetze.
  a) $\frac{5}{27} + \frac{1}{12} + \frac{4}{27}$
  b) 1,91 + 8,7 + 2,09
  c) $\frac{5}{4} \cdot \frac{3}{13} \cdot \frac{4}{5}$
  d) 25 · 3,3 · 0,4
  e) $\frac{1}{3} \cdot (66 + 93)$
  f) 0,4 · (70 − 4)
  g) $9 \cdot \frac{17}{40} - 9 \cdot \frac{13}{40}$
  h) 25 · 4,4 + 25 · 0,6

Wiederholungsaufgaben

1. Bei welchen Figuren handelt es sich um Quadernetze?

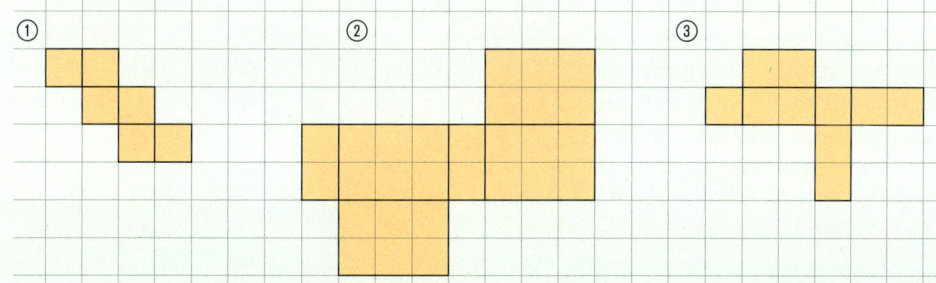

2. Eine Karte hat den Maßstab 1 : 50 000. Anna misst mit dem Lineal eine Entfernung. Wie viel Meter in der Wirklichkeit entsprechen 12 cm auf der Karte?

3. Ein Lkw-Fahrer hat sein Fahrzeug so eingestellt, dass er konstant 80 $\frac{km}{h}$ fährt.
  a) Wie weit ist der Lkw nach einer halben Stunde gekommen?
  b) Wie lange braucht der Lkw im Idealfall für 200 km?

4. a) Wie viele Kästchen des Quadrats rechts muss man schraffieren, um 75 % darzustellen?
  b) Welcher Anteil wird dargestellt, wenn 6 Kästchen schraffiert sind?

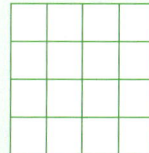

Zusammenfassung

4. Brüche und Dezimalzahlen multiplizieren und dividieren

Brüche vervielfachen und teilen	Ein Bruch wird mit einer natürlichen Zahl multipliziert, indem **der Zähler mit der natürlichen Zahl multipliziert** wird. Der Nenner bleibt unverändert.	$\frac{3}{7} \cdot 2 = \frac{3 \cdot 2}{7} = \frac{6}{7}$
	Ein Bruch wir durch eine natürliche Zahl dividiert, indem **der Nenner mit der natürlichen Zahl multipliziert** wird. Der Zähler bleibt unverändert.	$\frac{4}{5} : 3 = \frac{4}{5 \cdot 3} = \frac{4}{15}$
Brüche multiplizieren	Zwei Brüche werden multipliziert, indem man **Zähler mit Zähler** und **Nenner mit Nenner** multipliziert.	$\frac{3}{4} \cdot \frac{5}{7} = \frac{3 \cdot 5}{4 \cdot 7} = \frac{15}{28}$
Brüche dividieren	Zwei Brüche werden dividiert, indem man den **ersten Bruch mit dem Kehrwert des zweiten Bruchs** multipliziert.	$\frac{3}{5} : \frac{2}{3} = \frac{3}{5} \cdot \frac{3}{2} = \frac{3 \cdot 3}{5 \cdot 2} = \frac{9}{10}$
Dezimalzahlen mit Zehnerpotenzen multiplizieren und dividieren	Beim Multiplizieren einer Dezimalzahl mit 10; 100; 1000; … wird das **Komma** um eine, zwei, drei, … Stellen **nach rechts** verschoben. Fehlende Nachkommastellen werden durch Nullen ergänzt.	2,53 · 10 = 25,3 2,53 · 100 = 253 2,53 · 1000 = 2530
	Beim Dividieren einer Dezimalzahl durch 10; 100; 1000; … wird das **Komma** um eine, zwei, drei, … Stellen **nach links** verschoben. Stehen vor dem Komma nicht genügend Ziffern, werden Nullen ergänzt.	17,53 : 10 = 1,753 17,53 : 100 = 0,1753 17,53 : 1000 = 0,017 53

Dezimalzahlen multiplizieren	Dezimalzahlen werden multipliziert, in dem zuerst die Zahlen multipliziert werden, ohne das Komma zu beachten. Das Komma wird anschließend so gesetzt, dass das **Ergebnis genauso viele Nachkommastellen hat wie die Faktoren zusammen**.	2,34 · 7,3 2,34 hat 2 Nachkommastellen.
		  1638 7,3 hat 1 Nachkommastelle.
		    702
		17,082
		
		Das Ergebnis hat 2 + 1 = 3 Nachkommastellen.

Dezimalzahlen durch eine natürliche Zahl dividieren	Eine Dezimalzahl lässt sich wie eine natürliche Zahl **stellenweise** durch eine natürliche Zahl **dividieren**. Überschreitet man bei der Dezimalzahl das Komma, setzt man auch im Ergebnis ein Komma.	69,2 : 4 = 17,3
		4
		29
		28
		  12
		  12
		   0

Dezimalzahlen dividieren	Zwei Dezimalzahlen werden dividiert, indem das **Komma** bei Dividend und Divisor **um gleich viele Stellen nach rechts verschoben** wird, sodass der Divisor eine natürliche Zahl wird. Anschließend wird durch die natürliche Zahl dividiert.	15,72 : 1,2 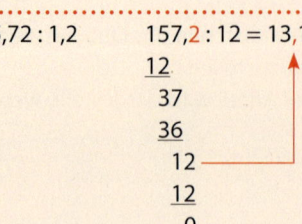

5. Ganze Zahlen

Beim Tauchen wird die Position in Metern mit dem Zusatz „unter der Meeresoberfläche" angegeben.
Neue Zahlen können Vergleiche oder Berechnungen vereinfachen.

Nach diesem Kapitel kannst du …
- Sachverhalte mit positiven und negativen Zahlen beschreiben,
- alle vier Quadranten des Koordinatensystems nutzen,
- ganze Zahlen ordnen und vergleichen,
- Zustandsänderungen berechnen.

Dein Fundament

5. Ganze Zahlen

Lösungen
S. 216

Zahlen auf einem Zahlenstrahl ablesen und markieren

1. a) Gib an, welche Zahlen markiert sind.

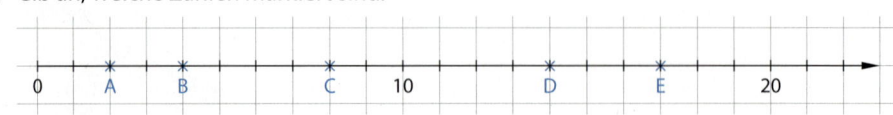

   b) Markiere auf einem Zahlenstrahl die Zahlen 18, 6 und 11.

Zahlen vergleichen und ordnen

2. Übertrage in dein Heft und ersetze ■ richtig durch >, < oder =.
   a) 181 ■ 179
   b) 1000 ■ 10^3
   c) 523 458 ■ 523 485

3. Ordne die Zahlen. Beginne mit der größten Zahl.
   13; 5; 75; 7; 11; 8462; 8468; 310 000; 8050; achttausendundfünf; 597

4. Gib die größte und die kleinste fünfstellige natürliche Zahl an, die man mit den Ziffern 5, 8, 3, 2 und 1 aufschreiben kann. Verwende jede der fünf Ziffern nur einmal.

5. Petra ist jünger als Tanja. Anton ist älter als Tanja. David ist jünger als Petra. Überprüfe, wer von den vier Kindern am ältesten und wer am jüngsten ist.

6. Übertrage in dein Heft und ersetze (wenn möglich) das Zeichen ■ so durch eine Ziffer, dass eine wahre Aussage entsteht.
   a) 9■6 > 986
   b) 4■1 < 409
   c) 88■ > 898
   d) 9■3 < 923

Koordinatensystem

7. Übertrage das Koordinatensystem mit den Punkten A, B und C in dein Heft.
   a) Gib die Koordinaten der Punkte A, B und C an.
   b) Zeichne einen Punkt D, sodass A, B, C und D Eckpunkte eines Quadrats sind.
   c) Schreibe die Koordinaten von D auf.
   d) Zeichne die Diagonalen des Quadrats ABCD und beschrifte ihren Schnittpunkt mit S.
   e) Gib die Koordinaten des Schnittpunktes S an.

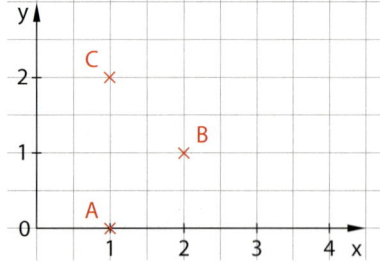

8. Markiere die Punkte A(1|1), B(5|3), C(4|1) und D(2|3) in einem geeigneten Koordinatensystem.
   a) Zeichne sowohl durch A und B als auch durch C und D eine Gerade.
   b) Gib die Koordinaten des Schnittpunktes P der beiden Geraden an.

9. Beschreibe die Lage aller Punkte im Koordinatensystem mit folgender Eigenschaft:
   a) Sie haben als x-Koordinate eine 3.
   b) Sie haben als y-Koordinate eine 2.

Dein Fundament

Natürliche Zahlen addieren und subtrahieren

10. Rechne möglichst vorteilhaft im Kopf.
    a) 18 + 47
    b) 35 − 18
    c) 249 + 101
    d) 219 − 20
    e) 14 + 29 + 16
    f) 39 + 12 + 28
    g) 139 + 201 − 40
    h) 3776 + 220 − 76

11. Übertrage die Gleichung ins Heft und ergänze (wenn möglich) zu einer wahren Aussage.
    a) 9 + ■ = 36
    b) ■ + 31 = 52
    c) 45 + ■ = 39
    d) 79 − ■ = 97
    e) 34 − ■ = 1
    f) ■ − 29 = 100
    g) ■ − 159 = 11
    h) ■ + 12 = 12

12. In der Abbildung ergibt sich die Zahl außerhalb des Dreiecks als Summe der beiden Zahlen, die im Dreieck an der Dreieckseite angegeben sind. Übertrage ins Heft und ergänze die fehlenden Zahlen.

    a)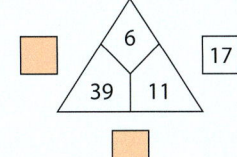
    b)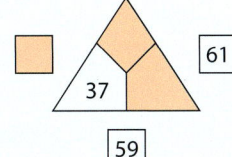
    c)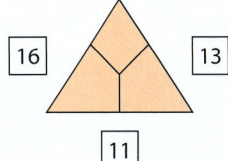

Natürliche Zahlen multiplizieren und dividieren

13. Rechne schriftlich. Führe zuerst eine Überschlagsrechnung durch.
    a) 295 · 21
    b) 109 · 32
    c) 5832 : 9
    d) 3650 : 25

14. Welche Ergebnisse sind falsch? Begründe mit einer Überschlagsrechnung.
    a) 489 · 4 = 19 956
    b) 2074 : 34 = 61
    c) 321 · 7 = 4077
    d) 2208 : 69 = 2

15. Berichtige die Fehler.
    a) 790 · 100 = 7900
    b) 112 · 6 = 662
    c) 107 · 4 = 408
    d) 29 · 7 = 143

Rechnen mit allen Grundrechenarten

16. Rechne möglichst vorteilhaft im Kopf.
    a) 90 · 70
    b) 14 · 11
    c) 4 · 23 · 25
    d) 5 · 0 · 20
    e) 2 · 112 · 5
    f) 4 + 7 · 8
    g) (4 + 7) · 8
    h) 6 · 3 + 6 · 7

17. Übertrage die Figur in dein Heft. Je drei nebeneinanderliegende Kästchen bilden eine Rechenaufgabe. Das Ergebnis steht im darüberliegenden Kästchen, zum Beispiel rechts unten: 3 − 2 = 1.

    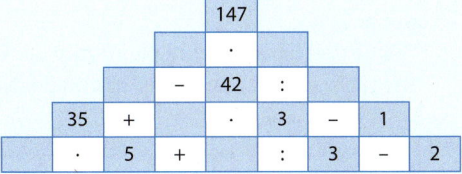

18. Berechne.
    a) 23 · 56 : 4 − 2
    b) 23 · 56 : (4 − 2)
    c) 23 − 56 : 4 − 2
    d) 23 + 56 · 4 − 2

5.1 Negative Zahlen – Zahlengerade

■ Das Außenthermometer zeigt alle Zahlen zweimal an und dennoch bedeuten sie Unterschiedliches. Erkläre dies an der roten 20 und an der blauen 20.
Wie lauten die beiden Temperaturangaben? ■

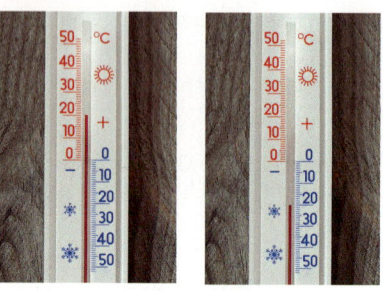

Hinweis:
Die Zahl Null hat kein Vorzeichen, sie ist weder positiv noch negativ.

Temperaturen, die kälter sind als 0 °C, werden bei uns mit negativen Zahlen angegeben. **Negative Zahlen** (–1, –2, –3, …) haben das **Vorzeichen** „–". Bei positiven Zahlen kann man das Vorzeichen „+" setzen oder auch weglassen: 3 = +3

> **Wissen: Ganze Zahlen**
> Alle **negativen ganzen Zahlen** (…, –3, –2, –1) und die **natürlichen Zahlen** (0, 1, 2, 3, …) bilden zusammen die **ganzen Zahlen** …, –3, –2, –1, 0, 1, 2, 3, … (kurz ℤ).

Ganze Zahlen auf der Zahlengeraden

Auf einem Zahlenstrahl kann man nur die natürlichen Zahlen darstellen.

Will man auch die negativen Zahlen darstellen, so muss der Zahlenstrahl nach links zu einer **Zahlengeraden** erweitert werden.

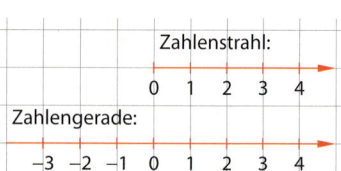

> **Wissen: Ganze Zahlen auf der Zahlengeraden**
> Auf der **Zahlengeraden** liegen die positiven Zahlen rechts von der Null und die negativen Zahlen links von der Null.

> **Beispiel 1:**
> a) Gib an, welche Zahlen markiert wurden.
>
>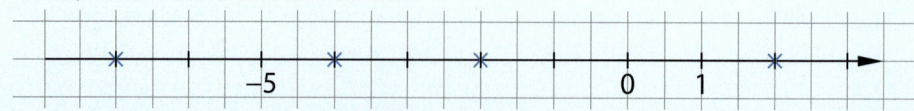
>
> b) Trage die Zahl –6 auf derselben Zahlengeraden ein.
>
> **Lösung:**
> a) Zähle (bei 0 beginnend) die Anzahl der Einteilungen. Die Zahlen links von der Null sind negativ und die Zahlen rechts von der Null positiv.
>
>
>
> b) Gehe von der Null sechs Schritte nach links und markiere dort die Zahl –6.

5.1 Negative Zahlen – Zahlengerade

Basisaufgaben

1. Gib an, welche Zahlen durch die Buchstaben markiert sind.

   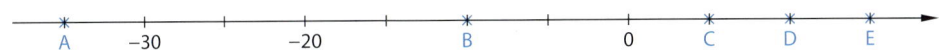

2. Markiere die Zahlen auf einer Zahlengeraden.
   a) 0; –2; 3; 5; –8; –12
   b) 0; 15; –20; –35; 50; –50

Weiterführende Aufgaben

3. Markiere auf einer Zahlengeraden negative ganze Zahlen mit folgender Eigenschaft:
   a) Ihr Abstand zur Null beträgt 5.
   b) Der Abstand zwischen ihnen beträgt 5.

4. a) Markiere die Zahlen auf einer Zahlengeraden.
      ① –5; –3; 7; 11; –1; –10
      ② –5; 0; –9; –7; –2; –3
   b) Beschreibe, wie du den Ausschnitt der Zahlengeraden ermittelt hast.

5. Gib an, welche Zahlen markiert sind.

   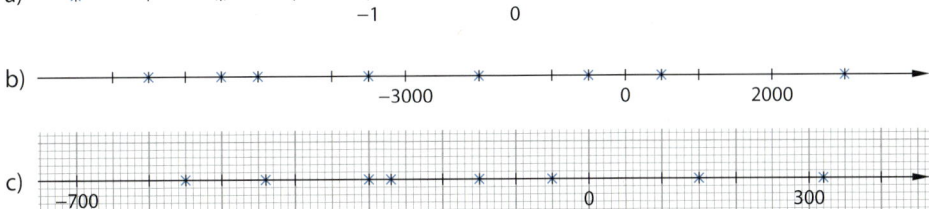

   Hinweis zu 5:
   Hier findest du die Lösungen.

6. **Stolperstelle:** Marla: „Die Null muss immer in der Mitte liegen."
   Henry: „Nein, Hauptsache ist, dass man noch die Null sehen kann."

   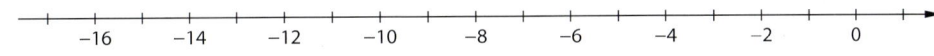

   Was hältst du von den beiden Aussagen? Begründe.

7. a) Theo sagt: „In das rote Kästchen muss man die Null hineinschreiben. Was meinst du?

   b) Übertrage die Zahlengerade in dein Heft. Beschrifte die Einteilung geeignet, um folgende Zahlen zu markieren: –8; 4; 20; –24; –40; 28.

8. **Ausblick:** Lisa hat folgende Angaben zu hohen Bergen und tiefen Gräben gefunden:
   Mount Everest 8848 m;   K2 8611 m;   Lhotse 8516 m;
   Zugspitze 2962 m;   Marianengraben 11 034 m;   Philippinengraben 10 540 m;
   Tongagraben 10 882 m;   Tagebau Hambach 239 m.

   a) Schreibe Lisas Liste mit ganzen Zahlen. Verwende auch Vorzeichen.
   b) Runde sinnvoll und markiere die Angaben auf einer Zahlengeraden.
   c) Gib die Höhendifferenz zwischen dem höchsten Berg und dem tiefsten Graben an.

   Hinweis zu 8:
   Die Höhe von Bergen bzw. die Tiefe von Gräben wird von Normalnull (NN) aus gemessen. NN ist die durchschnittliche Meereshöhe der Nordsee.

5.2 Erweiterung des Koordinatensystems

■ Die rote Figur soll an der y-Achse gespiegelt werden. Die Koordinaten der Bildpunkte können dabei auch negativ sein.
Gib die Koordinaten der Eckpunkte des Spiegelbildes an und erläutere, wie du diese ermittelt hast. ■

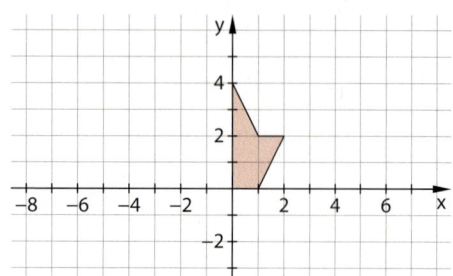

So wie man den Zahlenstrahl zur Zahlengeraden erweitert hat, kann man auch mit x-Achse und y-Achse verfahren:
Verlängert man beim Koordinatensystem die x-Achse nach links und die y-Achse nach unten, so erweitert man das bisherige Koordinatensystem.

Hinweis:
Quadranten werden entgegen dem Uhrzeigersinn nummeriert.

> **Wissen: Koordinatensystem**
>
> In einem rechtwinkligen Koordinatensystem teilen **x-Achse** und **y-Achse** die Ebene in vier Quadranten.
>
> Jeder Punkt P (**x**|**y**) ist eindeutig durch seine Koordinaten festgelegt und umgekehrt.

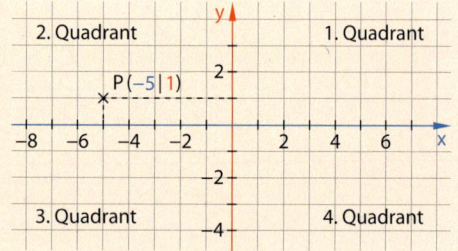

Koordinaten eines Punktes ablesen

Beispiel 1:
Lies die Koordinaten der Punkte A und B ab.

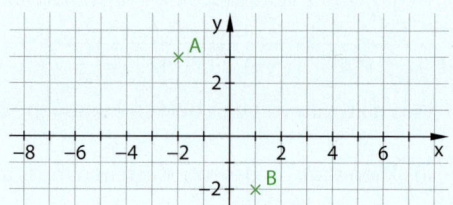

Lösung:
Gehe vom Punkt **parallel zur y-Achse bis zur x-Achse** und lies dort die **x-Koordinate** ab.
Der Punkt A hat die x-Koordinate −2.
Der Punkt B hat die x-Koordinate 1.

Gehe vom Punkt **parallel zur x-Achse bis zur y-Achse** und lies dort die **y-Koordinate** ab.
Der Punkt A hat die y-Koordinate 3.
Der Punkt B hat die y-Koordinate −2.

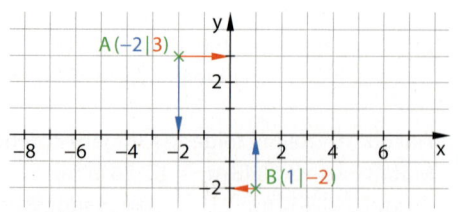

5.2 Erweiterung des Koordinatensystems

Basisaufgaben

1. Gib die Koordinaten der Punkte A bis K an.

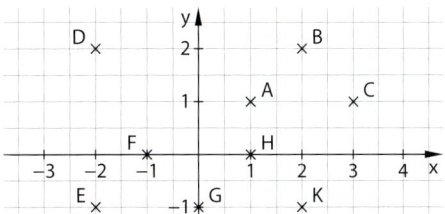

Hinweis zu 1:
Hier findest du alle Werte der x- und der y-Koordinaten.

2. Bestimme die Eckpunktkoordinaten der abgebildeten Figuren.

a)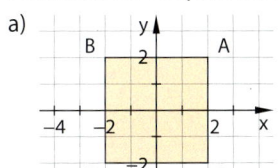
b)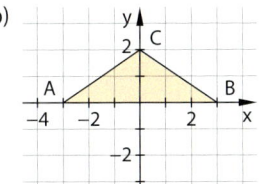
c)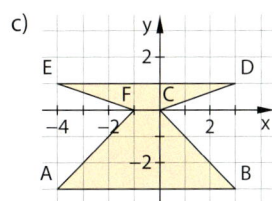

Punkte in ein Koordinatensystem eintragen

Beispiel 2: Trage die Punkte A (–2|2), B (2|–3) und C (–4|–2) in ein Koordinatensystem ein.

Lösung:
Wähle einen geeigneten Ausschnitt des Koordinatensystems:
Die x-Werte liegen zwischen –4 und 2. Die y-Werte liegen zwischen –3 und 2.

Punkt A:
Suche die x-Koordinate **–2 auf der x-Achse**.
Von dort gehst du **2 Einheiten in y-Richtung** und kannst dort Punkt C eintragen.

Punkt B:
Suche die x-Koordinate **2 auf der x-Achse**.
Von dort gehst du – weil die y-Koordinate negativ ist – **3 Einheiten entgegen der y-Richtung**.

Punkt C:
Suche die x-Koordinate **–4 auf der x-Achse**.
Von dort gehst du **2 Einheiten entgegen der y-Richtung**.

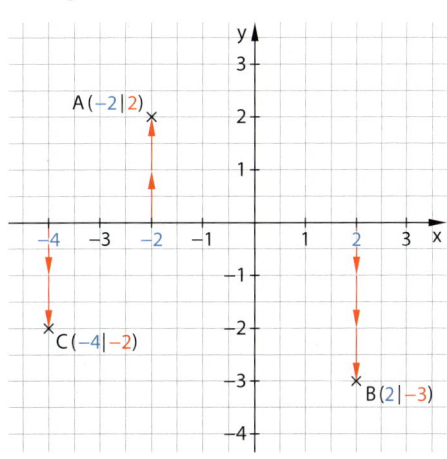

Basisaufgaben

3. Zeichne ein Koordinatensystem wie in Beispiel 2 und trage dort die folgenden Punkte ein.
   a) A(2|1); B(–2|1); C(–2|–3); D(2|–3)
   b) E(2|2); F(2|–1); G(–1|–3); H(–2|–1); I(0|1); J(1|–3); K(–2|2); L(–2|–2); M(2|–2)

4. Zeichne ein geeignetes Koordinatensystem und trage dort die folgenden Punkte ein.
   a) A(–1|1); B(8|–4); C(–2|–3); D(–5|2)
   b) A(–15|–10); B(–5|2); C(0|–7); D(5|2); E(–10|10)

Weiterführende Aufgaben

5. Zeichne die Punkte A(–3|3); B(4|3); C(1|–3); D(2|–3); E(1|–5); F(0|–5); G(–2|–9); H(–4|–9); I(–2|–5); J(–3|–5); K(–2|–3); L(–1|–3); M(1|1) und N(–4|1). Verbinde sie in alphabetischer Reihenfolge zu einer Figur.

6. Trage in ein Koordinatensystem die Punkte A (3 | 4), B (– 2 | 3), den Punkt C mit den vertauschten Koordinaten von A und den Punkt D mit den vertauschten Koordinaten von B ein.
Verbinde dann die vier Punkte in der Reihenfolge A–B–C–D–A miteinander. Welche Figur entsteht?

7. **Stolperstelle:** Lars hat Punkte in ein Koordinatensystem eingetragen. Bei einigen Punkten sind ihm Fehler unterlaufen. Beschreibe sie.

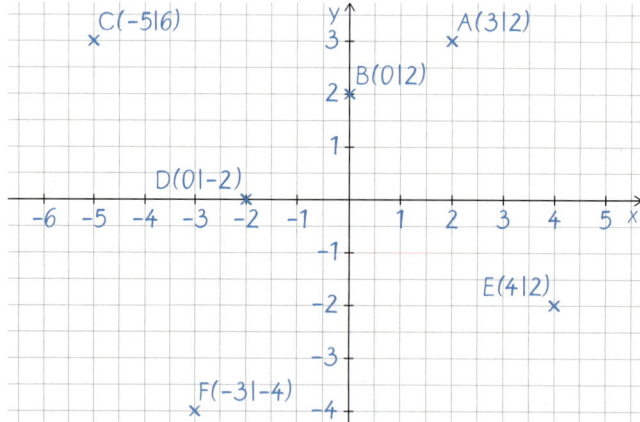

8. a) Vervollständige die nebenstehende Zeichnung in deinem Heft zu einer achsensymmetrischen Figur und gib dann die Koordinaten aller Punkte an.
   b) Denke dir selbst eine symmetrische Figur aus. Gib Teile dieser Figur in einem Koordinatensystem vor und lass den Rest von deinem Nachbarn vervollständigen.
   Prüft das Ergebnis gemeinsam.

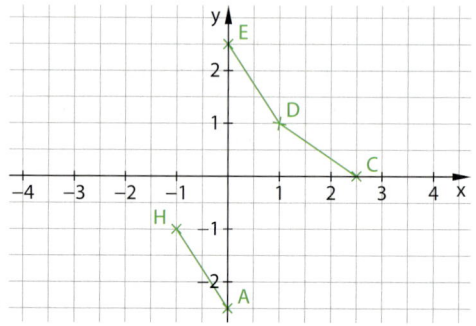

9. a) Spiegele einen beliebigen Punkt P, der nicht auf der y-Achse liegt, an der y-Achse und betrachte die Koordinaten des gespiegelten Punktes P'. Welche Koordinate bleibt gleich? Wie verändert sich die andere Koordinate?
   b) Spiegele einen beliebigen Punkt P, der nicht auf der x-Achse liegt, an der x-Achse und betrachte die Koordinaten des gespiegelten Punktes P''. Welche Koordinate bleibt gleich? Wie verändert sich die andere Koordinate?
   c) Trage das Dreieck ABC mit A(4|5), B(1|1), C(5|2) in ein Koordinatensystem mit vier Quadranten ein. Es soll sowohl an der y-Achse zum Dreieck A'B'C' als auch an der x-Achse zum Dreieck A"B"C" gespiegelt werden. Gib die Eckpunktkoordinaten der beiden Spiegelbilder an und überprüfe dann deine Ergebnisse mithilfe einer Zeichnung.

5.2 Erweiterung des Koordinatensystems

10. Übertrage die unvollständigen Vierecke in dein Heft und ergänze sie. Gib die Koordinaten aller Eckpunkte an.

a) Quadrat   b) Parallelogramm   c) Drachenviereck

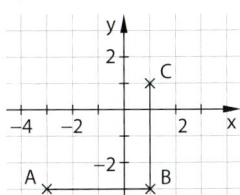 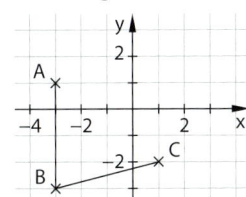 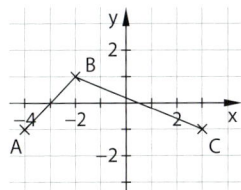

11. a) Gib an, in welchen Quadranten die folgenden Punkte liegen:
A(3|3); B(–3|5); C(3|–2); D(–3|–3); E(1|1); F(–2|3); G(–2|–1).

b) Vervollständige die folgenden Sätze:
Wenn ein Punkt nur negative Koordinaten hat, dann liegt er …
Wenn ein Punkt eine negative x-Koordinate hat, dann liegt er …
Wenn ein Punkt eine negative y-Koordinate hat, dann liegt er …

12. a) Beschreibe die besondere Lage der folgenden Punkte:
K(–3|0); L(0|2); M(3|0); N(–1|0); O(0|0); P(0|–1)

b) Vervollständige die folgenden Sätze:
Wenn beide Koordinaten eines Punkts 0 sind, dann liegt er …
Wenn die x-Koordinate eines Punkts 0 ist, dann liegt er …
Wenn die y-Koordinate eines Punkts 0 ist, dann liegt er …

13. a) Zeichne die Figur in dein Heft und lege ein Koordinatensystem so darüber, dass die Achsen die Figur in vier Flächen mit gleich großem Flächeninhalt teilen.

b) Beschrifte die Achsen so, dass ein Kästchen eine Einheit ist, und gib die Koordinaten aller Punkte an.

Hinweis zu 13:
Die positiven Koordinaten findest du in den Blättern und die negativen in der Blüte.

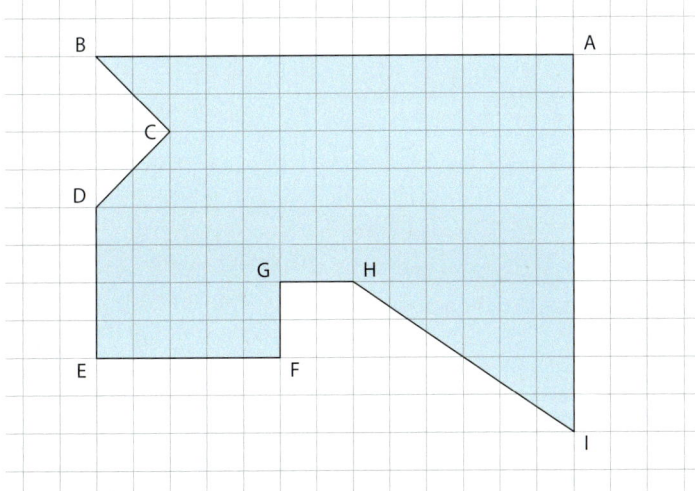

14. Ausblick: Wähle einen Punkt A mit ungleichen Koordinaten.
Punkt B erhält die vertauschten Koordinaten von A.
Punkt C erhält die Koordinaten von A, nachdem die Vorzeichen vertauscht wurden.
Punkt D erhält die vertauschten Koordinaten von C.

a) Was für ein Viereck entsteht, wenn du die vier Punkte verbindest?
b) In welchem Fall entsteht ein Quadrat?

5.3 Ganze Zahlen vergleichen und ordnen

■ Höhen geografischer Orte werden immer bezogen auf „Normalnull" (NN) angegeben. Manche Orte können auch unter NN liegen:
- Assalsee in Dschibuti, 160 m unter NN
- Mount Everest in Nepal, 8848 m über NN
- Turfanbecken in China, 154 m unter NN
- Kahler Asten in Deutschland, 841 m über NN
- Neuendorf in Deutschland, 3 m unter NN
- Totes Meer 420 m unter NN

Ordne die Orte nach ihrer Höhe, bezogen auf NN. Beginne mit dem kleinsten Wert. ■

Ganze Zahlen auf der Zahlengeraden vergleichen

Wissen: Ganze Zahlen vergleichen
Ganze Zahlen werden auf einer Zahlengeraden in Pfeilrichtung immer größer.

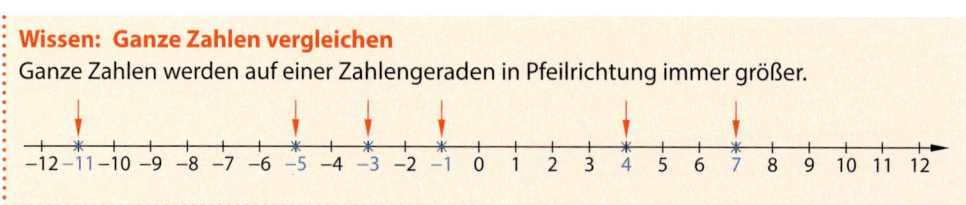

Beispiel 1: Markiere die Zahlen auf einer Zahlengeraden und ordne sie dann in einer „Kleiner-als-Kette": 9; –4; 0; 6; –6; –12; –2; 7; –8.

Lösung:

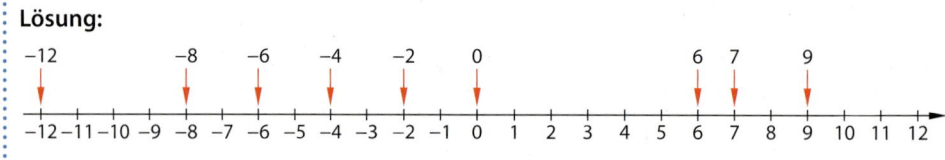

Kleiner-als-Kette: –12 < –8 < –6 < –4 < –2 < 0 < 6 < 7 < 9

Basisaufgaben

1. Übertrage in dein Heft und ersetze ■ richtig durch > oder <.
   a) –6 ■ –8   b) –14 ■ –12   c) –9 ■ 9   d) 5 ■ –7   e) 0 ■ –4
   f) –1 ■ –5   g) 23 ■ 33   h) –606 ■ –660   i) 33 ■ –32   j) 33 ■ –7

2. Markiere die Zahlen auf einer Zahlengeraden und ordne sie in einer Kleiner-als-Kette.
   a) –5; –8; 0; 4; –6; –2; –10; –8; 8   b) 25; –80; –12; 22; –22; 18; –18; 0; –52

3. Zeichne eine Zahlengerade von –15 bis 15 mit den Einteilung 1 Einheit = 1 Kästchen. Markiere dann alle ganzen Zahlen auf der Zahlengeraden, die
   a) kleiner sind als –8,   b) größer sind als –2,
   c) kleiner als –3, aber größer als –9 sind.

5.3 Ganze Zahlen vergleichen und ordnen

Betrag und Gegenzahl

Wissen: Betrag und Gegenzahl
Zwei Zahlen, die sich nur durch ihre Vorzeichen unterscheiden, heißen **Gegenzahlen**.
Sie befinden sich an der Zahlengeraden auf entgegengesetzten Seiten der Null.
Der Abstand einer Zahl zur Null heißt **Betrag** dieser Zahl.

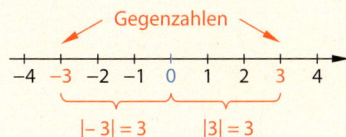

Hinweis:
Man spricht: Der Betrag von –3 ist gleich 3.
Der Betrag von +3 ist gleich 3.
Es gilt: $|0| = 0$.

Ganze Zahlen können auch ohne Darstellung auf der Zahlengeraden miteinander verglichen werden:
- Von zwei negativen ganzen Zahlen ist die mit dem größeren Betrag kleiner: –10 < –8
- Eine negative ganze Zahl ist kleiner als eine positive Zahl: –2 < 2
- Zwei positive ganze Zahlen vergleicht man wie gewohnt stellenweise: 11 < 12

Beispiel 2: Vergleiche die Zahlen und begründe.
a) 2 und –3   b) –8 und –11   c) 17 und 23
d) Ordne alle sechs Zahlen, beginne mit der kleinsten.

Lösung:
a) –3 ist eine negative Zahl. 2 ist eine positive Zahl.   –3 < 2
Also ist –3 kleiner als 2.

b) –11 und –8 sind negative Zahlen.   –11 < –8, denn $|-11| > |-8|$.
Da –11 den größeren Betrag hat, ist –11 kleiner als –8.

c) 17 hat eine kleinere Zehnerstelle als 23.   17 < 23

d) Ordne alle Zahlen in einer Kette.   –11 < –8 < –3 < 2 < 17 < 23

Basisaufgaben

4. Gib die Gegenzahl an.
   a) +6   b) –8   c) –99   d) 101   e) 43

5. Gib den Betrag an.
   a) +78   b) –58   c) 22   d) –14   e) 0

6. Ersetze im Heft ■ richtig durch > oder <.
   a) –6 ■ –8   b) –14 ■ –12   c) –9 ■ 9   d) 5 ■ –7   e) 0 ■ –4
   f) –22 ■ 35   g) 19 ■ –20   h) 0 ■ –101   i) –99 ■ –101   j) –1 ■ 11

7. Ordne die Zahlen der Größe nach.
   a) 7; –10; –29; –4; 1; 2; –7; 13; –20; 6
   b) –29; 2; 0; –22; –19; 14; –5; –25; –4; 3

8. Lena sagt: „Ein Ort, der 420 m unter NN liegt, ist höher als ein Ort, der 340 m unter NN liegt."
Stimmt diese Behauptung? Begründe.

Weiterführende Aufgaben

9. Ordne die Zahlen –3; –1; –6; –10; 7; –15; 3; –123 der Größe nach als Größer-als-Kette.

10. Vergleiche die Zahlen, ohne eine Zahlengerade zu benutzen. Begründe deine Entscheidung.
    a) 23 und –32   b) –32 und –23   c) 32 und 23   d) –23 und 32

11. Ordne die Durchschnittstemperaturen der Himmelskörper.
    Sonne: 5527 °C   Erde: 8 °C   Saturn: –185 °C   Merkur: 179 °C   Mars: –43 °C
    Uranus: –214 °C   Venus: 453 °C   Jupiter: –153 °C   Neptun: –225 °C

12. **Stolperstelle:** Paul hat jeweils zwei Zahlen miteinander verglichen. Überprüfe seine Lösungen und beschreibe, welche Fehler er gemacht hat. Berichtige Pauls Fehler.
    a) –11 < –111   b) –5 > 4   c) 1 < –1   d) –5 = 5   e) –3 > 3   f) –1 000 000 > 1

Hinweis zu 13:
Hier findest du alle vorkommenden Koordinaten.

13. a) Welcher Punkt liegt ganz links und welcher ganz rechts?
    b) Sortiere die Punkte A bis M von links nach rechts.
    c) Gib die x-Koordinaten aller Eckpunkte der Figur in einer „Kleiner-als-Kette" an.
    d) Sortiere alle Punkte auch von oben nach unten.
    e) Gib die y-Koordinaten aller Eckpunkte der Figur in einer „Größer-als-Kette" an.

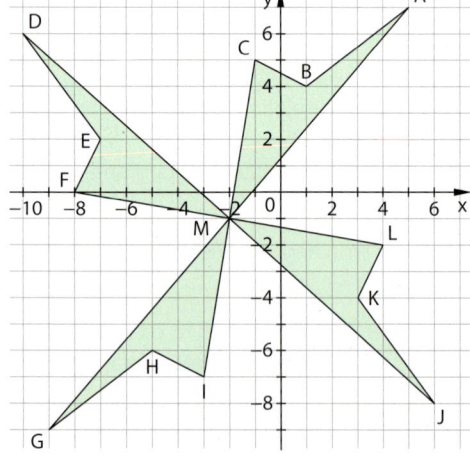

14. a) Man sagt „–6 °C ist kälter als +10 °C". Schreibe jeweils mit analogen Formulierungen auf.
    ① +12 °C und –3 °C   ② 5 kg und 3 kg   ③ 10 m unter NN und 20 m unter NN
    b) Finde selbst drei weitere Beispiele und dazu passende Formulierungen.

15. Ordne in einer Kleiner-als-Kette:
    a) –55; 11; –155; 151; –511; –51; –15; 515
    b) die Beträge der Zahlen aus a)
    c) die Gegenzahlen der Zahlen aus a)

16. **Ausblick:** Marco hat die Geburtsjahre berühmter Mathematiker und Mathematikerinnen an einem Zeitstrahl geordnet. Beurteile Marcos Darstellung.

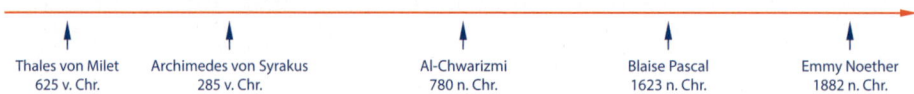

5.4 Zustandsänderungen beschreiben

■ Aus der Wettervorhersage: „Heute sind es noch drei Grad über null. Aber morgen wird es richtig kalt. Durch den kräftigen Ostwind wird die Temperatur um zehn Grad sinken."
Wie kalt wird es morgen werden?
Schreibe eine Rechnung dazu auf. ■

Mit ganzen Zahlen kann man einen **Zustand** oder eine **Zustandsänderung** beschreiben.

Beispiele für einen Zustand:
Etagenangabe im Fahrstuhl, Pegelstand

Beispiele für Zustandsänderungen:
Kursschwankungen, Kontobewegungen

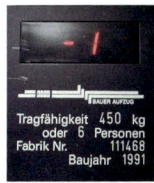   

> **Wissen: Zustand und Zustandsänderung**
>
> Das Minuszeichen (−) vor einer Zahl kann einen **Zustand** oder eine **Zustandsänderung** anzeigen.
>
> −4 °C als Zustand zeigt eine Temperatur an.
> −4 °C als Zustandsänderung zeigt an, dass die Temperatur um 4 °C abnimmt.
>
> Auf der Zahlengeraden kann man Zustände durch Punkte und Zustandsänderungen durch Pfeile darstellen.
>
>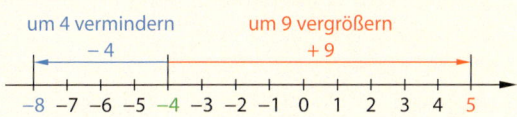

Beispiel 1: Mo: 5 °C   Di: 6 °C   Mi: 8 °C   Do: 3 °C   Fr: 1 °C   Sa: −1 °C   So: −2 °C
a) Gib die Temperaturänderung mit Pfeilen auf einer Zahlengeraden an.
b) Zwischen welchen beiden Tagen war der Temperaturunterschied am größten?
c) Wie groß ist die Temperatur am kommenden Montag, wenn sie gegenüber dem Sonntag um 3 °C fällt?

Lösung:
a) Eine Temperaturerhöhung wird mit einem Pfeil nach rechts gekennzeichnet, eine Temperaturabnahme mit einem Pfeil nach links.

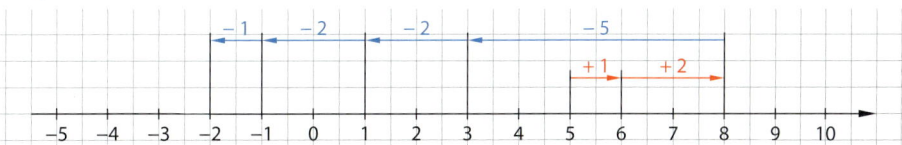

b) Von Mittwoch zu Donnerstag war der Temperaturunterschied mit −5 °C am größten.
c) Am Sonntag sind es −2 °C.
Wenn die Temperatur um 3 °C fällt, dann sind es am Montag −5 °C.

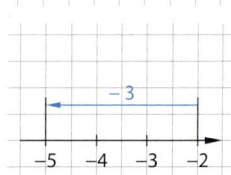

Basisaufgaben

1.

Zeitpunkt	10 Uhr	12 Uhr	14 Uhr	16 Uhr	18 Uhr	20 Uhr	22 Uhr	24 Uhr	2 Uhr
Temperatur	12 °C	14 °C	17 °C	15 °C	12 °C	7 °C	2 °C	0 °C	–5 °C

   a) Zeichne eine Zahlengerade von –5 bis 20. Markiere alle Temperaturen auf dieser Zahlengeraden.
   b) Zeichne alle Zustandsänderungen mit einem Pfeil ein und gib jeweils die Temperaturänderung an.

2. Ersetze im Heft ■ durch die zugehörigen Änderungen bzw. Zahlen.

   a) $9 \xrightarrow{\blacksquare} 13$ b) $7 \xrightarrow{\blacksquare} 1$ c) $4 \xrightarrow{\blacksquare} -2$ d) $5 \xrightarrow{\blacksquare} -1$ e) $-3 \xrightarrow{\blacksquare} -6$

   f) $7 \xrightarrow{+3} \blacksquare$ g) $2 \xrightarrow{-3} \blacksquare$ h) $-1 \xrightarrow{+3} \blacksquare$ i) $\blacksquare \xrightarrow{-1} -2$ j) $\blacksquare \xrightarrow{-2} -2$

3. Ein Fahrstuhl fährt immer vom Erdgeschoss (0. Etage) zur Dachterrasse (12. Etage) und in die Tiefgarage (–5. Etage).
   Gib jeweils an, welche Positionsänderung erfolgt.
   a) von der 1. Etage in die 8. Etage
   b) von der 12. Etage in die 2. Etage
   c) von der 3. Etage in die –5. Etage
   d) von der –2. Etage in die 10. Etage
   e) von Erdgeschoss in die –3. Etage
   f) von der 12. Etage in die –5. Etage

Weiterführende Aufgaben

Hinweis zu 4:
Hier findest du die gesuchten Temperaturunterschiede.

+ 22 Grad
– 20 Grad
– 30 Grad
– 22 Grad

4. Die Thermometer zeigen Temperaturen in verschiedenen Städten in Grad Celsius. Bestimme die Temperaturänderung bei einer Reise
   a) von Berlin nach Oslo,
   b) von London nach Moskau,
   c) von Stockholm nach Madrid,
   d) von Madrid nach Moskau.

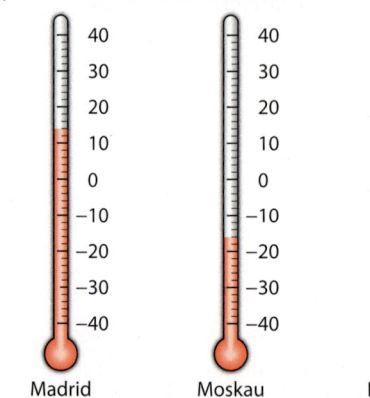
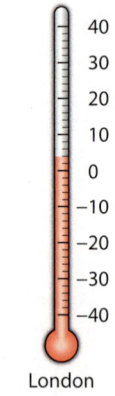

5. An welcher Stelle der Zahlengeraden befindet sich das Bild des Punktes?
   a) Der Punkt A wird von 2 um 6 Längeneinheiten nach rechts verschoben.
   b) Der Punkt B wird von –2 um 7 Längeneinheiten nach links verschoben.
   c) Der Punkt C wird von –2 um 7 Längeneinheiten nach rechts verschoben.
   d) Der Punkt D wird von 0 zuerst um 5 Längeneinheiten nach rechts und der Bildpunkt dann noch einmal um 12 Längeneinheiten nach links verschoben.
   e) Der Punkt E wird von –2 zuerst um 5 Längeneinheiten nach rechts und der Bildpunkt dann noch einmal um 12 Längeneinheiten nach links verschoben.

5.4 Zustandsänderungen beschreiben

6. a) Welche der Aussagen beschreiben einen Zustand und welche eine Zustandsänderung?
   b) Welche der Aussagen ist nicht eindeutig?
   c) Welche Aussagen bedeuten das Gleiche?

   ① Die Temperatur sinkt um 3 °C.
   ② Die Temperatur beträgt –3 °C.
   ③ Die Temperatur verändert sich um 3 °C.
   ④ Die Temperatur verändert sich um +3 °C.
   ⑤ Die Temperatur erhöht sich um 3 °C.
   ⑥ Die Temperatur verändert sich um –3 °C.

7. **Stolperstelle:** Lucas berechnet den Kontostand vom Konto seiner Eltern am Ende des Monats folgendermaßen:
   $80 - 43 - 74 + 50 + 149 = 162 €$
   Prüfe die Rechnung und korrigiere alle Fehler.

Kontoauszug 2			
Datum	Erläuterungen	Wert	Betrag
			150,00+
19.10.	Bareinzahlung	22.10.	80,00+
23.10.	Getränkehandel Peters	24.10.	43,00–
24.10.	Tankstelle Voss	25.10.	74,00–
26.10.	Bareinzahlung	29.10.	50,00+
30.10.	Elektromarkt24	31.10.	149,00–

8. Auf einem Konto befindet sich ein Guthaben von 133 €. Es werden an einem Tag 125 € abgehoben, am nächsten Tag 200 € eingezahlt und am übernächsten Tag 244 € abgehoben. Ermittle den Kontostand nach diesen drei Transaktionen.

9. Der tiefste See der Erde ist der Baikalsee in Sibirien. Seine Wasseroberfläche befindet sich 455 m über dem Meeresspiegel, der Seeboden liegt an seiner tiefsten Stelle 1187 m unter dem Meeresspiegel. Berechne die größte Tiefe des Baikalsees.

10. Kleopatra die Große wurde 69 v. Chr. als Tochter des ägyptisch-griechischen Herrschers Ptolemaios XII. in Ägypten geboren. Sie verliebte sich mit 21 Jahren in Cäsar. Dieser war zu dem Zeitpunkt bereits 52 Jahre alt. Kleopatra nahm sich 30 v. Chr. das Leben.
    a) In welchem Jahr verliebte sich Kleopatra in Cäsar?
    b) Gib das Geburtsjahr von Cäsar an.
    c) Mit wie vielen Jahren nahm sich Kleopatra das Leben?
    d) Wie alt wäre Cäsar zum Zeitpunkt ihres Todes gewesen?

11. **Ausblick:** Marc hat in der ersten halben Stunde beim Spielen 140 Punkte erreicht. In der nächsten halben Stunde gewinnt und verliert er immer wieder Punkte:
    $+ 40; - 88; - 14; - 16; + 4; - 12; + 16$.
    a) Gib den Punktestand von Marc am Ende dieser Stunde an.
    b) Erläutere, wie du das Ergebnis in möglichst kurzer Zeit ermitteln würdest.

5.5 Vermischte Aufgaben

Hinweis zu 1:
Die gesuchten Zahlen der Aufgabe a) und b) findest du in den SD-Karten.

1. Gib an, welche Zahlen rot markiert sind. Gib jeweils ihre Gegenzahlen an.

a)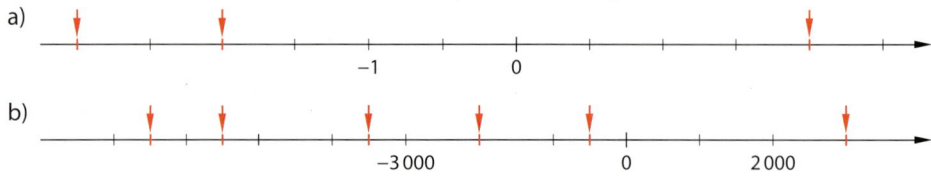

b)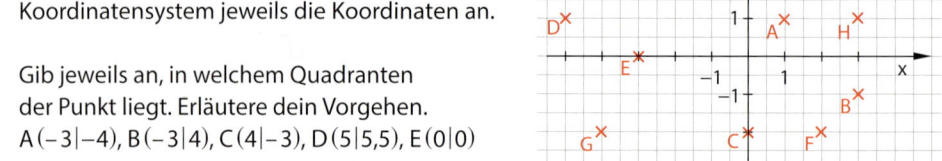

2. Gib zu den Punkten A bis H im nebenstehenden Koordinatensystem jeweils die Koordinaten an.

3. Gib jeweils an, in welchem Quadranten der Punkt liegt. Erläutere dein Vorgehen.
A(-3|-4), B(-3|4), C(4|-3), D(5|5,5), E(0|0)

Hinweise zu 2:
Die Lösungen zu findest du auf den Notizblöcken.

4. Zeichne in ein Koordinatensystem mit vier Quadranten die Punkte mit einstelligen Koordinaten ein, gib die Koordinaten der Punkte an und beschreibe die Lage der Punkte.

    Die y-Koordinate ist das Doppelte der x-Koordinate.
   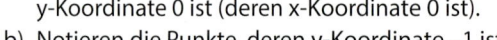 Die Summe von x-Koordinate und y-Koordinate ist 5.
   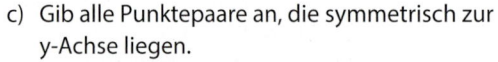 Die y-Koordinate ist der Betrag der x-Koordinate.
   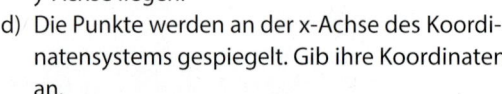 Die y-Koordinate ist 1 bei geraden x-Koordinaten und -1 bei ungeraden x-Koordinaten.

5. a) Gib alle Punkte im Bild rechts an, deren y-Koordinate 0 ist (deren x-Koordinate 0 ist).
   b) Notieren die Punkte, deren y-Koordinate -1 ist.
   c) Gib alle Punktepaare an, die symmetrisch zur y-Achse liegen.
   d) Die Punkte werden an der x-Achse des Koordinatensystems gespiegelt. Gib ihre Koordinaten an.

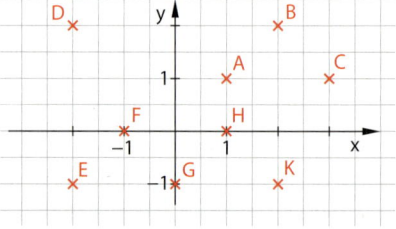

6. Zeichne das „Haus vom Nikolaus" mit A(2|-8), B(6|-8), C(6|-4), D(4|-2) und E(2|-4) in ein Koordinatensystem.
Spiegele das Haus an der Geraden FG mit F(-2|-2) und G(2|2).
Gib die Koordinaten der Eckpunkte des Spiegelbildes an.
Vergleiche die Koordinaten der Originalpunkte mit denen der Bildpunkte.
Was fällt dir auf?

7. Die Suche eines „Koordinatenschatzes" wird so beschrieben: Begib dich zur Kirche im Punkt K(3|2) und gehe von dort 5 Einheiten nach links und 4 Einheiten nach unten. Drehe dich dann entgegen dem Uhrzeigersinn um 90° und gehe 4 Einheiten parallel zur x-Achse. Drehe dich wieder entgegen dem Uhrzeigersinn, diesmal um 45°. Gehe dann bis zum nächsten Punkt mit ganzzahligen Koordinaten. Dort liegt der Schatz.
   a) Skizziere den Weg in einem Koordinatensystem. Gib die Koordinaten des Schatzes an.
   b) Zeichne den kürzesten Weg vom Start zum Schatz ein und gib seine Länge an.
   c) Ein weiterer Schatz befindet sich mehr als 2 Einheiten, aber höchstens 3 Einheiten vom ersten Schatz entfernt. Markiere die Fläche, in der du jetzt noch suchen würdest.

5.5 Vermischte Aufgaben

Gefrierpunkt

8. Welches der Vorzeichen „+" oder „–" würdest du für die Angabe verwenden?
   a) 5 °C unter dem Gefrierpunkt
   b) 19 °C Tageshöchsttemperatur
   c) 5 Minuspunkte und 3 Pluspunkte
   d) 350 € Guthaben und 50 € Schulden
   e) 2 m unter dem normalen Wasserstand
   f) 20 s vor und 5 s nach dem Startschuss

9. Gib ganze Zahlen an, für die gilt:
   a) Ihr Abstand zur Null beträgt eine Längeneinheit.
   b) Es sind zwei positive Zahlen mit einem Abstand von einer Längeneinheit.
   c) Es sind zwei negative Zahlen mit einem Abstand von einer Längeneinheit.

10. a) Lies an den Thermometern rechts die Temperaturen ab.
    b) Berechne den Temperaturunterschied.

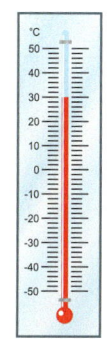

11. Welche Zahl liegt genau in der Mitte zwischen
    a) –5 und 5,
    b) –7 und –3,
    c) –7 und 11,
    d) –24 und 16?
    Erkläre das Ergebnis sowohl mithilfe einer Rechnung als auch an der Zahlengeraden.

12. a) Gib alle Zahlen an, die auf einer Zahlengeraden folgende Längeneinheiten (LE) von Null entfernt sind:
       5 LE; 12 LE; 10 LE; 0 LE; 100 LE.
    b) Gib alle ganzen Zahlen an, die auf einer Zahlengeraden mindestens 2 Längeneinheiten und höchstens 4 Längeneinheiten von der Null entfernt sind.

13. Übertrage die Tabelle ins Heft und fülle die freien Felder aus.

	alter Kassenstand	Ein- und Auszahlungen	neuer Kassenstand
a)	+452 €	–168 €	
b)		–44 €	+82 €
c)	–51 €		+461 €
d)	+92 €		–13 €

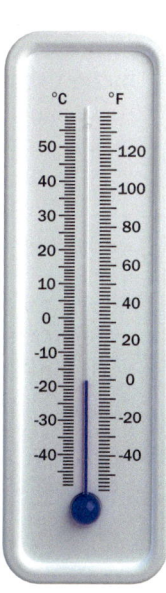

14. Im Bild rechts siehst du ein Thermometer mit zwei Skalen. Die Skala links zeigt an, wie Temperaturen bei uns gemessen werden (in Grad Celsius).
    Die Skala rechts zeigt an, wie Temperaturen in den USA gemessen werden (in Grad Fahrenheit).
    a) Lies am Thermometer die Temperatur 0 Grad Fahrenheit in Grad Celsius ab.
    b) Lies am Thermometer die Temperatur 0 Grad Celsius in Grad Fahrenheit ab.
    c) Arbeitet zu zweit. Du nennst eine Temperatur in Grad Celsius oder Grad Fahrenheit. Dein Partner liest die entsprechende Temperatur auf der jeweils anderen Skala ab. Kontrolliert gemeinsam.
    d) Lies am Thermometer ab: Bei welcher Temperatur ist der Zahlenwert in Grad Celsius etwa gleich dem in Grad Fahrenheit?

Prüfe dein neues Fundament

5. Ganze Zahlen

Lösungen ↗ S. 217

1. Gib an, welche Zahlen markiert wurden.

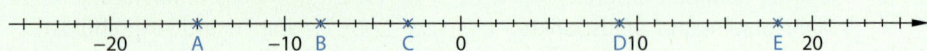

2. Zeichne eine geeignete Zahlengerade und markiere die Zahlen.
   a) 7; 3; –1; –6; –5; 0; 5; –9; 4; 9
   b) 5; 10; –45; 35; –40; 0; –15; –30; 40

3. Übertrage die Zeichnung in dein Heft.
   a) Gib die Koordinaten der drei Punkte an.
   b) Zeichne einen vierten Punkt D so, dass die Punkte A, B, C und D ein Rechteck bilden. Gib die Koordinaten von D an.
   c) In welchem Quadranten liegt Punkt D?

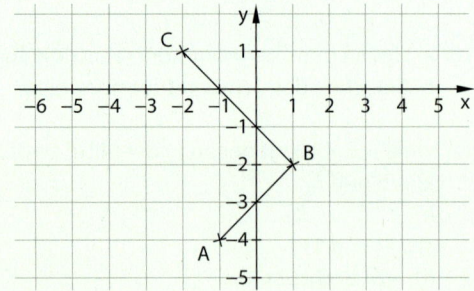

4. Bestimme, in welchem Quadranten der Punkt liegt.
   a) A (–2|5)   b) B (1|–4)   c) C (–2|–3)   d) D (3|–3)

5. Ersetze im Heft ■ richtig durch < oder > oder =.
   a) –6 ■ –10   b) 4 ■ –20   c) –55 ■ 0   d) –52 ■ 25

6. Ordne die Zahlen –66; 77; –766; 767; –677; –67; –76; 676 in einer Kleiner-als-Kette.

7. Gib die Gegenzahl und den Betrag an.
   a) –24   b) 48   c) 0   d) –100

8. Prüfe die Aussagen. Korrigiere sie, wenn nötig.
   a) Der Ort A liegt der 250 m unter dem Meeresspiegel, der Ort B 320 m unter dem Meeresspiegel.
      Aussage: „Der Ort B liegt höher als der Ort A."
   b) Der Ort C liegt 480 m unter dem Meeresspiegel, der Ort D 480 m über dem Meeresspiegel.
      Aussage: „Beide Orte haben die gleiche Höhe."
   c) Die Temperatur liegt bei –2 °C.
      Aussage: „Wenn die Temperatur weiter sinkt, dann bleibt sie negativ."
   d) Die Temperatur liegt bei –5 °C.
      Aussage: „Wenn die Temperatur steigt, dann liegt sie in jedem Fall über 0 °C."

9. Auf Janinas Sparkonto sind zu Beginn des Jahres 100 €. In den darauffolgenden Monaten wurden Geldbeträge sowohl ein- als auch ausgezahlt. Berechne im Heft die Höhe der jeweils vorhandenen Sparguthaben.

Datum	08.02.	15.04.	16.04.	30.06.
Ein-/Auszahlung	200 €	–350 €	60 €	90 €
Sparguthaben				

Prüfe dein neues Fundament

Wiederholungsaufgaben

1. Zeichne ein Diagramm, das die Werte in der Tabelle gut veranschaulicht.
   Zensuren in der Klassenarbeit:

Note	1	2	3	4	5	6
Anzahl der Schüler	2	3	7	8	2	1

2. Gib in der nächstgrößeren Einheit an.
   a) 560 000 cm b) 560 000 cm² c) 56 000 g d) 5300 ct
   e) 7200 ha f) 6000 min g) 72 h h) 2 851 000 m

3. Das Bild zeigt das Flugzeug A380 (Länge 73 m) sowie ein Kreuzfahrtschiff. Ermittle die Länge des Schiffes, wenn Flugzeug und Schiff im selben Maßstab verkleinert wurden.

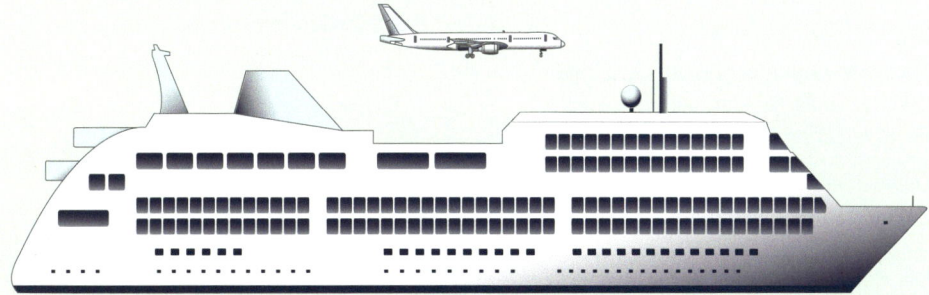

4. Alina ist 1,45 m groß, Bea bringt es auf 1,54 m, Christin auf 1,52 m. Zusammen mit der Körpergröße von Dora ergibt sich eine durchschnittliche Körpergröße von 1,49 m. Ermittle die Größe von Dora.

5. Berechne im Kopf und gib das Ergebnis in der nächstgrößeren Einheit an.
   a) 20 ct : 4 b) 500 cm² · 10 c) 12 min · 15 d) 8544 g : 4

6. Berechne und kürze, falls möglich.
   a) $\frac{3}{4} + \frac{7}{8}$ b) $\frac{3}{5} \cdot \frac{15}{18}$ c) $\frac{3}{4} : 2\frac{1}{4}$ d) $\frac{5}{7} - \frac{1}{4}$

7. Wie viel bedeutet der Abstand zweier Teilstriche auf der Skala?
   a) Maßband b) Personenwaage c) Tachometer

Zusammenfassung

5. Ganze Zahlen

Ganze Zahlen	Alle **negativen ganzen Zahlen** und die **natürlichen Zahlen** bilden zusammen die **ganzen Zahlen** (kurz $\mathbb{Z}$).	Negative ganze Zahlen: …, –3, –2, –1 Natürliche Zahlen: 0, 1, 2, 3, … Ganze Zahlen: …, –3, –2, –1, 0, 1, 2, 3, …
Koordinatensystem mit vier Quadranten	In einem rechtwinkligen Koordinatensystem teilen x-Achse und y-Achse die Ebene in vier **Quadranten**. Jeder Punkt P (x|y) ist eindeutig durch seine Koordinaten festgelegt und umgekehrt.	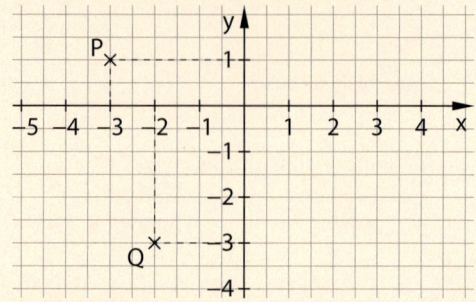 P (–3|1); Q (–2|–3) P liegt im II. Quadranten, Q im III. Quadranten des Koordinatensystems.
Ganze Zahlen ordnen und vergleichen	Negative Zahlen liegen auf der Zahlengeraden links von der Null. Positive Zahlen liegen rechts von der Null. Die kleinere von zwei Zahlen liegt auf einer Zahlengeraden weiter links.	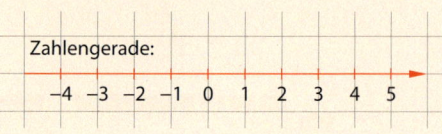 –3 < –1 < 0 < 2
Betrag einer Zahl, Gegenzahl	Der **Betrag** einer Zahl ist ihr Abstand zur Null. Die **Gegenzahl** einer Zahl ist die Zahl mit dem entgegengesetzten Vorzeichen.	|+3| = 3 |–3| = 3 –3 ist die Gegenzahl von 3.
Zustand und Zustandsänderung	Das Minuszeichen (–) vor einer Zahl kann einen Zustand oder eine Zustandsänderung anzeigen. Auf der Zahlengeraden kann man Zustände durch Punkte und Zustandsänderungen durch Pfeile darstellen.	–8°C als Zustand zeigt eine Temperatur an. –4°C als Zustandsänderung zeigt an, dass die Temperatur um 4°C abnimmt.

6. Daten

Wie viele rote, grüne und gelbe Gummibärchen gibt es in einer Tüte? Diese Frage kann man mit einer absoluten Zahl, aber auch mit einer Prozentzahl beantworten.

Nach diesem Kapitel kannst du …
- relative Häufigkeiten berechnen,
- mit Kreisdiagrammen umgehen,
- Kennwerte berechnen, zum Beispiel das arithmetische Mittel.

Dein Fundament

6. Daten

Lösungen
↗ S. 218

Daten in Tabellen erfassen

1. Die Tabelle zeigt die Altersverteilung aller Schüler der Klasse 6a.
   a) Wie viele Schüler sind 13 Jahre alt?
   b) Wie viele Schüler sind jünger als 13 Jahre?
   c) Wie viele Schüler gehen in die Klasse 6a?

Alter	Strichliste	Häufigkeit
11	||	2
12	҇Ⱶ҇Ⱶ ҇Ⱶ҇Ⱶ	10
13	҇Ⱶ҇Ⱶ ҇Ⱶ҇Ⱶ |	11
14	|	1

2. Ines fragte ihre Freundinnen nach ihrer Augenfarbe. Sie erhält folgende Antworten:

Anja	Anna	Sofie	Maja	Nele	Laura	Sara	Hanna	Lena
braun	grün	blau	braun	grün	grau	braun	blau	braun

Fertige eine Strichliste und eine Häufigkeitstabelle an.

3. Die Tabelle zeigt einige Ergebnisse der Klassensprecherwahl der Klasse 6b. Alle abgegebenen Stimmen von 25 Schülern waren gültig. Auf jedem Stimmzettel stand genau ein Name.

Name	Strichliste	Häufigkeit
Katja		5
Nele	҇Ⱶ҇Ⱶ ||||	
Aron	҇Ⱶ҇Ⱶ ||	
Gustav		

   a) Übertrage die Tabelle in dein Heft und ergänze die fehlenden Angaben.
   b) Wer wurde zum Klassensprecher gewählt?
   c) Am Wahltag fehlten drei Schüler. Hätte ein anderer Klassensprecher werden können, wenn sie da gewesen wären?
   d) Wie viele Schüler gehören zur Klasse 6b?

Daten in Säulendiagrammen darstellen

4. In dem Diagramm hat Tobias die Länge von Flüssen veranschaulicht. Lies die Länge der Flüsse aus dem Diagramm ab. Runde auf Hunderter.

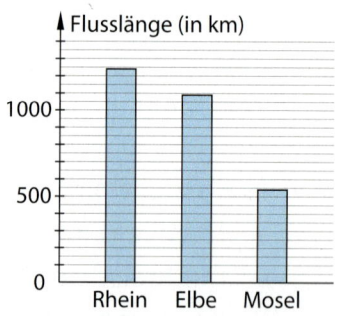

5. Aus der folgenden Tabelle kannst du ablesen, wie schwer verschiedene Tiere werden können. Stelle diese Daten in einem Säulendiagramm dar.

Tier	Leistenkrokodil	Flusspferd	Elefant	Eisbär	Nashorn
Masse	2 Tonnen	4,5 Tonnen	6 Tonnen	1 Tonne	4 Tonnen

Dein Fundament

6. Hundert Kinder wurden befragt, für welchen Zweck sie einen großen Teil ihres Taschengeldes ausgeben. Jedes Kind durfte maximal drei Dinge nennen. Das Befragungsergebnis ist im Diagramm dargestellt. Die Zahlen geben an, wie häufig der Zweck der Ausgaben genannt wurde.

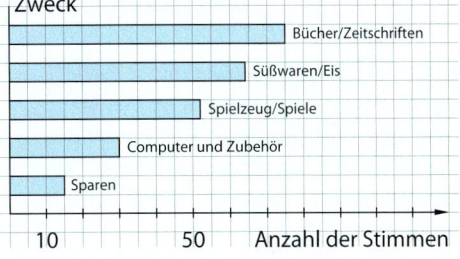

   a) Wie viele Kinder gaben an, dass sie einen großen Teil ihres Taschengeldes für Computer und Zubehör ausgaben?
   b) Wie viele Kinder gaben nicht an, dass sie einen großen Teil ihres Taschengeldes sparen?
   c) Wie viele Antworten wurden insgesamt gegeben?

Brüche, Dezimalzahlen und Prozente

7. Übertrage die Tabelle in dein Heft und ergänze sie.

(gekürzter) Bruch	$\frac{1}{2}$	$\frac{3}{4}$				
Bruch mit Nenner 100	$\frac{50}{100}$			$\frac{25}{100}$		$\frac{180}{100}$
Dezimalzahl	0,5		0,2		0,05	
Prozentangabe	50 %			80 %		

8. Gib den Anteil als Bruch und in Prozent an.
   a) 3 von 12 Schülern
   b) 7 von 14 Büchern
   c) 2 von 16 Stück Kuchen

9. Wie groß ist der farbig dargestellte Anteil? Gib als Bruch, als Dezimalzahl und in Prozent an.
   a) 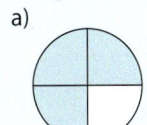 b)  c) 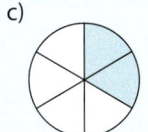 d) 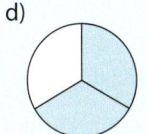 e) 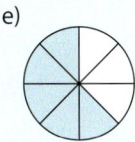 f)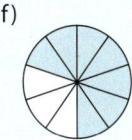

Kurz und knapp

10. Berechne.
    a) (2 + 2 + 3 + 4 + 2) : 5
    b) (3,4 + 6,9 + 7,7) : 3
    c) (13 + 10 + 14 + 13) : 4

11. Zeichne den Winkel.
    a) 20°   b) 45°   c) 80°   d) 120°   e) 135°   f) 240°

12. Gib den farbigen Anteil des Kreises als Bruch und die Größe des Winkels α in Grad an.
    a) 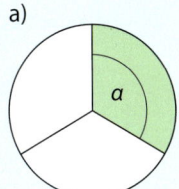 b) 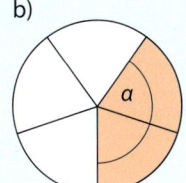 c) 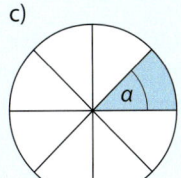 d)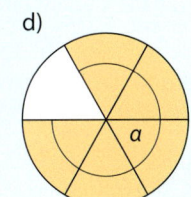

6.1 Absolute und relative Häufigkeit

■ Paul schreibt für die Schülerzeitschrift einen Artikel: „Gibt es typische Mädchen- oder Jungensportarten?" Dazu befragt er Mädchen und Jungen seiner Schule. Die Ergebnisse hat er in einer Tabelle zusammengefasst.
Paul schreibt: „Schwimmen ist bei Jungen und Mädchen gleich beliebt. Jungen mögen Fußball lieber als Mädchen."
Stimmt das? Begründe deine Meinung. ■

Mädchen (insgesamt 30)	
Fußball	15
Reiten	10
Schwimmen	5
Jungen (insgesamt 40)	
Fußball	30
Reiten	5
Schwimmen	5

Mark und Jonas sind sehr gute Basketballspieler. Nach dem letzten Training möchten sie wissen, wer von beiden die bessere Freiwurfquote hat.

Mark (40 Würfe)	Jonas (50 Würfe)
16 Körbe	18 Körbe

Jonas hat 18 Körbe geworfen, Mark nur 16 Körbe. Wenn man nur die **absoluten Häufigkeiten** – also die Anzahl der Körbe – vergleicht, dann ist Jonas besser. Um aber fair zu vergleichen, muss man berücksichtigen, wie oft jeder geworfen hat. Dazu teilt man die Treffer durch die Gesamtzahl der Würfe. Diese Anteile nennt man **relative Häufigkeiten**.

Mark: $\frac{16}{40} = 0{,}4 = 40\,\%$ Jonas: $\frac{18}{50} = 0{,}36 = 36\,\%$

Bezogen auf die Anzahl der Würfe ist Mark besser.

Erinnere dich:
$0{,}4 = 40\,\%$
$0{,}36 = 36\,\%$
$1 = 100\,\%$

> **Wissen: Relative Häufigkeiten**
> **Relative Häufigkeiten** geben an, wie groß der Anteil an der Gesamtzahl ist. Man berechnet sie, indem man die absolute Häufigkeit durch die Gesamtzahl teilt.
>
> $$\text{relative Häufigkeit} = \frac{\text{absolute Häufigkeit}}{\text{Gesamtzahl}}$$
>
> Relative Häufigkeiten werden als **Bruch**, als **Dezimalzahl** oder in **Prozent** angegeben.
> Die Summe aller absoluten Häufigkeiten ergibt die Gesamtzahl. Die Summe aller relativen Häufigkeiten ergibt 1 oder 100 %. Dies kann zur Kontrolle genutzt werden.

Relative Häufigkeiten berechnen

> **Beispiel 1:** In eine Klasse gehen 9 Mädchen und 16 Jungen.
> Gib die absoluten und die relativen Häufigkeiten in einer Tabelle an.
>
> **Lösung:**
> Ermittle die Gesamtzahl: $9 + 16 = 25$.
>
> Teile erst die Anzahl der Mädchen und dann die Anzahl der Jungen durch die Gesamtzahl, um die relativen Häufigkeiten zu bestimmen.
>
> | | absolute Häufigkeit | relative Häufigkeit |
> |---|---|---|
> | Mädchen | 9 | $\frac{9}{25} = 0{,}36 = 36\,\%$ |
> | Jungen | 16 | $\frac{16}{25} = 0{,}64 = 64\,\%$ |
>
> Kontrolle:
> $36\,\% + 64\,\% = 100\,\%$

6.1 Absolute und relative Häufigkeit

Basisaufgaben

1. Michael hat 80-mal gewürfelt. In die Tabelle hat er geschrieben, wie oft die Augenzahlen vorkamen.
   a) Berechne die relativen Häufigkeiten der Augenzahlen 1 bis 6. Trage die absoluten und die relativen Häufigkeiten in eine Tabelle im Heft ein.
   b) Überprüfe, ob die Summe der relativen Häufigkeiten 100 % ergibt.

Augenzahl	absolute Häufigkeit	relative Häufigkeit
1	10	
2	8	
3	10	
4	20	
5	16	
6	16	

2. Die Tabelle zeigt das Ergebnis einer Umfrage zu Lieblingstieren.
   a) Berechne die relativen Häufigkeiten bei den Mädchen und bei den Jungen.
   b) Überprüfe, ob die Summe der relativen Häufigkeiten jeweils 100 % ist.

Tier	Mädchen	Jungen
Hunde	15	15
Katzen	24	20
Pferde	21	15
insgesamt	60	50

Vergleichen mit relativen Häufigkeiten

Beispiel 2: Eva und Janno nehmen an einem Tischtennisturnier teil. Eva hat bis jetzt 7 von 10 Spielen gewonnen, Janno 6 von 8 Spielen. Wer war besser?
Vergleiche die relativen Häufigkeiten.

Lösung:
Berechne jeweils die relative Häufigkeit der gewonnenen Spiele. Gib sie in Prozent an.

Eva: $\frac{7}{10} = 0{,}7 = 70\,\%$ Janno: $\frac{6}{8} = 0{,}75 = 75\,\%$

Vergleiche dann die Prozente.

75 % ist größer als 70 %. Janno ist besser. Er hat relativ gesehen mehr Spiele gewonnen.

Basisaufgaben

3. Sara würfelt 28-mal und hat dabei 4 Einsen. Marek würfelt 12-mal und hat 3 Einsen. Berechne erst für Sara und dann für Marek die relative Häufigkeit der Einsen. Wer hatte den höheren Anteil an Einsen?

4. Beim Torwandschießen treten Dennis und Felix gegeneinander an. Beide haben jeweils 3 min Zeit, auf die Löcher zu schießen. Ihre Ergebnisse sind in der Tabelle dargestellt.

Dennis	absolute Häufigkeit
unten, Treffer	10
unten, kein Treffer	15
oben, Treffer	9
oben, kein Treffer	16
Schüsse gesamt	

Felix	absolute Häufigkeit
unten, Treffer	12
unten, kein Treffer	18
oben, Treffer	8
oben, kein Treffer	12
Schüsse gesamt	

a) Berechne die relativen Häufigkeiten.
b) Felix behauptet, dass er unten und oben besser war als Dennis. Überprüfe dies mit den absoluten und den relativen Häufigkeiten.

5. Dies sind die Ergebnisse der 6. Klassen bei den Bundesjugendspielen:
   Klasse 6a (30 Schüler): 6 Ehrenurkunden, 15 Siegerurkunden
   Klasse 6b (24 Schüler): 6 Ehrenurkunden, 12 Siegerurkunden
   Klasse 6c (25 Schüler): 7 Ehrenurkunden, 15 Siegerurkunden
   Vergleiche die relativen Häufigkeiten für Ehrenurkunden (für Siegerurkunden).
   Entscheide damit, welche Klasse am besten war.

Weiterführende Aufgaben

6. a) „Ich fand die Hausaufgaben relativ einfach." Erkläre hier die Bedeutung von „relativ".
   b) Bilde einen weiteren Satz mit „relativ" und erkläre die Bedeutung in diesem Satz.

7. **Stolperstelle:**
   a) In Karls Klasse können von 26 Schülern 4 Schüler deutsch und türkisch sprechen. Erkläre, was er bei der Berechnung der relativen Häufigkeit falsch gemacht hat:
   $\frac{26}{4} = 6{,}5 = 65\%$

   b) Bei einer Umfrage wurden Passanten gefragt, wie viele Fremdsprachen sie gut sprechen. Die Antworten wurden zusammengefasst und mit relativen Häufigkeiten in einer Tabelle dargestellt. Ronny behauptet: „Das kann nicht stimmen. Das sieht man doch sofort." Was meinst du dazu?

Anzahl der Fremdsprachen	relative Häufigkeit
keine	30 %
eine	50 %
zwei	20 %
drei oder mehr	10 %

8. Die Schülervertretung befragte Sechstklässler und Zehntklässler, welche Brötchen sie im Bistro am liebsten essen. Die Ergebnisse zeigt die Tabelle.

Brötchen	6. Klassen	10. Klassen
Käsebrötchen	16	42
Milchbrötchen	32	36
Schokobrötchen	20	24
Wurstbrötchen	12	18
insgesamt		

   a) Sind Wurstbrötchen in den 6. Klassen beliebter als in den 10. Klassen? Erkläre, warum du zunächst die Gesamtzahl und die relativen Häufigkeiten berechnen musst, um diese Frage zu beantworten.
   b) Berechne die relativen Häufigkeiten.
   c) Entscheide für jede Brötchenart, ob sie in den 6. oder 10. Klassen beliebter ist.
   d) Erkläre, warum für das Bistro auch die absoluten Häufigkeiten wichtig sind.

Hinweis zu 9a:
Hier findest du die fehlenden Einträge.

9. a) Bestimme die fehlenden Einträge in der Tabelle.

	Klasse 6a		Jahrgang 6	
	absolute Häufigkeit	relative Häufigkeit	absolute Häufigkeit	relative Häufigkeit
Nichtschwimmer	3			15 %
Bronze	18			50 %
Silber	9			35 %
insgesamt			80	

   b) Vergleiche die Klasse 6a mit dem gesamten Jahrgang.
   c) Führt eine solche Umfrage in eurer Klasse durch. Vergleicht die Ergebnisse mit denen der Klasse 6a.

6.1 Absolute und relative Häufigkeit

10. Auf die Frage „Wie kommst du zur Schule?" antworteten
65 Schüler „zu Fuß",
38 Schüler „mit dem Fahrrad",
84 Schüler „mit dem Bus",
16 Schüler „Ich werde mit dem Auto gefahren."
Stelle eine Tabelle mit den absoluten und den relativen Häufigkeiten auf.

11. Die Einwohnerstatistik von Frankfurt enthält viele Daten. Die Tabelle zeigt einen Auszug.

Einwohner insgesamt	691 518
Frauen	351 977
Männer	339 541
unter 18 Jahre	107 223
60 Jahre oder älter	154 430

a) Die relativen Häufigkeiten sind durcheinandergeraten. Ordne sie den passenden Einträgen in der Tabelle zu. Eine Angabe bleibt übrig.

22,3 %   49,1 %   50,9 %   100 %   62,2 %   15,5 %

b) In Aufgabe a) bleibt eine relative Häufigkeit übrig. Finde dazu ein passendes Merkmal, das nicht in der Tabelle auftaucht. Bestimme auch die zugehörige absolute Häufigkeit.
c) In Deutschland lebten 2015 rund 80 Millionen Menschen. Davon sind etwa 12 Millionen unter 18 Jahre und etwa 22 Millionen 60 Jahre oder älter.
Vergleiche diese Zahlen mit den Daten zu Frankfurt.

12. Untersuche, wie sich die relative Häufigkeit verändert.
a) Die Gesamtzahl ist 50 und bleibt unverändert. Die absolute Häufigkeit verändert sich von 15 auf 30.
b) Die absolute Häufigkeit ist 40 und bleibt unverändert. Die Gesamtzahl verändert sich von 80 auf 160.
c) Die absolute Häufigkeit ist 40. Die Gesamtzahl ist 100. Beide Anzahlen steigen um 20.
d) Die absolute Häufigkeit ist 30. Die Gesamtzahl ist 120. Beide Anzahlen verdoppeln sich.

13. Ausblick: In deutschen Texten treten die Buchstaben A bis Z nicht gleich häufig auf.
a) Überlege, welche drei Buchstaben deiner Meinung nach am häufigsten vorkommen.
b) Überprüfe deine Vermutung, indem du die Buchstaben des Textes auf Seite 142 auszählst. Berechne für die drei häufigsten Buchstaben die relativen Häufigkeiten.
c) Recherchiere im Internet mit dem Suchwort „Buchstabenhäufigkeit". Vergleiche deine Ergebnisse aus b) mit den Ergebnissen, die du im Internet gefunden hast.
d) Einen Text kann man recht einfach verschlüsseln, wenn man die Buchstaben im Alphabet immer um eine bestimmte Zahl verschiebt. Nach Z wird wieder vorne begonnen.
Beispiel: Eine Verschiebung um 3 macht aus A ⟶ D oder aus X ⟶ A.
Verschlüssele das Wort „Mathematik" mit einer Verschiebung um 3.
e) Entschlüssele den folgenden Text, indem du herausfindest, um wie viele Buchstaben verschoben wurde.

> Vgn Vgzs ivxc yzh Nxcrdhhzi rdzyzm vpa ydz Gdzbzrdznz fvh, rvmzi nzdiz Amzpiyz qzmnxcrpiyzi. Ipm zdi kvvm Mznoz qjh Znnzi gvbzi ijxc czmph. Nzdi Avcmmvy rvm vpxc rzb. Dh Nviy aviy Vgzs Nkpmzi. Vggz Amzpiyz rvmzi nxczdiwvm czfodnxc vpabzwmjxczi.

6.2 Diagramme

■ In der Schulmensa wird eine Umfrage zum Lieblingsessen der Schüler durchgeführt. In der Tabelle und den Diagrammen sind die Ergebnisse dargestellt. Begründe, welches Diagramm zu den Jungen und welches zu den Mädchen passt. ■

	Jungen	Mädchen
Pizza	20	15
Burger	15	24
Pasta	5	12
Sonstiges	10	9
gesamt	50	60

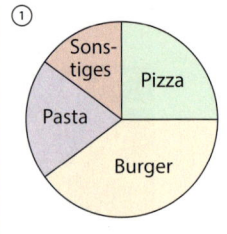

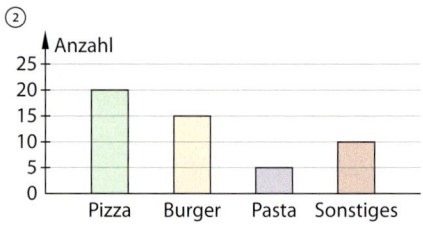

In Tabellen kann man schnell die exakten Werte einer Umfrage nachlesen.

In **Diagrammen** werden Ergebnisse übersichtlicher und meist anschaulicher dargestellt.

Die Anzahlen der Stimmen (absolute Häufigkeiten) lassen sich gut im **Säulendiagramm** veranschaulichen.

Leonie: 15 Stimmen
Lukas: 9 Stimmen
Sophie: 6 Stimmen

Im Säulendiagramm sieht man direkt, dass Leonie die höchste und Lukas die zweithöchste Stimmenzahl erhielt.

Die prozentualen Ergebnisse (Anteile) lassen sich gut im **Kreisdiagramm** veranschaulichen.

Leonie: $\frac{15 \text{ Stimmen}}{30 \text{ Stimmen}} = \frac{1}{2} = 50\%$

Lukas: $\frac{9 \text{ Stimmen}}{30 \text{ Stimmen}} = \frac{3}{10} = 30\%$

Sophie: $\frac{6 \text{ Stimmen}}{30 \text{ Stimmen}} = \frac{1}{5} = 20\%$

Im Kreisdiagramm sieht man direkt, dass Leonie die Hälfte aller Stimmen bekommen hat.

Ergebnis einer Klassensprecherwahl:

	Leonie	Lukas	Sophie
Stimmen	15	9	6

Darstellung im Säulendiagramm:

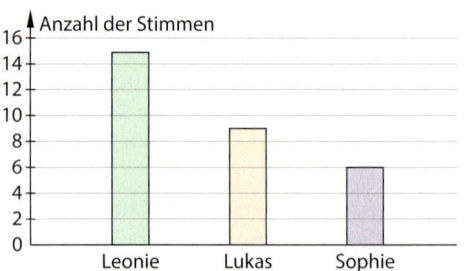

Darstellung im Kreisdiagramm:

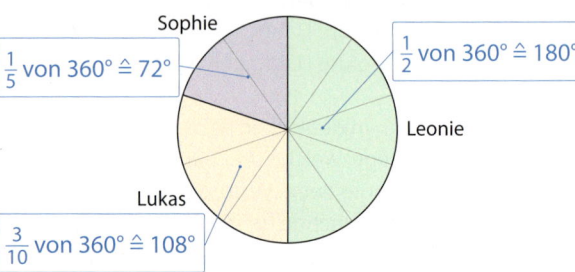

Wissen: Kreisdiagramme

In einem **Kreisdiagramm** werden die Anteile eines Ganzen als Teile eines Kreises dargestellt. Der Vollkreis (360°) entspricht dem Ganzen (100 %).

Kreisdiagramme eignen sich zur Darstellung von relativen Häufigkeiten.

6.2 Diagramme

Beispiel 1: Das Kreisdiagramm zeigt das Ergebnis einer Umfrage. Bestimme die prozentualen Anteile der Antworten.

Umfrage:
Reist du lieber ans Meer oder in die Berge?

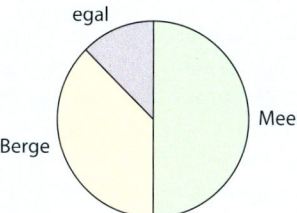

Lösung:
Miss bei jedem Kreisteil die Winkelgröße und teile sie durch 360°. Rechne das Ergebnis in Prozent um.

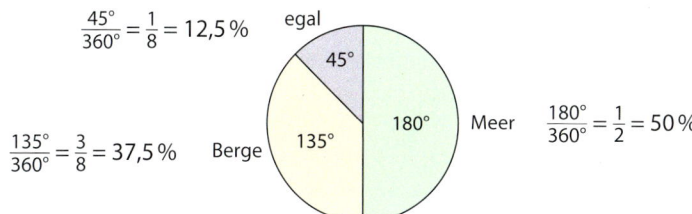

$\frac{45°}{360°} = \frac{1}{8} = 12{,}5\,\%$

$\frac{135°}{360°} = \frac{3}{8} = 37{,}5\,\%$

$\frac{180°}{360°} = \frac{1}{2} = 50\,\%$

Basisaufgaben

1. Ordne den Anteilen in den Kreisdiagrammen die Prozentangaben passend zu:

   60 %   10 %   50 %   25 %   30 %   25 %

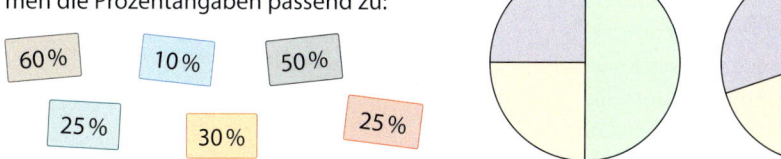

2. In den Klassen 6a, 6b und 6c wurde gefragt: „Möchtest du später ein berühmter Musiker werden?" Berechne die Anteile der Antworten in Prozent.

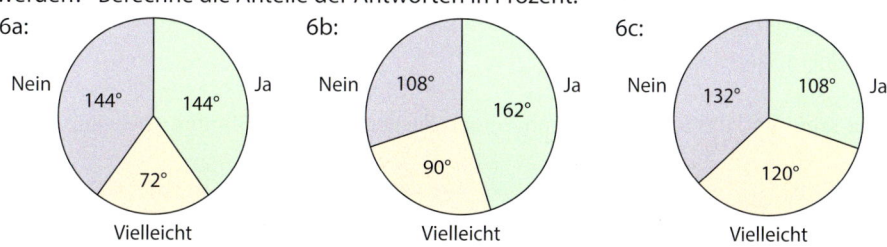

3. a) Gib die Anteile des Kreisdiagramms in Prozent an. Beachte die grauen Hilfslinien.

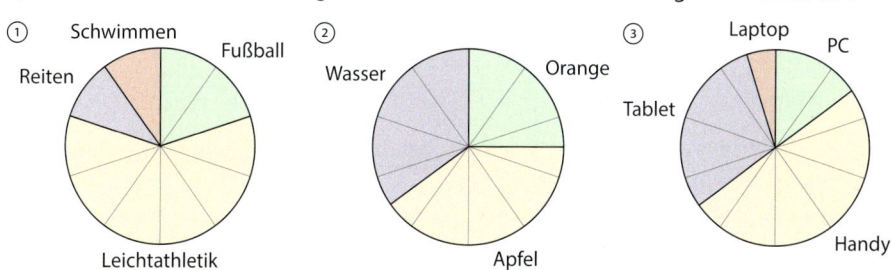

   b) Überlege dir zu jedem Kreisdiagramm in a) eine passende Umfrage.

Hinweis zu 3:
Hier findest du die Lösungen.

4. Prüfe, welche der Aussagen zum Kreisdiagramm richtig sind. Begründe.
   a) Die häufigste Antwort war „1".
   b) „0" und „2" kamen gleich häufig vor.
   c) Weniger als die Hälfte der Befragten hat zwei oder mehr Geschwister.
   d) Aus dem Diagramm kann man ablesen, wie viele Personen befragt wurden.

Umfrage: Anzahl der Geschwister

Weiterführende Aufgaben

5. In einem Kreisdiagramm gehört zu jeder Winkelgröße eines Kreisteils ein Anteil in Prozent. Vervollständige die Tabelle im Heft.

Winkelgröße	3,6°	18°	36°	54°	72°	90°	180°	270°	360°
Anteil									100%

Welche Haustiere habt ihr? Kreuzt an!
( ) Katzen
( ) Hunde
( ) Vögel
( ) Fische
( ) Kaninchen

6. **Stolperstelle:** Kim hat in einer Umfrage in ihrem Jahrgang 120 Schüler gefragt, welche Haustiere in ihren Familien leben. Das Ergebnis hat sie in einer Tabelle zusammengefasst.

	Katzen	Hunde	Vögel	Fische	Kaninchen
Anzahl der Familien	30	60	18	12	12
relative Häufigkeit	25%	50%	15%	10%	10%

Kim hat das abgebildete Kreisdiagramm mit dem Computer erstellt. Sie wundert sich, dass der Kreisteil für Hunde nicht den halben Kreis ausfüllt.
a) Finde Kims Fehler.
b) Erkläre, warum ein Kreisdiagramm hier keine sinnvolle Darstellung ist.
c) Stelle das Ergebnis der Umfrage in einem Säulendiagramm dar.

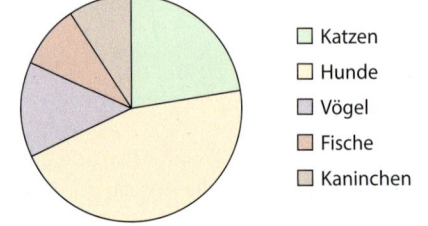

7. Das Kreis- und das Säulendiagramm zeigen die Verteilung der Stimmen bei einer Wahl.

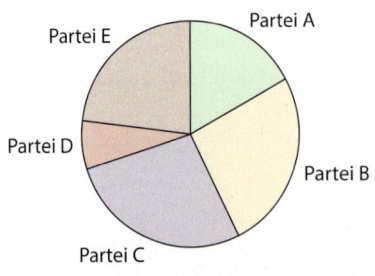
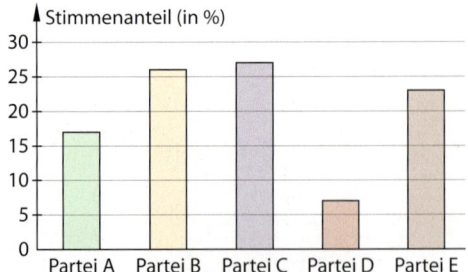

Entscheide, ob die Aussagen richtig sind. Kannst du dies schneller im Kreis- oder im Säulendiagramm überprüfen? Begründe.
a) Partei B erhielt die meisten Stimmen.
b) Mehr als ein Viertel der Stimmen gab es für Partei E.
c) Partei B und C haben zusammen mehr als die Hälfte der Stimmen.
d) Die wenigsten Stimmen erhielt Partei D.

6.2 Diagramme

● 8. **Kreisdiagramm zeichnen:** 80 Personen haben an einer Prüfung teilgenommen. In der Tabelle ist die Verteilung der Noten dargestellt.

Note	1	2	3	4	5
Anzahl der Personen	10	22	24	16	8

a) Diego überlegt, wie man aus diesen Angaben ein Kreisdiagramm zeichnen kann:

10 Personen von 80 Personen haben eine 1 erhalten, also $\frac{10}{80} = \frac{1}{8}$ aller Personen. Der Anteil im Kreisdiagramm muss dann auch $\frac{1}{8}$ von 360° sein, also 48°.

Berechne die Winkelgrößen wie Diego und zeichne das Kreisdiagramm.

b) Berechne die relative Häufigkeit jeder Note. Kann auch aus der relativen Häufigkeit die zugehörige Winkelgröße berechnet werden?

Hinweis: Kontrolle: Die Summe aller berechneten Winkelgrößen muss 360° ergeben.

● 9. **Streifendiagramm:** Anteile eines Ganzen lassen sich auch als Abschnitte in einem rechteckigen Streifen veranschaulichen. Leni hat das folgende Streifendiagramm zur Verteilung der Blutgruppen 0, A, B und AB in Deutschland entdeckt.

a) Leni berechnet den prozentualen Anteil der Blutgruppe 0: $\frac{33\,mm}{80\,mm} = 41{,}25\,\% \approx 41\,\%$
Erläutere das Vorgehen von Leni.

b) Berechne die prozentualen Anteile der anderen Blutgruppen. Miss die benötigten Streifenbreiten.

c) Ordne den Anteilen in den Streifendiagrammen die Prozentangaben passend zu.

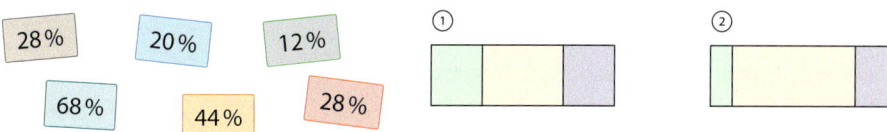

d) Erläutere Unterschiede und Gemeinsamkeiten zwischen einem Streifen- und einem Kreisdiagramm.

● 10. **Ausblick:** 140 Jungen und Mädchen der 6. Klassen wurden gefragt, wofür sie Computer am häufigsten nutzen. Zur Auswertung wurde das Säulendiagramm erstellt.

a) Wie viele Jungen und wie viele Mädchen wurden befragt?

b) Mit den Daten aus dem Säulendiagramm wurden die Kreisdiagramme ① und ② erstellt. Erkläre, was darin dargestellt ist. Finde jeweils eine passende Überschrift und Beschriftungen für die Kreisteile.

c) Berechne in den Kreisdiagrammen die Anteile in Prozent. Verwende die Zahlen aus dem Säulendiagramm.

d) Berechne in den Kreisdiagrammen die Winkel der Kreisteile. (Nicht messen!)

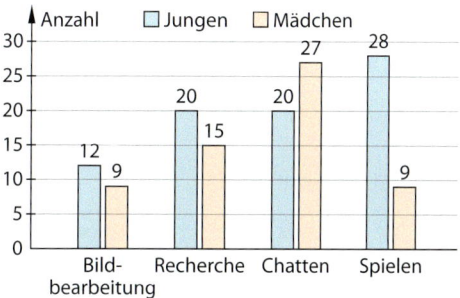

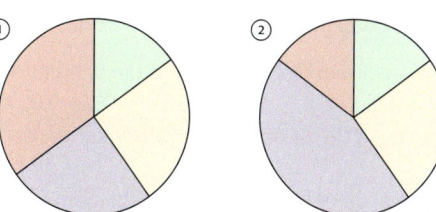

6.3 Klasseneinteilung

■ Bei einer Marktforschung wurden die Preise für USB-Sticks mit gleicher Speicherkapazität erfasst (in Euro, gerundet auf Ganze):
31, 34, 36, 36, 28, 35, 24, 28, 24, 24, 27, 27, 25, 20, 18, 25, 28, 23, 17, 36, 22
Zur Auswertung sollen die Preise eingeteilt werden.
a) Wie viele Angebote waren günstiger als 20 €?
b) Wie viele Angebote waren teurer als 29 €?
c) Wie viele Angebote kosteten mindestens 20 €, aber höchstens 29 €? ■

Beim Erfassen von Daten erhält man häufig sehr viele Daten. Es entstehen unübersichtliche Listen. Für die Auswertung werden deshalb ähnliche Werte zusammengefasst. Welche Werte zusammengefasst werden, wird durch die **Klasseneinteilung** bestimmt.

Hinweis:
Die **Klassenbreite** ergibt sich aus der Differenz der Ober- und Untergrenze der Klasse. Häufig werden gleich breite Klassen gewählt. Dies muss aber nicht so sein.

> **Wissen: Klasseneinteilung**
> Wenn eine große Menge an Daten vorliegt, dann kann man benachbarte Werte zu einer **Klasse** zusammenfassen. Die Einteilung der Klassen hängt von der Situation ab.

Beispiel 1:
Bei einer Geschwindigkeitskontrolle wurden folgende Werte gemessen (in km/h):
41, 58, 47, 34, 49, 52, 63, 49, 50, 37, 55, 46, 56, 43, 52, 39, 50, 70, 49, 53, 40, 47, 64, 52, 53
Erstelle eine Häufigkeitstabelle mit Klasseneinteilung.

Lösung:
Bilde Klassen, die den Bereich der gemessenen Werte gleichmäßig abdecken.

Zähle die Werte, die zu den einzelnen Klassen gehören. Nutze eine Strichliste.

Geschwindigkeit (in km/h)	31 bis 40	41 bis 50	51 bis 60	61 bis 70
Strichliste	IIII	IIII IIII	IIII III	III
Häufigkeit	4	10	8	3

Basisaufgaben

Hinweis zu 1:
Hier findest du die absoluten Häufigkeiten.

1. Eine Sportlehrerin möchte für den 50-m-Sprint Trainingsgruppen bilden. Dazu erstellt sie die folgende Klasseneinteilung.

Gruppe	A: sehr schnell	B: schnell	C: mittelmäßig	D: langsam
Laufzeit	weniger als 8,5 s	8,5 s bis 9,2 s	9,3 s bis 10,2 s	mehr als 10,2 s

In einem Testlauf erzielen die Schüler die folgenden Zeiten (in Sekunden):
9,3; 8,4; 8,0; 11,2; 10,0; 7,9; 8,8; 9,0; 7,8; 10,3; 8,7; 9,4; 9,6; 10,5; 8,7; 9,5; 9,9; 8,0
Ermittle die absoluten Häufigkeiten der Klassen. Trage die Werte in eine Tabelle ein.

2. Bei einer Umfrage soll untersucht werden, wie lange die Schüler am Tag chatten. Erkläre, warum für die Darstellung der Ergebnisse in einer Häufigkeitstabelle eine Klasseneinteilung notwendig ist. Gib einen Vorschlag für eine Einteilung in vier Klassen an.

6.3 Klasseneinteilung

Weiterführende Aufgaben

3. Bei einer Klassenarbeit gab es maximal 35 Punkte. Die 19 Schüler erreichten die folgenden Punktzahlen: 33, 33, 31, 30, 29, 28, 27, 26, 25, 23, 22, 21, 21, 20, 19, 18, 16, 13, 11.
   Erstelle eine Häufigkeitstabelle mit einer geeigneten Klasseneinteilung, welche
   a) gleich breite Klassen hat,
   b) unterschiedlich breite Klassen hat.

4. Ist es sinnvoll, bei den gegebenen Daten eine Klasseneinteilung vorzunehmen? Begründe. Falls ja, erstelle eine Häufigkeitstabelle mit einer geeigneten Klasseneinteilung.
   a) Körpergrößen (in m):
      1,67; 1,87; 1,89; 1,59; 1,86; 1,57; 1,71; 1,74; 1,78; 1,69; 1,81; 1,60; 1,59; 1,69; 1,57; 1,69
   b) Anzahl der Tore bei den Spielen eines Fußballturniers:
      0, 2, 3, 1, 5, 1, 4, 3, 5, 1, 0, 2, 6, 3, 3

5. **Stolperstelle:** Linda hat für die Erfassung von Körpergewichten diese Klasseneinteilung gewählt: *unter 30 kg; 30 kg bis 40 kg; 40 kg bis 50 kg; über 50 kg.*
   Welches Problem tritt auf, wenn eines der Körpergewichte 40 kg ist? Erkläre.

6. Bei einem Quiz, bei dem es maximal 75 Punkte gibt, erreichen die Kandidaten die folgenden Punktzahlen: 73, 71, 65, 62, 60, 57, 54, 54, 50, 48, 48, 46, 43, 40, 36, 27
   Zur Darstellung der Ergebnisse wählten Moritz, David und Leonie Klasseneinteilungen:
   Moritz: *0–25; 26–50; 51–75*   David: *26–35; 36–45; 46–55; 56–65; 66–75*
   Leonie: *26–30; 31–35; 36–40; 41–45; 46–50; 51–55; 56–60; 61–65; 66–70; 71–75*
   a) Erstelle für jede Klasseneinteilung eine Häufigkeitstabelle.
   b) Erstelle für jede Klasseneinteilung ein Säulendiagramm.
   c) Vergleiche die Tabellen und die Diagramme. Bei welcher Klasseneinteilung werden die Ergebnisse am besten und übersichtlichsten dargestellt? Begründe deine Meinung.

7. Führt in eurer Klasse eine Erhebung der Körpergrößen durch. Erfasst die Daten in der Form einer Urliste: „1,72 m; 1,67 m; …" Arbeitet dann in Gruppen weiter.
   a) Wählt eine passende Klasseneinteilung und erstellt eine Tabelle mit den Häufigkeiten.
   b) Zeichnet ein Säulendiagramm zur Häufigkeitstabelle aus a).
   c) Vergleicht eure Diagramme in der Klasse. Nennt Gemeinsamkeiten und Unterschiede.

8. **Ausblick:** An einem Ferienort wurden im August die Sonnenstunden pro Tag erfasst:
   8, 8, 8, 7, 6, 4, 6, 6, 7, 8, 8, 9, 10, 11, 11, 11, 10, 9, 8, 7, 6, 5, 3, 2, 2, 1, 2, 6, 7, 8, 8
   Zu den Daten entstanden zwei Diagramme.

 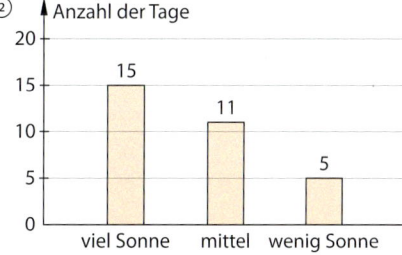

   a) Vergleiche die Diagramme. Nenne mögliche Ursachen für die Unterschiede.
   b) Ein Diagramm stammt von einem Reiseveranstalter, eines vom Wetterdienst. Ordne zu und begründe.
   c) Ermittle zu jedem Diagramm eine passende Klasseneinteilung der Sonnenstunden.

6.4 Kennwerte

■ Annika und Marie trainieren 7-m-Würfe. Sie machen drei Runden mit je 30 Würfen. Der Trainer notiert:
Annika: 14 Treffer, 22 Treffer und 18 Treffer.
Marie: 21 Treffer, 15 Treffer und 21 Treffer.

a) Wer hatte die meisten Treffer in einer Runde?
b) Wer hatte zwischen der besten und der schlechtesten Runde den größten Unterschied?
c) Wer von den beiden traf im Durchschnitt häufiger? ■

> **Wissen: Kennwerte von Datenlisten**
>
> Das **Maximum** ist der größte Wert einer Datenliste, das **Minimum** ihr kleinster Wert.
>
> Die **Spannweite** ist die Differenz zwischen dem Maximum und dem Minimum.
> Spannweite = Maximum − Minimum
>
> Das **arithmetische Mittel** wird berechnet, indem man die Summe aller Werte durch die Anzahl der Werte dividiert.
> arithmetisches Mittel = $\dfrac{\text{Summe aller Werte}}{\text{Anzahl der Werte}}$
>
> Der **Median** (Zentralwert) ist der mittlere Wert einer geordneten Datenliste (bei ungerader Anzahl) bzw. das arithmetische Mittel der beiden mittleren Werte (bei gerader Anzahl von Daten).

Hinweis: Zum arithmetischen Mittel sagt man in der Alltagssprache oft **Durchschnitt**.

Kennwerte ermitteln

> **Beispiel 1:** In den letzten Vokabeltests hatte Antonia 6, 9, 4, 2, 5 und 4 Fehler.
> a) Bestimme das Maximum, das Minimum und die Spannweite.
> b) Bestimme das arithmetische Mittel und den Median.

Lösung:

a) Das schlechteste Ergebnis waren 9 Fehler, das beste 2 Fehler.
Spannweite = Maximum − Minimum

Maximum: 9
Minimum: 2
Spannweite: 9 − 2 = 7

b) Teile die Summe der Fehler durch die Anzahl der Tests.

Summe der Fehler: 6 + 9 + 4 + 2 + 5 + 4 = 30
Anzahl der Tests: 6
Arithmetisches Mittel: $\dfrac{30}{6} = 30 : 6 = 5$

In der geordneten Liste 2; 4; 4; 5; 6; 9 mit 6 Daten stehen 4 und 5 in der Mitte.

Median: arithmetisches Mittel von 4 und 5: $\dfrac{4+5}{2} = 4{,}5$

Basisaufgaben

1. Bestimme das Maximum, das Minimum und die Spannweite der Datenliste.
   a) 5; 7; 7; 11; 19
   b) 36; 0; 119; 70; 85; 187
   c) 5,5; 9,2; 9,8; 7,3; 4,7; 8,0

6.4 Kennwerte

2. Berechne das arithmetische Mittel der Datenliste. Vergleiche es mit dem Median.
   a) 2; 18; 7
   b) 33; 0; 127; 12
   c) 4; 5; 7; 12; 13
   d) 2,3; 13,4; 1,5; 3,2
   e) 27; 32; 54; 81; 93
   f) 1437; 1297; 1185; 2481

Hinweis zu 2:
Hier findest du die arithmetischen Mittel.

3. An einem Tag wurde mehrfach die Temperatur gemessen: 3 °C, 6 °C, 6 °C, 6 °C, 7 °C, 8 °C, 8 °C, 12 °C. Auf den Kärtchen stehen die Kennwerte zu der Datenreihe. Ordne sie zu.

   3 °C   9 °C   6 °C   7 °C   12 °C   6,5 °C

4. Bestimme für jede Woche Maximum, Minimum, Spannweite, Median und das arithmetische Mittel. Beschreibe, worin sich die Temperaturen in den beiden Wochen unterscheiden.

   ①
	Mo.	Di.	Mi.	Do.	Fr.	Sa.	So.
	0 °C	4 °C	3 °C	4 °C	4 °C	4 °C	9 °C

   ②
	Mo.	Di.	Mi.	Do.	Fr.	Sa.	So.
	7 °C	0 °C	1 °C	8 °C	1 °C	2 °C	9 °C

   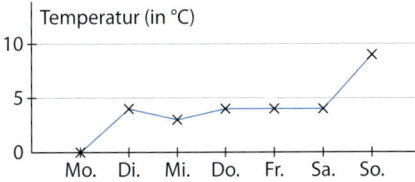
   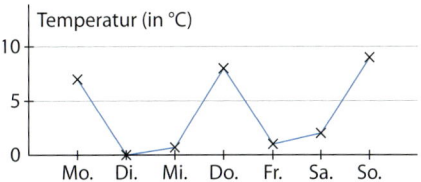

5. Mara und David haben bei einem Schüler-Quiz teilgenommen. In den vier Runden erzielte Mara 8, 9, 4 und 11 richtige Antworten, David hatte 8, 9, 8 und 9 richtige Antworten.
   a) Berechne das durchschnittliche Ergebnis von Mara und das von David.
   b) Wer hat besser abgeschnitten? Begründe deine Meinung.

6. Berechne das arithmetische Mittel, den Median und die Spannweite der Daten. Beschreibe, wie sich die Kennwerte durch die Hinzunahme des Wertes in Klammern ändern.
   a) 7; 1; 1; 2; 4 (3)
   b) 19; 2; 21 (4)
   c) 13; 7; 9; 11 (65)

Das arithmetische Mittel bei Häufigkeitstabellen ermitteln

Beispiel 2: Ein Basketballteam hat Freiwürfe geübt. Die Tabelle zeigt, wie viele der Mitglieder 14, 15, 16, 17 oder 18 Treffer hatten. Berechne das arithmetische Mittel der Trefferzahlen.

Trefferzahl	14	15	16	17	18
Häufigkeit	3	4	5	2	4

Lösung:
Ermittle die Gesamtzahl der Treffer wie folgt: Multipliziere die Trefferzahl mit ihrer Häufigkeit. Addiere die Produkte.

$3 \cdot 14 + 4 \cdot 15 + 5 \cdot 16 + 2 \cdot 17 + 4 \cdot 18 = 288$

Ermittle die Anzahl der Werte.
Teile die Gesamtzahl der Treffer durch die Anzahl der Werte.

Anzahl der Werte: $3 + 4 + 5 + 2 + 4 = 18$
Arithmetisches Mittel: $\frac{288}{18} = 288 : 18 = 16$

Basisaufgaben

7. Berechne das arithmetische Mittel der Noten aus der Klassenarbeit.

Note	1	2	3	4	5	6
Anzahl	3	7	6	4	3	1

8. Der Trainer von zwei Fußballmannschaften möchte vergleichen, wie viele Tore pro Spiel seine Mannschaften schießen. Vergleiche die arithmetischen Mittel für beide Mannschaften.

Mannschaft 1:

Tore pro Spiel	1	2	3
Häufigkeit	4	2	4

Mannschaft 2:

Tore pro Spiel	1	2	3
Häufigkeit	3	2	5

9. Beim Schulfest wurde Dosenwerfen angeboten. Die Tabelle zeigt, wie viele Dosen die Werfer mit je drei Würfen abgeworfen haben.

Anzahl abgeworfener Dosen	0	1	2	3	4	5	6	7	8	9	10
Anzahl der Werfer	0	1	1	5	7	13	18	18	21	8	8

a) Bestimme das arithmetische Mittel der Anzahl abgeworfener Dosen.
b) Ermittle, wie viele Teilnehmer besser waren als der Durchschnitt.
c) Gib den Median und die Spannweite der abgeworfenen Dosen an.

Weiterführende Aufgaben

10. a) Ermittle für die Klassen 6a und 6b arithmetisches Mittel und Median.
    b) Nina aus der 6b behauptet, ihre Klasse habe auf den ersten Blick besser abgeschnitten. Wie kann sie auf diese Behauptung kommen?

Klasse 6a:

Note	1	2	3	4	5	6
Anzahl	1	3	8	6	2	0

Klasse 6b:

Note	1	2	3	4	5	6
Anzahl	0	9	5	5	4	2

11. Stolperstelle:
   a) Tim will das arithmetische Mittel der Ergebnisse beim Team-Weitsprung berechnen:
      2,45 m + 3,05 m + 1,90 m + 220 cm + 2,6 m + 180 cm = 410 m   410 m : 6 ≈ 68,33 m
      Erkläre Tims Fehler und korrigiere sie.
   b) Bei einer Tombola gibt es unterschiedliche Geldpreise als Gewinne:
      100-mal 1 €;   10-mal 4 €;   5-mal 10 €;   3-mal 25 €;   1-mal 100 €
      Katharina will den durchschnittlichen Gewinn ermitteln. Sie rechnet:
      1 € + 4 € + 10 € + 25 € + 100 € = 140 €   140 € : 5 = 28 €
      Das Ergebnis kommt Katharina sehr hoch vor. Korrigiere ihre Rechnung.

12. Die Fahrt des Intercity von Gießen nach Friedberg dauerte bei den letzten Fahrten:
    20 min, 22 min, 19 min, 51 min, 20 min
    a) Berechne das arithmetische Mittel und den Median.
    b) Beschreibe, was dir an den Zahlen auffällt. Woran könnte das liegen?
    c) Schätze, wie lang die Fahrtdauer laut Fahrplan ist. Begründe dein Vorgehen.

13. Die Lehrerin zeigt einen Faden der Länge 99 cm, ohne die Länge zu nennen. In zwei Schülergruppen schätzt jeder Einzelne die Länge des Fadens in cm.
    Gruppe A: 100, 135, 100, 65, 70, 130   Gruppe 2: 105, 95, 110, 108, 90, 95
    a) Bestimme für jede Gruppe Median, Spannweite und arithmetisches Mittel.
    b) Welche Gruppe hat besser geschätzt? Begründe deine Meinung. Welche Bedeutung haben die Kennwerte bei der Beurteilung der Frage?

6.4 Kennwerte

14. Schätzt das Gewicht des Fundamente-Buches. Bestimmt das Minimum, das Maximum, die Spannweite, den Median und das arithmetische Mittel eurer Schätzung. Messt anschließend das Gewicht und vergleicht den Wert mit der Schätzung.

Tipp zu 14: Verwendet einen Taschenrechner.

15. Gegeben sind die Zahlen 23, 12, 17 und 18.
  a) Eine natürliche Zahl soll ergänzt werden, sodass die Spannweite der Datenliste unverändert bleibt. Finde alle möglichen Lösungen.
  b) Kann eine Zahl ergänzt werden, sodass sich die Spannweite verringert? Begründe.
  c) Ergänze eine fünfte Zahl, sodass die Spannweite den Wert 15 (den Wert 35) hat.
  d) Ergänze eine fünfte Zahl, sodass das arithmetische Mittel der Datenliste den Wert 16 (den Wert 15; den Wert 20; den Wert 18) hat.
  e) Ergänze eine fünfte Zahl, sodass der Median, falls möglich, den Wert 17 (den Wert 18; den Wert 23) hat.

16. Begründe jeweils, ob das arithmetische Mittel oder der Median aussagekräftiger ist.
  a) Für den neuen Reiseführer sollen mittlere Temperaturen für jeden Monat angegeben werden.
  b) Euer Lehrer möchte wissen, wie viel Taschengeld eure Klasse „im Mittel" erhält.

17. Die Säulendiagramme zeigen für zwei Wochen die Anzahl der Sonnenstunden pro Tag.

1. Woche: 2. Woche:

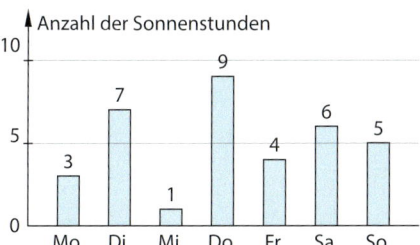 

  a) Berechne für die 1. Woche das arithmetische Mittel der täglichen Sonnenstunden.
  b) Toni behauptet: „Man kann das arithmetische Mittel im ersten Diagramm bereits gut erkennen." Erkläre, was Toni meint. Vergleiche dazu immer zwei Tage.
  c) Aaron sagt: „Man sieht sofort, dass in der 2. Woche im Durchschnitt die Sonne pro Tag mehr als 5 Stunden schien." Was meinst du dazu?
  d) Schätze anhand der Abbildung für die 2. Woche das arithmetische Mittel der täglichen Sonnenstunden. Überprüfe durch eine Rechnung.
  e) Erkläre, wie man die durchschnittliche Anzahl im Diagramm veranschaulichen kann.

18. Ausblick: Raser erfolgreich gestoppt

> Die Polizei hat in einer 70er-Zone auf der B 502 zehn Autofahrer mit zu hoher Geschwindigkeit gestoppt. Sie waren im Durchschnitt 25 km/h zu schnell unterwegs. Zwei Fahrer fielen dabei besonders negativ auf. Sie wurden mit 120 km/h und mit sogar 150 km/h erwischt. Ihnen droht nun eine lange Zeit ohne Führerschein.

Der Artikel nennt nur für zwei Autofahrer die exakte Geschwindigkeit. Bei allen anderen gestoppten Fahrern kann man nur spekulieren.
  a) Zunächst wird angenommen, dass die anderen acht Autofahrer alle gleich schnell waren. Bestimme deren Geschwindigkeit.
  b) Später kommt heraus, dass drei dieser acht Autofahrer mit 75 km/h gestoppt wurden. Berechne, wie schnell dann die anderen fünf Autofahrer im Durchschnitt gefahren sind.

Streifzug

6. Daten

Mit Tabellenkalkulationen arbeiten

■ Für die Abrechnung nach dem Grillfest hat Anna eine Tabelle mit einem Tabellenkalkulationsprogramm erstellt.
a) Beschreibe, welche Angaben in welchen Zellen stehen.
b) Interpretiere die Formel in Zelle F2.
c) Gib eine Formel für Zelle C8 an. ■

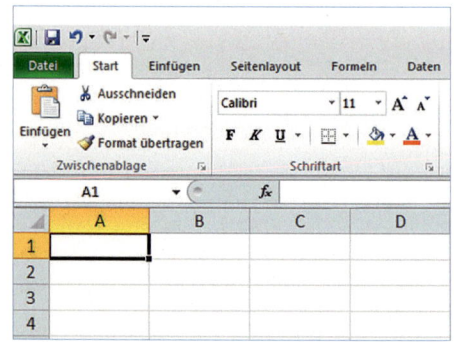

Mit einer **Tabellenkalkulation** wie z. B. Excel kann man Daten schnell auswerten und darstellen. Im ersten Schritt muss man die Daten in eine Tabelle eintragen. Dann kann man für die Daten Kennwerte berechnen oder Diagramme erstellen.

Wissen: Grundlagen einer Tabellenkalkulation

Jedes Arbeitsblatt ist in Zeilen 1, 2, 3 … und Spalten A, B, C … aufgeteilt.

Die einzelnen Felder in den Zeilen und Spalten bezeichnet man als Zellen. Der Zellname ergibt sich durch die Zeilen- und Spaltenbezeichnung, zum Beispiel B6.

Durch Klick in eine aktive Zelle kann man eine Zelle bearbeiten.

Daten in eine Tabelle eintragen

Beispiel 1: Für ein Sportfest liegen folgende Anmeldungen vor:
Frisbee 14, Fußball 12, Handball 19, Tischtennis 24, Bouldern 18, Slackline 11.
Lege eine Tabelle in einer Tabellenkalkulation an.

Lösung:
1. Benenne die Datei und speichere sie.
2. Gib die Überschrift „Sportfest" ein.
3. Trage die Sportart und die Anzahl der Anmeldungen in die jeweiligen Zellen ein.

Hinweis:
Im Register „Start" kann man Schrift und Rahmen verändern.

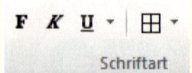

Formatiere Überschriften FETT.
Setze um Tabellen einen Rahmen.

TK 1. Erstelle mit einer Tabellenkalkulation eine Tabelle für die Besucherzahlen eines Zirkus: Dienstag 367, Donnerstag 403, Samstag 650 (ausverkauft), Sonntag 650 (ausverkauft).

Relative Häufigkeiten berechnen

Wissen: Formeln in einer Tabellenkalkulation
Am Anfang einer **Formel** steht immer ein Gleichheitszeichen „=". Dann folgt die Rechenvorschrift (ohne Leerzeichen). Die **Zeichen für Grundrechenarten** sind:

Addition: +   Multiplikation: *   Subtraktion: –   Division: /

Beispiel 2: Berechne für die Anmeldungen aus Beispiel 1 die relativen Häufigkeiten.

Lösung:
1. Bestimme die „Gesamtzahl" der Anmeldung. Gib dazu in **B10** die Formel =**SUMME(B4:B9)** ein. Bestätige die Eingabe mit „Enter". In B10 steht dann das Ergebnis.

   Hinweis: „B4:B9" bedeutet von Zelle B4 bis Zelle B9

2. Gib in die Zelle **C4** die Formel =**B4/B10** ein. Man erhält das Ergebnis 0,14. Berechne mit der Formel auch in den anderen Zellen die relativen Häufigkeiten.

3. Du kannst die relativen Häufigkeiten auch in Prozent ausgeben lassen. Markiere die relativen Häufigkeiten und wähle:

   Wähle Prozent aus und gib die Anzahl der gewünschten Nachkommastellen an.

   Hinweis: Schreibe in C4 =B4/B10. Dann kannst du die Formel aus C4 kopieren und in C5 bis C9 einfügen.

	A	B	C
1	Sportfest		
2			
3	Sportart	Anmeldungen	Relative Häufigkeit
4	Frisbee	14	0,14
5	Fußball	12	
6	Handball	19	
7	Tischtennis	24	
8	Bouldern	18	
9	Slackline	11	=SUMME(B4:B9)
10	Gesamtzahl	98	

	A	B	C
1	Sportfest		
2			
3	Sportart	Anmeldungen	Relative Häufigkeit
4	Frisbee	14	14,3%
5	Fußball	12	12,2%
6	Handball	19	19,4%
7	Tischtennis	24	24,5%
8	Bouldern	18	18,4%
9	Slackline	11	11,2%
10	Gesamtzahl	98	

TK 2.
a) Erstelle die Tabelle aus Beispiel 2 in einer Tabellenkalkulation.
b) Kontrolliere die relativen Häufigkeiten, indem du die Summe der Felder **C4** bis **C9** berechnest. Das Ergebnis muss 1 bzw. 100 % sein.
c) Ändere die Anmeldungen für Fußball auf 20. Beschreibe, was sich in der Tabelle ändert.

TK 3. Die Klasse 6a plant einen Ausflug.

Fahrkarten Bus .... 4,80 €   pro Person
Imbiss .... 4,90 €   pro Person
Eintritt .... 5,50 €   pro Person
Führung .... 20,00 €   einmalig

a) Berechne mit einer Tabellenkalkulation die gesamten Kosten für 24 Schüler.
b) Verändere die Anzahl der Schüler auf 20 (auf 26, auf 23). Notiere jeweils die Gesamtkosten.
c) Berechne auch die Kosten pro Schüler. Finde dafür eine passende Formel.

	A	B	C
1	Schüler	24	
2			
3		Kosten	Gesamtkosten
4	Bus	4,80 €	=B1*B4
5	Imbiss		
6	Eintritt		
7	Führung		

Tipp zu 3: Eine Tabellenkalkulation „denkt mit", wenn man Zellbezüge nutzt wie in =B1*B4.

Diagramme erstellen

Hinweis:
Weitere wichtige Diagrammarten sind:

Beispiel 3: Erstelle ein Kreisdiagramm zu den Daten aus Beispiel 1.

Lösung:
1. Markiere die Zellen mit den Daten (**A3** bis **B9**).

2. Wähle dann:

3. Um ein Diagramm zu formatieren, zu beschriften oder zu korrigieren, klicke einmal mit der Maus darauf und wähle:

| TK | 4. Paul hat die Ergebnisse einer Klassenarbeit als Tabelle aufgeschrieben. Erstelle in einer Tabellenkalkulation ein Kreisdiagramm. |

Note	1	2	3	4	5	6
Anzahl	5	6	5	4	3	2

Kennwerte ermitteln

Tabellenkalkulationen enthalten bereits einige Funktionen für statistische Kennwerte.

Hinweis:
Du musst dir die Funktionen nicht alle merken. Unter

Einfügen Σ

kannst du alle Funktionen wählen und einfügen.

Wissen: Funktionen für Kennwert
Arithmetisches Mittel: MITTELWERT()
Maximum: MAX()
Minimum: MIN()
Median: MEDIAN()

In der Klammer stehen jeweils die Zellen mit den Daten, die ausgewertet werden sollen.

TK 5. Bei einer Online Auktion wurde an einem Sonntag ein Angebot eingestellt. Die Laufzeit des Angebots beträgt eine Woche.
  a) Berechne für die täglichen Aufrufe des Angebots mit einer Tabellenkalkulation arithmetisches Mittel, Maximum und Minimum und Median.
  b) Welche Kennwerte sind in diesem Zusammenhang aussagekräftig? Diskutiert in der Gruppe.

	A	B	C	D	E	F	G	H	I
1	Tag	So	Mo	Di	Mi	Do	Fr	Sa	So
2	Klicks	12	4	3	12	22	35	64	71
3									
4	arithmetisches Mittel:				28				
5	Maximum:								
6	Minimum:				=MITTELWERT (B2:I2)				
7	Median:								
8									

6.5 Vermischte Aufgaben

1. In zwei Umfragen wurden zufällig ausgewählte Personen nach ihrem Urlaubsziel für den Sommer befragt. Die Ergebnisse wurden in zwei verschiedenen Zeitschriften abgedruckt.

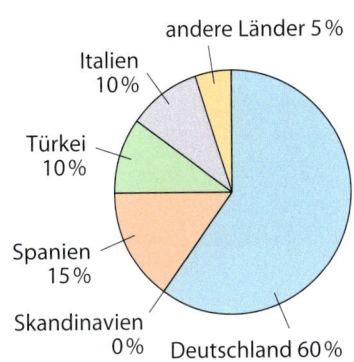

Umfrage A: 20 Teilnehmer

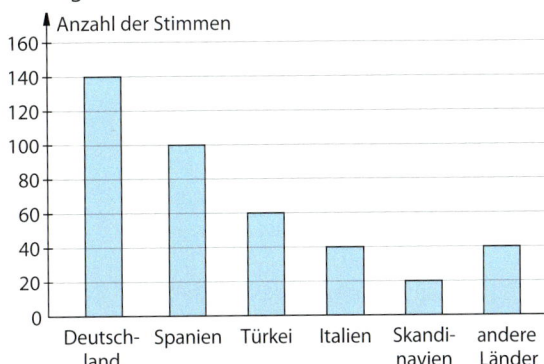

Umfrage B: 400 Teilnehmer

a) Stelle die absoluten und relativen Häufigkeiten für beide Umfragen in einer Tabelle dar.
b) Vergleiche die Ergebnisse und nenne Gemeinsamkeiten und Unterschiede.
c) Welche der beiden Umfragen ist aussagekräftiger? Begründe deine Antwort.
d) Findest du es besser, das Ergebnis der Umfrage in einem Kreisdiagramm oder in einem Säulendiagramm darzustellen? Begründe deine Meinung.

2. Führt in eurer Klasse eine Umfrage zur Anzahl der Geschwister durch. Vervollständigt die Tabelle im Heft und stellt das Ergebnis grafisch dar.

Anzahl der Geschwister	keine	1	2	3	mehr
absolute Häufigkeit					
relative Häufigkeit					

3. Vor einer Schule besteht eine Geschwindigkeitsbegrenzung von 30 km/h. Die Polizei kontrolliert morgens vor der Schule die Geschwindigkeit der Verkehrsteilnehmer:

Geschwindigkeit (in km/h)	bis 15	über 15 bis 20	über 20 bis 25	über 25 bis 30	über 30 bis 35	über 35 bis 40	über 40
Anzahl der Fahrzeuge	30	75	120	150	90	75	60

a) Berechne die relativen Häufigkeiten. Stelle die Ergebnisse der Geschwindigkeitsmessung in einem Säulendiagramm dar. Färbe die Säulen sinnvoll rot oder grün.
b) Erstelle mit einer Tabellenkalkulation ein Kreisdiagramm.

4. Beim Werfen werden die Trainingsgruppen „gute Weite", „mittlere Weite" und „geringe Weite" gebildet. Bei einer Proberunde werfen die Schüler die folgenden Weiten (in m):
15, 34, 22, 18, 26, 31, 36, 41, 23, 28, 19, 40, 26, 19, 20, 23, 35, 32, 29, 25, 26
a) Finde eine Klasseneinteilung, bei der die „gute Weite" 9-mal, die „mittlere Weite" 7-mal und die „geringe Weite" 5-mal vorkommt.
b) Untersuche, ob eine Klasseneinteilung möglich ist, bei der in jeder Trainingsgruppe gleich viele Schüler sind.
c) Erstelle eine Klasseneinteilung mit drei Klassen für die Weiten 15 m bis 41 m, bei der jede Klasse die gleiche Klassenbreite hat. In welcher Gruppe sind dann die meisten Schüler?

5. Wie ändern sich die relativen Häufigkeiten?
   a) An einer Straße fuhren gestern 12 von 40 Autofahrer zu schnell und wurden angehalten. Heute sind es 6 Fahrer von 40 Fahrern.
   b) Marius hatte in seinem Aquarium 50 Fische, davon 5 Welse. Er verschenkte einige seiner Jungtiere und hat nun insgesamt noch 25 Fische, hat aber alle Welse behalten.

6. Bei der letzten Klassenarbeit betrug die Durchschnittsnote 3,2. Die Ergebnisse der neuen Klassenarbeit stehen an der Tafel.
   a) Berechne den Median und das arithmetische Mittel der Noten.
   b) Beurteile, ob diese Klassenarbeit besser ausgefallen ist als die letzte Klassenarbeit.
   c) Erstelle ein passendes Diagramm.

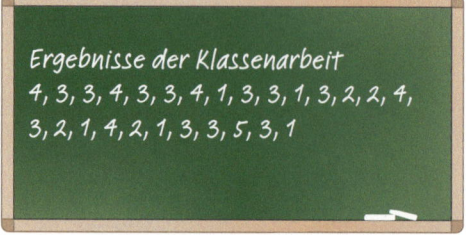

Ergebnisse der Klassenarbeit
4, 3, 3, 4, 3, 3, 4, 1, 3, 3, 1, 3, 2, 2, 4, 3, 2, 1, 4, 2, 1, 3, 3, 5, 3, 1

7. In den Klassen 6a und 6b sind jeweils 30 Kinder, wovon jeweils die Hälfte 11 Jahre alt ist. Die anderen sind alle 10 oder 12 Jahre alt. Maria sagt: „Die Schüler der Klassen 6a und 6b sind im Durchschnitt gleich alt."
   a) Finde ein Beispiel, sodass Marias Aussage stimmt.
   b) Finde ein Beispiel, sodass Marias Aussage nicht stimmt.

8. Finde jeweils ein Beispiel mit natürlichen Zahlen und erkläre allgemein.
   a) Welches ist das arithmetische Mittel von drei (fünf; elf) aufeinanderfolgenden Zahlen?
   b) Welches ist das arithmetische Mittel von 2 (4; 14) aufeinanderfolgenden Zahlen?
   c) Welches ist das arithmetische Mittel einer geraden (ungeraden) Anzahl aufeinanderfolgender gerader Zahlen?

9. Familie Meier aus Mannheim unternimmt in den Ferien eine sechstägige Radtour. Sie starten in Hannoversch Münden und fahren entlang der Weser Richtung Bremen. Am ersten Tag fahren sie 45 km bis nach Bad Karlshafen, wo sie übernachten. In der zweiten Nacht übernachten sie in Bodenwerder, in der dritten in Rinteln, in der vierten in Petershagen und in der fünften Nacht in Nienburg. Der sechste Tag der Radtour steht noch bevor. Die Familie stoppt jeden Tag die Fahrzeit (ohne Pausen).

| Fahrzeit (in h) | 3 | $4\tfrac{1}{4}$ | $3\tfrac{3}{4}$ | $3\tfrac{1}{3}$ | $3\tfrac{2}{3}$ |

Orte	km
Hann. Münden	0
Bodenfelde	34
Bad Karlshafen	45
Höxter	69
Holzminden	80
Bodenwerder	111
Hameln	136
Rinteln	165
Minden	204
Petershagen	215
Nienburg	270
Bremen	365

- Wie viel Kilometer ist die Familie schon gefahren?
- Gib die durchschnittliche Fahrzeit der ersten fünf Tage an.
- An welchem Tag wurde die höchste Durchschnittsgeschwindigkeit gefahren?
- Welche Strecke müssen sie am letzten Tag noch fahren, damit sie durchschnittlich 50 km pro Tag zurückgelegt haben?
- Wie viele Tage hättest du für die Strecke von Hann. Münden nach Bremen gebraucht? Wo würdest du Pausen einplanen?

6.5 Vermischte Aufgaben

10. Sarah führt in ihrer Klasse eine anonyme Umfrage durch, wie viel Taschengeld ihre Mitschüler bekommen.

Taschengeld pro Woche (in €)	5	6	7	8	9	10	12	15
Anzahl der Schüler	5	4	6	4	5	3	1	2

a) Erstelle mit einer Tabellenkalkulation zu den Daten ein Diagramm.
b) Berechne das arithmetische Mittel und den Median des Taschengelds pro Woche.
c) Sarah erhält 7 € Taschengeld pro Woche. Vergleiche dies mit ihren Mitschülern. Wie kann sie versuchen, ihre Eltern davon zu überzeugen, dass sie mehr Geld bekommt?
d) Jasmin meint: „Das kann man doch so gar nicht vergleichen – es muss doch jeder etwas anderes selbst kaufen und vom Taschengeld bezahlen."
Beschreibe mit eigenen Worten, worauf die Kritik von Jasmin abzielt.

11. Die Tabelle zeigt die Umweltbelastung durch unterschiedliche Verkehrsmittel pro gefahrenen Kilometer. Man muss aber auch berücksichtigen, wie viele Personen in dem Verkehrsmittel mitfahren können.

	A	B	C	D
1	Verkehrsmittel	Treibhausgas in g pro km	Anzahl Personen	Treibhausgas pro Person
2	PKW	556	4	139
3	Linienbus	4440	60	
4	S/U-Bahn	37000	500	
5				

a) Berechne mit einer Tabellenkalkulation den Ausstoß von Treibhausgas pro Person. Überlege dazu, welche Formel in D2 steht.
b) Welches Verkehrsmittel ist am umweltfreundlichsten? Berechne dazu den Ausstoß von Treibhausgasen pro Person für unterschiedliche Personenzahlen und vergleiche.
c) Mit wie viel Treibhausgas belastest du die Umwelt auf deinem Schulweg? Berechne.

12. Jonas hat Säulendiagramme zu Statistiken erstellt.

① Tore in der Saison 2013/14

Bayern	Mainz	Schalke	Dortmund
94	42	46	63

② Einwohner in deutschen Städten

Braunschweig	Celle	Verden	Oldenburg
250 500	68 500	26 600	162 500

③ Einwohner von Ländern

Deutschland	USA	Frankreich	Polen
80,62 Millionen	316 Millionen	66,2 Millionen	38,53 Millionen

a) Ordne die Tabellen den Diagrammen zu. Begründe.
b) Gib auch an, wie die einzelnen Säulen beschriftet werden müssen.

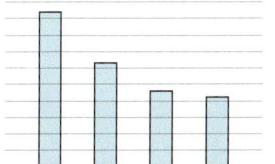
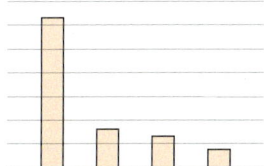
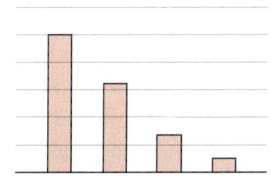

Prüfe dein neues Fundament

6. Daten

Lösungen
↗ S. 218

1. Ergänze die Tabelle im Heft.

a)
Gruppe	absolute Häufigkeit	relative Häufigkeit
A	5	
B	10	
C	25	
Gesamtzahl	40	

b)
Gruppe	absolute Häufigkeit	relative Häufigkeit
A		20 %
B		30 %
C		50 %
Gesamtzahl	60	

2. Die 16 Mädchen der Klasse 6b wurden gefragt, wie sie zur Schule kommen. Ihre Antworten:
zu Fuß, zu Fuß, zu Fuß, zu Fuß, Fahrrad, Fahrrad, Fahrrad, Fahrrad, Fahrrad, Fahrrad, Fahrrad, Fahrrad, Straßenbahn, Straßenbahn, Bus, Bus
Ermittle die relativen Häufigkeiten der Verkehrsmittel.

3. Bei einer Bewertung von Ärzten im Internet empfehlen 28 von 40 Patienten Dr. Messer weiter. Bei Dr. Spritze sind es 36 von 50 Patienten. Welcher Arzt ist bei den Patienten beliebter? Vergleiche die relativen Häufigkeiten.

4. Von 24 Schülern wurde der Klassensprecher gewählt. Jeder hat seine Stimme entweder Tanja, Paul oder Maria gegeben. Tanja bekam acht Stimmen, Paul zwölf und Maria die restlichen Stimmen.
Welches der Kreisdiagramme stellt den Sachverhalt richtig dar? Begründe.

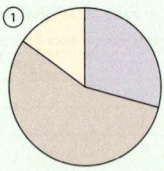 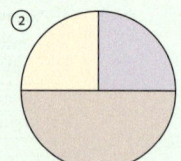 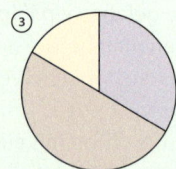

5. 180 Personen wurden gefragt: „Beeinflusst Werbung Ihr Kaufverhalten?"
Das Kreisdiagramm zeigt das Ergebnis der Umfrage.
   a) Berechne die Anteile der Antworten in Prozent.
   b) Berechne, wie viele Personen die einzelnen Antworten gegeben haben.

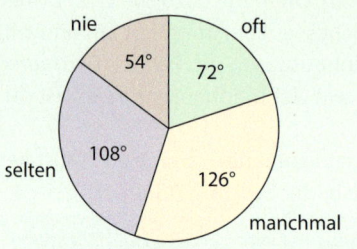

6. Bei der letzten Klassenarbeit wurden folgende Punktzahlen erreicht:
16, 14, 20, 21, 15, 16, 18, 22, 10, 24, 12, 8, 14, 6, 2, 16, 22, 13, 15, 19, 21, 24, 17, 18, 11, 5, 10, 14.
Die Mathematiklehrerin verwendet für die Notengebung die folgende Punkteeinteilung.

Note	1	2	3	4	5	6
Punkte	26 – 24	23 – 20	19 – 16	15 – 12	11 – 6	5 – 1

   a) Stelle die absoluten Häufigkeiten der Noten in einer Tabelle dar.
   b) Stelle die absoluten Häufigkeiten der Noten in einem Säulendiagramm dar.

7. Nur bei einer der beiden Datenlisten ist es sinnvoll, eine Klasseneinteilung vorzunehmen. Welche Datenliste ist das? Gib dafür eine passende Klasseneinteilung an.
   a) Anzahl der Familienmitglieder: 2, 4, 3, 2, 5, 4, 4, 3, 5, 3, 4, 6, 3, 4, 4, 4, 3, 3, 4, 3, 3
   b) Anzahl der gelesenen Bücher: 5, 12, 17, 11, 3, 6, 9, 5, 19, 14, 2, 8, 16, 14, 7, 10

Prüfe dein neues Fundament

8. Bei einem Sportfest erreichen die Jungen der Klasse 6b beim Weitsprung die folgenden Ergebnisse:

Michael	Frank	Paul	Anton	Kay	Ernst	Max	Nils	Timo
3,10 m	3,75 m	3,37 m	2,95 m	3,78 m	3,72 m	2,76 m	4,05 m	3,95 m

a) Bestimme das Maximum und das Minimum der Weiten.
b) Wie viel Zentimeter Abstand liegen zwischen dem kürzesten Sprung und dem weitesten Sprung? Wie nennt man diesen Kennwert in der Mathematik (Fachbegriff)?

9. Bestimme das Maximum, das Minimum, die Spannweite, den Median und das arithmetische Mittel.
   a) 11, 19, 11, 10, 12, 9
   b) 12, 11, 9, 12, 11, 10, 2, 11

10. Berechne das Durchschnittsalter der Schüler.

Alter der Schüler	10 Jahre	11 Jahre	12 Jahre	13 Jahre
Häufigkeit	1	8	9	2

11. Folgende Altersangaben sind über die Mitglieder einer Trainingsgruppe „Schwimmen" bekannt: Inka (15 Jahre), Marie (17 Jahre), Anna (17 Jahre), Lara (16 Jahre), Erdmute (17 Jahre), Ines (14 Jahre), Julia (15 Jahre) und Johanna (15 Jahre).
    a) Ermittle das Durchschnittsalter in der Schwimmgruppe.
    b) Wenn auch Anja in der Gruppe trainiert, hat die Trainingsgruppe einen Altersdurchschnitt von 16,0 Jahren. Wie alt ist Anja?

Wiederholungsaufgaben

1. Berechne.
   a) $1 + \frac{1}{3} \cdot \frac{5}{7}$
   b) $12 : 0,5$
   c) $\frac{3}{4} + \frac{3}{2}$
   d) $4,2 - \frac{2}{3}$
   e) $4 - \frac{4}{5} : \frac{1}{3}$

2. „Das Konzert hörten dreiundsiebzigtausendundfünfzehn Menschen."
   Schreibe diese Zahl in Ziffern.

3. Gib $\frac{3}{8}$ in Prozent und als Dezimalzahl an.

4. In der Zeitung kann man Kleinanzeigen aufgeben. Eine umrahmte Anzeige kostet 5 € und darf bis zu acht Zeilen lang sein. Jede weitere Zeile kostet 2,20 €.
   Wie viel haben die beiden Anzeigen gekostet?

   Gut erhaltenes Kinder-Rad grün, Firma Asthonia, abzugeben. Kleine Schrammen am Schutzblech. Günstig abzugeben, VB 40 €.
   Kontakt: _____

   Suche Schüler, der mir bei der Gartenarbeit hilft. Aufgaben: Rasenmähen, Hecke schneiden, Zaun streichen sowie kleinere Reparaturen an Gartengeräten.
   Zahle 6 € pro Stunde.
   Kontakt: _____

Zusammenfassung

6. Daten

Absolute und relative Häufigkeit

Eine Anzahl wird beim Umgang mit Daten auch **absolute Häufigkeit** genannt.

Die **relative Häufigkeit** gibt an, wie groß der Anteil an der Gesamtzahl ist.

$$\text{relative Häufigkeit} = \frac{\text{absolute Häufigkeit}}{\text{Gesamtzahl}}$$

Die Summe der absoluten Häufigkeiten ergibt die Gesamtzahl, die Summe der relativen Häufigkeiten 1 oder 100 %. Relative Häufigkeiten werden als **Bruch**, **Dezimalzahl** oder **in Prozent** angegeben.

Bei der Klassensprecherwahl kandidierten Inka, Katja und Paul. 25 gültige Stimmen wurden abgegeben.

	absolute Häufigkeit	relative Häufigkeit
Inka	4	$\frac{4}{25} = 0{,}16 = 16\,\%$
Katja	11	$\frac{11}{25} = 0{,}44 = 44\,\%$
Paul	10	$\frac{10}{25} = 0{,}4 = 40\,\%$

Kreisdiagramm

Um **relative Häufigkeiten** grafisch darzustellen, eignen sich **Kreisdiagramme**. Die Anteile eines Ganzen werden als Teile eines Kreises dargestellt.

Der Vollkreis (360°) entspricht dem Ganzen (100 %). Die Kreisteile entsprechen den einzelnen Anteilen, 1 % entspricht dem Winkel 3,6°.

Umfrage bei 20 Schülern: „Welches Musikinstrument würdest du gerne spielen können?"

Instrument	Geige	Posaune	Klavier
Anzahl	6	4	10

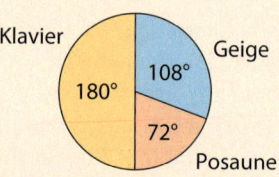

Die Anteile in Prozent lassen sich über die Winkelgrößen der Kreisteile berechnen.

Geige: $\frac{108°}{360°} = \frac{3}{10} = 30\,\%$

Posaune: $\frac{72°}{360°} = \frac{1}{5} = 20\,\%$

Klavier: $\frac{180°}{360°} = \frac{1}{2} = 50\,\%$

Klasseneinteilung

Wenn eine große Menge an Daten vorliegt, dann kann man benachbarte Werte zu einer **Klasse** zusammenfassen. Wie viele Klassen gewählt werden, hängt von der Situation ab.

Größen der 24 Mitglieder einer Mannschaft:

4	8	9	3

Kennwerte

Kennwerte werden genutzt, um Daten auszuwerten.

Das **Maximum** ist der größte Wert einer Datenliste, das **Minimum** ihr kleinster Wert. Die **Spannweite** ist die Differenz zwischen dem Maximum und dem Minimum.

Das **arithmetische Mittel** wird berechnet, indem man die Summe aller Werte durch die Anzahl der Werte dividiert.

$$\text{arithmetisches Mittel} = \frac{\text{Summe aller Werte}}{\text{Anzahl der Werte}}$$

Der **Median** ist der mittlere Wert einer geordneten Datenliste bzw. das arithmetische Mittel der beiden mittleren Werte.

Tageshöchsttemperaturen einer Woche in °C:
15; 19; 18; 21; 22; 24; 21

Maximum: 24
Minimum: 15
Spannweite: 24 − 15 = 9

Arithmetisches Mittel:
$$\frac{15 + 19 + 18 + 21 + 22 + 24 + 21}{7} = \frac{140}{7} = 20$$

Median: 15; 18; 19; **21**; 21; 22; 24

7. Komplexe Aufgaben

Die folgenden Aufgaben verbinden Kapitel dieses Buches und methodische Kompetenzen.

7. Komplexe Aufgaben

Spiele mit Brüchen

1. Es ist nicht immer einfach, die richtige Wahl zu treffen. Bei dem Würfelspiel „Bruch-Stechen" kann man durch eine kluge Wahl die eigenen Gewinnchancen vergrößern. Ihr braucht einen Würfel und etwas zum Schreiben.
   a) Es wird mit einem Würfel jeweils nacheinander zweimal gewürfelt. Nach dem ersten Wurf notiert der Spieler die Augenzahl entweder als Nenner oder als Zähler eines Bruchs. Die Augenzahl des zweiten Wurfs ist der fehlende Zähler oder Nenner. Der Spieler mit der größten Bruchzahl gewinnt.
   b) Das „Bruch-Stechen" wird erweitert: Die Spieler notieren sich eine Summe von zwei Brüchen: $\frac{\blacksquare}{\ast} + \frac{\blacktriangle}{\ast}$. Es wird nacheinander dreimal gewürfelt. Nach jedem Wurf notiert ein Spieler die Augenzahl entweder als Nenner beider Brüche oder als einen der beiden Zähler. Dann wird die Summe berechnet. Der Spieler mit dem größten Bruch gewinnt.
   c) Überlegt euch ein eigenes Würfelspiel. Notiert die Spielregeln und führt das Spiel einmal durch.

Figurenbild

2. Lina hat sich ein tolles Muster ausgedacht.
   a) Welche speziellen Vielecke erkennst du in ihrem Bild?
   b) Übertrage das Bild in dein Heft, ohne die Felder auszumalen. Wenn das Bild fertiggestellt ist, soll es zwei Symmetrieachsen haben. Ergänze das Bild so, dass es zwei Symmetrieachsen hat.

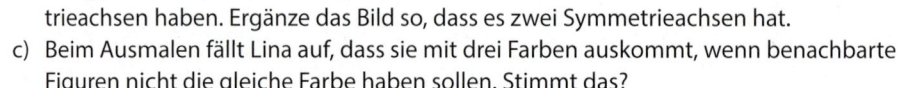

   c) Beim Ausmalen fällt Lina auf, dass sie mit drei Farben auskommt, wenn benachbarte Figuren nicht die gleiche Farbe haben sollen. Stimmt das?
   d) Ist das Bild nach dem Ausmalen auch noch symmetrisch? Begründe deine Antwort.

Mit Auto und Fahrrad

3. Martin und Andreas sind Nachbarn und haben gleich alte Söhne. Am Samstagabend treffen sie sich bei ihrem Freund Michael, der genau 13,15 km von ihnen entfernt wohnt. Martin ist mit dem Auto gekommen und Andreas schon am Nachmittag mit dem Fahrrad gefahren. Beide rufen auf ihren Rad- oder Bordcomputern die Durchschnittsgeschwindigkeiten ab. Martin ist im Durchschnitt 52,6 km pro Stunde gefahren und Andreas 26,3 km pro Stunde.
   a) Wie viele Minuten war Andreas länger unterwegs als Martin, wenn beide den gleichen Weg genommen haben?
   b) Martins Auto verbrauchte 5,8 l Super-Benzin auf 100 km gefahrener Strecke. Informiere dich zuerst über den aktuellen Preis für einen Liter Super-Benzin und berechne dann die ungefähren Benzinkosten.

Viereckparkett

4. Conrad hat etwas entdeckt: „Bei unserem Parkett ist der ganze Boden mit Rechtecken ausgelegt. Genauso könnte man das mit Drachenvierecken der gleichen Größe machen."

   a) Übertrage das Parkettmuster rechts in dein Heft und erweitere es rundherum jeweils um ein Drachenviereck.
   b) Alina möchte ein Parkettmuster mit anderen Figuren malen. Sie überlegt, ob es auch mit Parallelogrammen funktioniert.
      Erstelle ein Parkettmuster aus mindestens acht Parallelogrammen.
   c) Sebastian sagt: „Das geht doch mit allen Vierecken." Er beginnt zu zeichnen. Vervollständige Sebastians Skizze zu einem Parkettmuster mit mindestens acht Vierecken.
   d) Kann man tatsächlich mit allen Vierecken parkettieren? So nennt man es, wenn man deckungsgleiche Figuren beliebig oft lückenlos aneinander legt. Begründe deine Einschätzung. Erstelle gegebenenfalls ein Gegenbeispiel, das zeigt, dass eine Parkettierung nicht immer funktioniert.

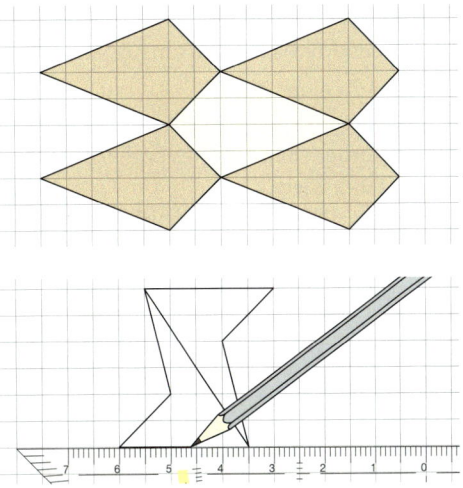

Hase und Igel

5. Hase und Igel wollen zum Baum. Der Hase halbiert bei jedem Schritt den Abstand zum Baum. Der Igel bewegt sich bei jedem Schritt 25 cm zum Baum. Notiere in einer Tabelle zu jedem Schritt der beiden ihren Abstand zum Baum. Wer erreicht den Baum zuerst?

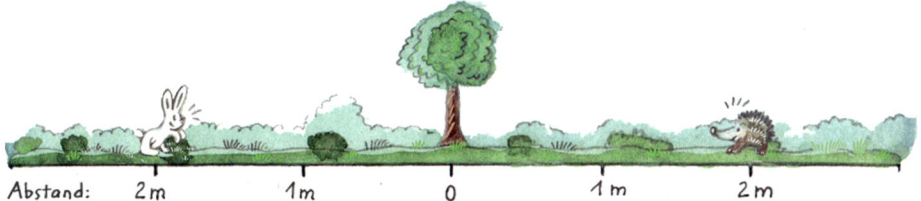

Geldkoffer

6. Ein 50-Euro-Schein ist 14 cm breit, 7,7 cm hoch und 0,1 mm dick. Ein Aktenkoffer ist 46 cm breit, 33,5 cm hoch und 13 cm tief. Passen 1 Million Euro in 50-Euro-Scheinen in den Aktenkoffer?
Beachte, dass nur ganze Geldscheine im Koffer liegen dürfen.

Der Mensch

Tipp zu 7:
1 kg Wasser entspricht
1 Liter Wasser.

7. Der Mensch besteht zu einem großen Anteil aus Wasser. Der Wasseranteil am Körpergewicht eines Mannes beträgt durchschnittlich $\frac{3}{5}$ und am Körpergewicht einer Frau $\frac{1}{2}$.

   a) Berechne, wie viel Liter Wasser der Körper eines Mannes enthält, der 80 kg wiegt.
   b) Frau Peters´ Wassermenge im Körper beträgt 33 ℓ. Wie viel wiegt Frau Peters?
   c) Der Wasseranteil im Körper von Kindern beträgt maximal $\frac{3}{4}$ des Körpergewichts. Berechne, wie viel Liter Wasser dein Körper maximal enthält.

Bildformate

8. Ein Bildformat gibt das Verhältnis zwischen der Breite und der Höhe eines Bildes an.

   a) Zeichne ein 4,5 cm breites Rechteck im Format 4:3 und ein weiteres im Format 16:9.
   b) Wenn man einen Film im Format 4:3 auf einem Bildschirm mit Format 16:9 abspielt, kann nicht der gesamte Bildschirm genutzt werden. Der nicht genutzte Teil des Bildschirms bleibt schwarz. Untersuche anhand einer geeigneten Skizze, wie ein Film im Format 4:3 auf einem Bildschirm mit Format 16:9 aussieht.
   Welcher Anteil des 16:9-Bildschirms bleibt dabei schwarz?
   c) Es tritt auch die umgekehrte Situation auf: Ein 16:9-Film soll auf einem 4:3-Fernsehgerät abgespielt werden. Untersuche, wie der Fernsehbildschirm für den Zuschauer aussieht. Welcher Anteil des Bildschirms bleibt schwarz?
   d) Warum bleibt immer ein schwarzer Bereich auf dem Bildschirm, wenn Bildformat und Bildschirmformat nicht gleich sind?
   e) Auf welchem Bildschirm sollte man einen Film mit der Angabe 1,33:1 bzw. 1,78:1 eher abspielen? Begründe.
   f) Welchen Anteil des Bildes kann man nicht sehen, wenn man auf einem 16:9-Bildschirm einen Film im 4:3 Format so abspielt, dass keine schwarzen Balken zu sehen sind?
   g) Es gibt bei einigen Bildschirmen ebenfalls die Möglichkeit, einen 4:3-Film in voller Größe auf einem 16:9-Bildschirm ohne schwarze Balken abzuspielen. Erkläre, was hierbei passiert. Nutze das folgende Bild.

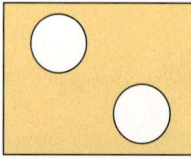 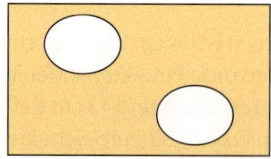

   h) Bildschirmgrößen werden meist mithilfe der Bildschirmdiagonalen angegeben. Untersuche, wie der Bildschirm eines Mobiltelefons aussieht, dessen Bildschirmdiagonale 9 cm beträgt, wenn das Format 4:3 bzw. 16:9 ist. Vergleiche die Größen der Bildschirmflächen. Gehe davon aus, dass die Breite beim 4:3-Bildschirm 7,2 cm und beim 16:9-Bildschirm 7,8 cm beträgt.

„Schummeln" und „Tricksen"

9. An seinem Geburtstag möchte Max mit seinen Gästen „Schummeln" und „Tricksen" spielen. Beim „Schummeln" zieht der Schummler (der Vater von Max) drei Karten aus einem Stapel mit neun Karten, mit den Ziffern von 2 bis 10. Der Schummler liest den Zahlenwert jeder Karte vor und muss bei genau einer Karte lügen. Nun raten die Spieler, bei welcher Karte er gelogen hat. Jeder Spieler, der richtig geraten hat, bekommt einen Punkt.
Beim „Tricksen" lässt man einen Würfel aus einer Höhe von mindestens 20 cm fallen. Ziel ist es, den Würfel so fallen zu lassen, dass er sechs Augen zeigt. Es gibt jeweils einen Punkt, wenn der Würfel sechs Augen zeigt.

a) Lina behauptet, dass die Spiele nichts mit Geschicklichkeit, sondern nur mit Glück zu tun haben. Angenommen, Lina hat recht und Max lädt neun Gäste ein. Die zehn Spieler „schummeln" und „tricksen" je sechsmal. Wie viele Punkte würdest du dann bei jedem Spieler im Durchschnitt erwarten?

b) „Trickst" und „schummelt" selbst. Bearbeitet die Aufgabe in Gruppen von 4 bis 5 Schülern. Wählt dabei einen Schummler aus. Ihr dürft sechsmal „schummeln" und sechsmal „tricksen". Wie viele Punkte erzielt jeder in eurer Gruppe im Schnitt beim „Schummeln"? Und beim „Tricksen"?

c) Stellt die Ergebnisse eurer Klasse übersichtlich dar. Überlegt vorher, welche Darstellungsform (Tabelle, Säulendiagramm, Kreisdiagramm) besonders geeignet ist.

d) Zu welchem Schluss kommt ihr? Geht es beim „Schummeln" und „Tricksen" nur um Glück, oder ist auch Geschicklichkeit mit im Spiel?

Schätzen der Dauer einer Minute

10. Führt folgendes Experiment durch: Vier Schüler erfassen die Daten. Alle anderen Schüler stehen auf. Auf ein Signal hin beginnt jeder mit geschlossenen Augen zu schätzen wie lange es dauert, bis eine Minute vorbei ist. Dann setzt er sich möglichst leise. Die Schätzzeiten werden von den vier „Datenerfassern" notiert.

a) Was vermutet ihr vor dem Experiment? Nach welcher Zeit wird sich wohl der erste und nach welcher Zeit der letzte Schüler hinsetzen? Um wie viele Sekunden werden die gemessenen Zeiten im Durchschnitt von der Dauer einer Minute abweichen?

b) Wertet die gemessenen Zeiten aus. Bestimmt das Maximum, das Minimum, die Spannweite und das arithmetische Mittel der Werte.

c) Wählt für die gemessenen Zeiten eine sinnvolle Klasseneinteilung und erstellt eine Tabelle mit den Häufigkeiten sowie ein Säulendiagramm.

d) Berechnet für jede gemessene Zeit die Abweichung von 60 Sekunden. Berechnet dann das arithmetische Mittel der Abweichungen. Vergleicht mit eurer Vermutung in a).

e) Führt das Experiment sowohl am Anfang als auch am Ende der Unterrichtsstunde durch und vergleicht die dabei ermittelten Kennwerte miteinander. In welchem Fall waren die Schätzungen besser? Welche Gründe könnten dafür sprechen, dass die Schätzungen besser oder schlechter werden?

Seltsames und Unerwartetes

Die folgenden Aufgaben fordern zum Knobeln auf. Arbeitet überwiegend selbstständig. Formuliert bei Bedarf zu Schwierigkeiten Fragen und tauscht euch dazu aus.
Vergleicht eure Lösungswege und Ergebnisse.

11. Der Bruch $\frac{24}{36}$ hat „tolle" Eigenschaften.
    – Wenn man die Reihenfolge der Ziffern in Zähler und Nenner vertauscht, ändert er seinen Wert nicht.
    – Wenn man jeweils entweder die erste oder die zweite Ziffer im Zähler und im Nenner streicht, bleibt ebenfalls der gleiche Wert erhalten.
    Findet möglichst viele weitere solche „Wunderbrüche".

12. Ein Mathematiklehrer wird von seinen Schülern gefragt, wie alt er sei. Darauf gibt er folgende Antwort: „Ein Fünftel meines Alters war ich Kind, ein Sechstel meines Alters verlebte ich als Jugendlicher. Die Hälfte meines bisherigen Lebens war ich verheiratet. Nun bin ich seit 8 Jahren wieder Single."
    Wie alt ist der Mathematiklehrer?

13. Im „Mathematikland" hat ein Hotel unendlich viele Zimmer. Alle Zimmer sind nummeriert mit 1, 2, 3, 4, 5 usw. Da es keine größte natürliche Zahl gibt, endet es nie. Ein Mathematiker möchte ein Zimmer haben. Ihm wird gesagt: „Wir sind leider belegt."
    Der Gast wundert sich: „Ich denke, sie haben unendlich viele Zimmer. Da lässt sich gewiss ein freies Zimmer für mich finden. Ich weiß auch wie …"
    Mache einen Vorschlag, auf welche Weise man in dem voll belegten Hotel mit unendlich vielen Zimmern ein freies Zimmer finden könnte.

14. Jan, Jana und Joko haben (für die anderen nicht sichtbar) jeder einen Ball in der Schulmappe und zwar einen roten, einen grünen oder einen blauen. Von den folgenden drei Aussagen ist eine wahr, die beiden anderen sind falsch:
    – Jan hat nicht den grünen Ball.
    – Jana hat nicht den blauen Ball.
    – Joko hat den grünen Ball.
    Finde heraus, wer welchen Ball dabei hat.

15. Astrid und Sven haben einen 8-Liter-Behälter mit frischem Apfelsaft. Die zwei wollen den Saft gerecht verteilen, besitzen aber nur einen leeren 5-Liter-Behälter und einen leeren 3-Liter-Behälter. Wie können sie dennoch eine gerechte Verteilung vornehmen?

16. In einer Maschine befinden sich drei ineinandergreifende Zahnräder. Die drei Zahnräder haben 36, 18 und 8 Zähne. Das Zahnrad mit 8 Zähnen dreht sich in einer Stunde viermal. Überlege, nach wie vielen Stunden sich die drei Zahnräder erstmalig wieder in der gleichen Position wie zu Beginn befinden.

8. Methoden

Kopiere die Seiten in diesem Abschnitt und schneide die Methodenkarten aus. Dann kannst du die Karten länger verwenden und mit eigenen Notizen ergänzen.

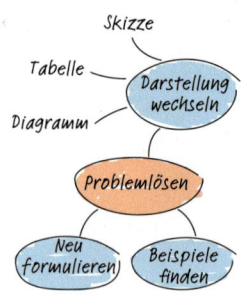

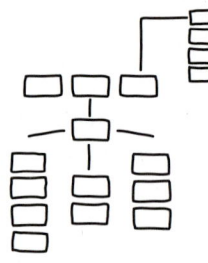

Methodenkarte 6 A: Mind- und Concept-Maps erstellen

Wenn du für Klassenarbeiten lernst oder dir einen Überblick über ein Thema verschaffen möchtest, können dir Mind- oder Concept-Maps weiterhelfen. Und so erstellst du sie:

Methode 1 (Einzelarbeit):
– Schreibe das Thema oder die Fragestellung mit Bleistift in die Mitte auf ein quer liegendes Blatt.
– Ziehe vom Thema aus Striche nach außen. An ihren Enden notierst du alles, was dir zu diesem Thema wichtig erscheint.
– Wenn dir Unterpunkte einfallen oder Themen zusammengehören, kannst du weitere Äste nach außen mit diesen Unterpunkten oder Verbindungslinien zwischen Themen ergänzen. Natürlich kannst du mit einem Radiergummi auch Teile entfernen.

Methode 2 (Gruppenarbeit):
– Schreibt das Thema oder die Fragestellung auf eine Karte, die ihr an die Tafel hängt oder auf den Boden legt.
– Jeder notiert auf Kärtchen, was ihm zu dem Thema einfällt.
– Legt die Karten für jeden aus der Gruppe gut sichtbar aus und sortiert sie.
– Legt Kärtchen, die zu einer gemeinsamen Überschrift passen, zusammen. Notiert die Überschrift auf einer neuen Karte und zieht eine Verbindungslinie vom Thema dahin.
– Ordnet alle Kärtchen an. Wenn euch noch etwas einfällt, schreibt neue Karten. Wenn etwas wegfällt, entfernt die Karten.
– Schaut euch das Ergebnis nochmals an: Ist alles verständlich und lesbar geschrieben? Passen alle Überschriften und Verbindungslinien? Überlegt, wie ihr eure Übersicht präsentieren wollt.

Methodenkarte 6 B: Tipps zum Lösen von Problemen

Manche Aufgaben sind echte Herausforderungen. Wenn du bei Aufgaben mal keinen Ansatz findest, können dir die folgenden Tipps helfen, weiterzukommen:

– *Formuliere das Problem mit eigenen Worten.*
  Kannst du deinen Mitschülern genau beschreiben, was vorausgesetzt wird, was gegeben ist und was gesucht ist?

– *Formuliere eine Frage.*
  Bei manchen Problemstellungen ist keine konkrete Frage angegeben. Formuliere dann selbst Fragen, die zielführend erscheinen.

– *Denke „quer".*
  Was kannst du messen, was kannst du damit ausrechnen? Kannst du die Lösung raten oder schätzen?

– *Finde Beispiele.*
  Manchmal kannst du ein Problem nicht sofort vollständig lösen. Aber du findest einzelne Beispiele. Jedes Beispiel bringt dich der Lösung des Problems näher.

– *Stelle das Problem anders dar.*
  Hast du eine Rechnung gegeben, mache dir eine Skizze. Liegt ein Diagramm vor, lies Werte ab und erstelle eine Tabelle. Es gibt für jede Situation meist mehrere Darstellungen.

– *Überprüfe deine Lösung.*
  Oft denkst du lange über ein Problem nach und findest plötzlich eine Lösung. Mache dir dann Notizen und überprüfe deine Lösung an der Ausgangsfrage.

Methodenkarte 6 C: ICH-DU-WIR

Im Mathematikunterricht arbeitest du an Aufgaben und stellst dich Herausforderungen. Dabei arbeitest du alleine, gemeinsam mit anderen Schülern oder mit der ganzen Klasse. Die ICH-DU-WIR-Methode kann dir helfen, Mathematik zu verstehen und auch schwierige Aufgaben zu bewältigen.

Und so geht es:
Eine Aufgabe oder ein Problem wird in drei Phasen bearbeitet.

ICH-Phase:
Denke alleine nach. Findest du vielleicht sogar eine Lösung? Notiere deine Ideen. Es geht dabei noch nicht um richtig oder falsch; jeder Gedanke ist erlaubt und nützlich.

DU-Phase:
Suche dir in der Klasse einen Partner oder eine kleine Gruppe, in der ihr eure Ideen austauschen könnt. Beim Vergleich eurer Ideen werdet ihr merken, was besonders gut funktioniert und was nicht. Vielleicht entwickelt ihr gemeinsam auch ganz andere Ansätze, auf die ihr alleine nicht gekommen wärt.

WIR-Phase:
Meist gibt es viele Wege, um eine Aufgabe oder ein Problem zu lösen. In dieser Phase stellt ihr eure Ideen vor und sucht nach Lösungen. Am meisten lernst du jetzt, wenn du verschiedene Lösungswege betrachtest und miteinander vergleichst. Je mehr Ansätze du gut kennst, desto leichter wird es dir beim nächsten Problem fallen, passende Ansätze zu finden.

Methodenkarte 6 D: Lösungswege begründen

Bei der Vorstellung deines eigenen Lösungsweges solltest du darauf achten, dass deine Zuhörer deine Vorgehensweise nachvollziehen können. Diese Fragen können dir bei der Vorbereitung der Präsentation helfen:

1. Wie bist du auf die Lösung gekommen? (Zwischenschritte, Orientierung an anderen Aufgaben, Vorstellen einer Alltagssituation, …)
2. Welche mathematischen Hilfsmittel hast du genutzt? (Wissenskasten im Buch, Lerntagebuch, Taschenrechner, …)
3. Warum bist du sicher, dass deine Lösung korrekt ist? (Abschätzen, Probe, …)

Methodenkarte 6 E: Geometrische Objekte bezeichnen

Es ist üblich, für verschiedene geometrische Objekte Buchstaben zu verwenden.

Punkte werden mit Großbuchstaben bezeichnet: A, B, C, …

Geraden und Strahlen werden mit Kleinbuchstaben bezeichnet: a, b, c, …
Strecken werden durch ihren Anfangs- und Endpunkt bezeichnet, zum Beispiel $\overline{AB}$ oder $\overline{ST}$.

Vielecke werden meist durch Angabe der Eckpunkte (entgegen dem Uhrzeigersinn, also mathematisch positiv) bezeichnet: Dreieck ABC, Sechseck FGHIKL, …

Für Winkel verwendet man meist kleine griechische Buchstaben:

α Alpha	β Beta	γ Gamma	δ Delta	ε Epsilon	ζ Zeta	η Eta	θ Theta
ι Iota	κ Kappa	λ Lambda	μ My	ν Ny	ξ Xi	ο Omikron	π Pi
ρ Rho	σ Sigma	τ Tau	υ Ypsilon	φ Phi	χ Chi	ψ Psi	ω Omega

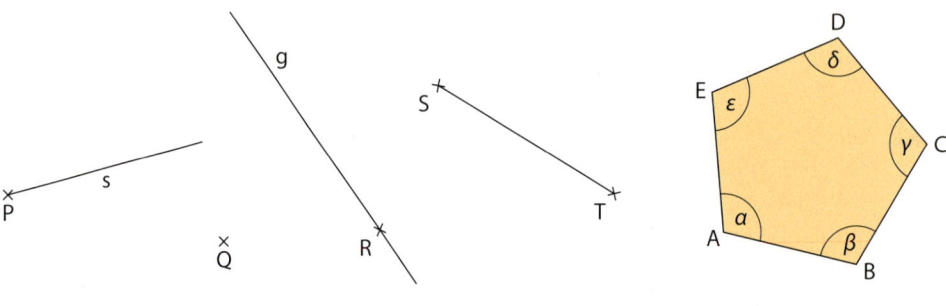

Methodenkarte 6 F: Umgang mit dem Geodreieck

Dein Geodreieck ist ein wichtiges Werkzeug, das du immer wieder benötigen wirst. Deswegen ist es wichtig, dass du dich gut damit auskennst.

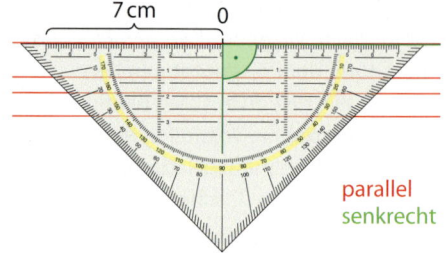

Hilfslinien für Parallelen: Mit diesen Hilfslinien kannst du prüfen, ob zwei Strecken zueinander parallel sind. Du kannst sie aber auch einsetzen, um Parallelen zu zeichnen.

Hilfslinie für Senkrechte: Diese Linie steht senkrecht auf der Grundseite des Dreiecks. Du kannst prüfen, ob zwei Linien einen 90° großen Winkel einschließen, oder eine senkrechte Strecke zeichnen, wenn du die Hilfslinie entlang einer Geraden legst.

Längenmessung: Achte darauf, das Geodreieck mit der 0 beginnend anzulegen. So kannst du Strecken bis 7 cm gut messen

Winkelmessung: Lege das Geodreieck auf einen Schenkel und miss den Winkel. Es gibt dabei zwei typische Fehler, die du vermeiden kannst: Lege das Geodreieck mit der 0 am Schenkel an und lies an der richtigen Skala ab. Schätze vorher ab, ob der Winkel kleiner oder größer als 90° ist, um Fehler beim Ablesen zu vermeiden.

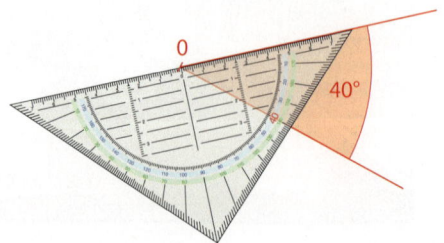

9. Anhang

Lösungen zu
- Dein Fundament
- Prüfe dein neues Fundament

Stichwortverzeichnis

Bildnachweis

Lösungen

Kapitel 1: Brüche

Dein Fundament (S. 6/7)

S. 6, 1.
a) 72   b) 63   c) 42   d) 64   e) 48
f) 36   g) 39   h) 48   i) 80   j) 81

S. 6, 2.
a) 3 · 7 = 21; 5 · 7 = 35; 10 · 7 = 70
b) 3 · 8 = 24; 5 · 8 = 40; 10 · 8 = 80
c) 3 · 9 = 27; 5 · 9 = 45; 10 · 9 = 90
d) 3 · 10 = 30; 5 · 10 = 50; 10 · 10 = 100
e) 3 · 12 = 36; 5 · 12 = 60; 10 · 12 = 120

S. 6, 3.
a) 3   b) 4   c) 5   d) 9   e) 5
f) 6   g) 7   h) 7   i) 9   j) 8

S. 6, 4.
a) 8   b) 420   c) 28   d) 65
e) 6800   f) 4   g) 9   h) 38

S. 6, 5.
a) 25 · 17 · 4 = 25 · 4 · 17 = 100 · 17 = 1700
b) 5 · 37 · 2 = 5 · 2 · 37 = 10 · 37 = 370
c) 19 · 5 · 20 = 19 · 100 = 1900
d) 2 · 39 · 5 = 2 · 5 · 39 = 10 · 39 = 390
e) 7 · 19 · 0 = 0
f) 2 · 59 · 50 = 2 · 50 · 59 = 100 · 59 = 5900
g) 25 · 47 · 0 = 0
h) 50 · 32 · 20 = 50 · 20 · 32 = 1000 · 32 = 32 000
i) 4 · 25 · 10 = 100 · 10 = 1000
j) 15 · 5 · 4 = 15 · 4 · 5 = 60 · 5 = 300

S. 6, 6.
a) richtig   b) 56 : 8 = 7
c) 0 · 7 = 0   d) 808 + 8 = 816
e) 7000 − 70 = 6930 f) 100 : 1 = 100
g) richtig   h) richtig

S. 6, 7.
a) 5   b) 9   c) 4   d) 4
e) 60 f) 13 g) 32 h) 57

S. 6, 8.
a) 11 : 2 = 5 Rest 1; 11 : 3 = 3 Rest 2;
   11 : 5 = 2 Rest 1; 11 : 10 = 1 Rest 1
b) 18 : 2 = 9 Rest 0; 18 : 3 = 6 Rest 0;
   18 : 5 = 3 Rest 3; 18 : 10 = 1 Rest 8
c) 23 : 2 = 11 Rest 1; 23 : 3 = 7 Rest 2;
   23 : 5 = 4 Rest 3; 23 : 10 = 2 Rest 3
d) 30 : 2 = 15 Rest 0; 30 : 3 = 10 Rest 0;
   30 : 5 = 6 Rest 0; 30 : 10 = 3 Rest 0
e) 32 : 2 = 16 Rest 0; 32 : 3 = 10 Rest 2;
   32 : 5 = 6 Rest 2; 32 : 10 = 3 Rest 2
f) 60 : 2 = 30 Rest 0; 60 : 3 = 20 Rest 0;
   60 : 5 = 12 Rest 0; 60 : 10 = 6 Rest 0
g) 15 : 2 = 7 Rest 1; 15 : 3 = 5 Rest 0;
   15 : 5 = 3 Rest 0; 15 : 10 = 1 Rest 5
h) 228 : 2 = 114 Rest 0; 228 : 3 = 76 Rest 0;
   228 : 5 = 45 Rest 3; 228 : 10 = 22 Rest 8
i) 420 : 2 = 210 Rest 0; 420 : 3 = 140 Rest 0;
   420 : 5 = 84 Rest 0; 420 : 10 = 42 Rest 0
j) 425 : 2 = 212 Rest 1; 425 : 3 = 141 Rest 2;
   425 : 5 = 85 Rest 0; 425 : 10 = 42 Rest 5

S. 6, 9.
a) 39 : 8 = 4 Rest 7   b) 17 : 3 = 5 Rest 2
c) 54 : 6 = 9 ohne Rest d) 53 : 7 = 7 Rest 4
e) 39 : 17 = 2 Rest 5   f) 123 : 10 = 12 Rest 3
g) 490 : 7 = 70 ohne Rest h) 455 : 9 = 50 Rest 5

S. 6, 10.
a) 1; 2; 3; 4; 6; 12
b) 1; 2; 3; 6; 9; 18
c) 1; 7
d) 1; 2; 3; 5; 6; 10; 15; 30
e) 1; 2; 3; 4; 6; 8; 12; 24
f) 1; 2; 4; 8
g) 1; 2; 4; 8; 16; 32
h) 1; 3; 5; 15; 25; 75

S. 6, 11.
a) 4; 8; 12   b) 225; 275; 350

S. 6, 12.
a)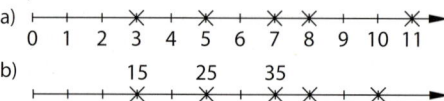
b)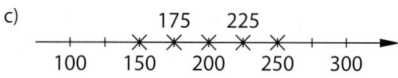
c)
```
         175   225
 ├──┼──╳─╳─╳─┼──┼──▶
100 150 200 250 300
```

S. 7, 13.
Lea bekommt, genau wie Tobias, 4,50 €.

S. 7, 14.
a) 12 Stücke
b) 6 Stücke
c) 4 Stücke
d) Sie bekommt insgesamt 3 Stücke, also jetzt noch 1 Stück.
e) 6 Kinder

S. 7, 15.

	Das Doppelte	Das Dreifache
a)	6 kg	9 kg
b)	60 min = 1 h	90 min
c)	40 Cent	60 Cent
d)	50 cm	75 cm
e)	14 Tage	21 Tage

	Das Vierfache	Das Fünffache
a)	12 kg	15 kg
b)	120 min = 2 h	150 min
c)	80 Cent	100 Cent = 1 €
d)	100 cm = 1 m	125 cm
e)	28 Tage	35 Tage

S. 7, 16.
a) 1000 m = 1 km b) 100 cm = 1 m c) 500 m
d) 45 min   e) 60 min = 1 h f) 1,25 € = 125 Cent

Lösungen

S. 7, 17.
a) 2 halbe Liter sind ein Liter.
b) 15 Minuten sind eine Viertelstunde.
c) 90 Minuten sind eineinhalb Stunden.
d) 3 halbe Meter sind anderthalb Meter.

S. 7, 18.
a) Zehner: 4570; Hunderter: 4600; Tausender: 5000
b) Zehner: 6750; Hunderter: 6700; Tausender: 7000
c) Zehner: 7900; Hunderter: 7900; Tausender: 8000
d) Zehner: 10 230; Hunderter: 10 200;
   Tausender: 10 000
e) Zehner: 90 980; Hunderter: 91 000;
   Tausender: 91 000

S. 7, 19.
a) 786 < 2346 < 2356 < 9908
b) 99 999 < 999 345 < 3 799 779 < 3 799 789

S. 7, 20.
Für 1000 km benötigt man durchschnittlich 10-mal so viel Benzin wie für 100 km, also hier 70 ℓ.

S. 7, 21.
26 Stunden

Dein Fundament (S. 50/51)

S. 50, 1.
a) 6, 12, 18
b) 14, 28, 42, 56, 70
c) 108, 114, 120

S. 50, 2.
a) falsch
b) richtig, 48 : 12 = 4
c) richtig, 60 : 15 = 4
d) falsch, 13 teilt 39

S. 50, 3.
a) T_{12} = {1, 2, 3, 4, 6, 12}   b) T_{19} = {1, 19} (Primzahl)
c) T_{36} = {1, 2, 3, 4, 6, 9, 12, 18, 36}
d) T_{100} = {1, 2, 4, 5, 10, 20, 25, 50, 100}
e) T_{144} = {1, 2, 3, 4, 6, 12, 24, 36, 48, 72}
f) T_{260} = {1, 2, 4, 5, 10, 13, 20, 26, 52, 65, 130}

S. 50, 4.
a) 32 : 2 = 16; 32 ist nicht durch 5 oder 10 teilbar
b) 75 : 5 = 15; 75 ist nicht durch 2 oder 10 teilbar
c) 290 : 2 = 145; 290 : 5 = 58; 290 : 10 = 29
d) 523 ist nicht durch 2, 5 oder 10 teilbar (523 ist sogar eine Primzahl)
e) 1094 : 2 = 547; 1094 ist nicht durch 5 oder 10 teilbar
f) 2025 : 5 = 405; 2025 ist nicht durch 2 oder 10 teilbar

S. 50, 5.
a) Die Quersumme von 57 ist 12, 3 | 57 und 9 ∤ 57.
b) Die Quersumme von 83 ist 11; 3 ∤ 83 und 9 ∤ 83.
c) Die Quersumme von 679 ist 22, 3 ∤ 679 und 9 ∤ 679.
d) Die Quersumme von 789 ist 24, 3 | 789 und 9 ∤ 789.
e) Die Quersumme von 1332 ist 9, 3 | 1332 und 3 | 1332.
f) Die Quersumme von 8562 ist 21, 3 | 8562 und 9 ∤ 8562

S. 50, 6.
a) nein, denn 66 : 4 = 16 Rest 2
b) ja, denn 4 | 80
c) ja, denn 5 | 36
d) nein, denn 62 : 4 = 15 Rest 2
e) ja, denn 4 | 92

S. 50, 7.
Nein, da 1311 eine ungerade Zahl und nicht durch 2 teilbar ist.

S. 50, 8.
a) $\frac{1}{3}$ b) $\frac{5}{6}$ c) $\frac{4}{7}$ d) $\frac{3}{8}$

S. 50, 9.
a)   b)   c)

S. 50, 10.
a) $\frac{6}{10}, \frac{15}{25}, \frac{24}{40}$ b) $\frac{3}{4}, \frac{9}{12}, \frac{12}{16}, \frac{18}{24}$

S. 50, 11.
a) $\frac{2}{7}$ b) $\frac{1}{2}$ c) $\frac{5}{4}$
d) $\frac{5}{3}$ e) $\frac{9}{80}$ f) $\frac{3}{4}$

S. 50, 12.
a) $\frac{6}{16} > \frac{5}{16}$ b) $\frac{3}{4} < \frac{4}{5}$
c) $\frac{7}{12} < \frac{11}{16}$ d) $3\frac{7}{10} > 3\frac{1}{2}$

S. 50, 13.
a) 21 €   b) 140 g   c) 50 s   d) 6 mm

S. 50, 14.
a) $\frac{40}{100} = \frac{2}{5}$ b) $\frac{14}{21} = \frac{2}{3}$ c) $\frac{5}{60} = \frac{1}{12}$ d) $\frac{250}{2000} = \frac{1}{8}$

S. 51, 15.
a) $\frac{1}{10}$ kg = 100 g   b) $\frac{1}{2}$ g = 500 mg
c) $\frac{2}{5}$ dm = 4 cm   d) $\frac{3}{8}$ ℓ = 375 mℓ
e) $5\frac{1}{2}$ km = 5500 m   f) $2\frac{3}{4}$ h = 165 min

S. 51, 16.
Peters Anteil beträgt $\frac{1}{10}$, Maries $\frac{1}{5}$. Maries Anteil ist also höher, sie trifft öfter.

S. 51, 17.
a) Jedes Kind bekommt $2\frac{1}{4}$ Pfannkuchen.
b) Jedes Kind erhält $5\frac{1}{2}$ Donuts.
c) Für jeden gibt es $\frac{1}{3}$ Pizza.

S. 51, 18.
a) $\frac{13}{2}$ b) $\frac{6}{5}$ c) $\frac{8}{3}$ d) $\frac{73}{10}$
e) $\frac{35}{17}$ f) $\frac{58}{11}$

S. 51, 19.
a) $1\frac{1}{3}$ b) $1\frac{1}{5}$ c) $9\frac{1}{2}$ d) $4\frac{1}{4}$
e) $2\frac{9}{10}$ f) $6\frac{2}{7}$

S. 51, 20.
$\frac{1}{6} + \frac{4}{6} = \frac{5}{6}$

S. 51, 21.
a) $\frac{8}{9} - \frac{4}{9} = \frac{4}{9}$ b) $\frac{4}{7} + \frac{5}{7} = \frac{9}{7}$ c) $\frac{1}{10} + \frac{3}{5} = \frac{1}{10} + \frac{6}{10} = \frac{7}{10}$
d) $\frac{2}{3} + \frac{3}{4} = \frac{8}{12} + \frac{9}{12} = \frac{17}{12}$ e) $\frac{3}{16} - \frac{11}{12} = \frac{9}{48} - \frac{44}{48} = -\frac{35}{48}$

S. 51, 22.
a) $\frac{9}{10} + \frac{6}{10} = \frac{15}{10} = \frac{3}{2}$
b) $\frac{6}{12} - \frac{2}{5} = \frac{5}{10} - \frac{4}{10} = \frac{1}{10}$
c) $\frac{3}{9} + \frac{2}{12} = \frac{12}{36} + \frac{6}{36} = \frac{18}{36} = \frac{1}{2}$
d) $\frac{5}{6} - \frac{14}{36} = \frac{30}{36} - \frac{14}{36} = \frac{16}{36} = \frac{4}{9}$
e) $\frac{19}{20} + \frac{10}{25} = \frac{95}{100} + \frac{40}{100} = \frac{135}{100} = 1\frac{7}{20}$

S. 51, 23.
a) 9   b) $\frac{45}{28} = 1\frac{17}{28}$ c) $5\frac{1}{2}$
d) $5\frac{1}{2}$ e) $1\frac{7}{9}$

S. 51, 24.
a) z. B. $\frac{2}{3} + \frac{2}{3} + \frac{2}{3} = 2$ b) z. B. $\frac{5}{4} - \frac{7}{8} = \frac{3}{8}$ c) $\frac{2}{5}$

S. 51, 25.
a) richtig   b) $\frac{11}{30} - \frac{4}{20} = \frac{22}{60} - \frac{12}{60} = \frac{10}{60} = \frac{1}{6}$

S. 51, 26.
$3\frac{1}{2} - \frac{1}{2} - \frac{3}{4} = 2\frac{1}{4}$
Es können noch $2\frac{1}{4}$ Torten verkauft werden.

Kapitel 2: Dezimalzahlen

Dein Fundament (S. 54/55)

S. 54, 1.
a) A = 50, B = 80, C = 110, D = 140,
E = 170, F = 200
b) A = 490, B = 520, C = 550, D = 580,
E = 620, F = 670

S. 54, 2.
a) 85 000; 905 781; 905 871; 950 871;
1 072 999
b)

Vorgänger	Zahl	Nachfolger
905 870	905 871	905 872
84 999	85 000	85 001
1 072 998	1 072 999	1 073 000
950 870	950 871	950 872
905 780	905 781	905 782

c) 9 999 999

S. 54, 3.
a)

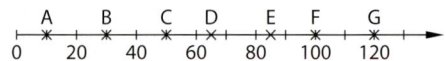

b)

S. 54, 4.
a)

Vorgänger	Zahl	Nachfolger
905 870	905 871	905 872
84 999	85 000	85 001
1 072 998	1 072 999	1 073 000
950 870	950 871	950 872
905 780	905 781	905 782

Mio.			HT	ZT	T	H	Z	E
H	Z	E						
	4	9	5	0	0	0	0	0
9	1	0	9	7	2	0	8	4
		1	2	5	9	4	0	0

• neunundvierzig Millionen fünfhunderttausend
• neunhundertzehn Millionen neunhundertzweiundsiebzigtausendvierundachtzig
• eine Million zweihundertneunundfünfzigtausendvierhundert
b) 999 999 995

S. 54, 5.
a) 19; 80; 89; 98; 109; 901; 980
b) 118; 930; 4536; 6153; 7266; 9999

S. 54, 6.
a) 900; 10 200; 9500
b) 45 000; 6000; 820 000

S. 54, 7.
6 cm und 60 mm: 7900 g und 7,9 kg;
6 l und 6000 ml; 40 cm² und 0,4 dm²;
24 m² und 240 000 cm²; 79 g und 0,079 kg;
6 m und 600 cm; 6 km und 6000 m

S. 54, 8.
a) 400 mm   b) 36 mm
c) 70 cm   d) 6,8 cm
e) 6000 g   f) 2500 g
g) 40 kg   h) 7,2 kg

S. 55, 9.
a) zum Beispiel: 1 cm; 10 mm; 0,1 dm; 0,01 m; $\frac{1}{10}$ dm; $\frac{1}{100}$ m
b) zum Beispiel: 8 cm; 80 mm; 0,8 dm; 0,08 m; $\frac{8}{10}$ dm; $\frac{4}{5}$ dm; $\frac{8}{100}$ m; $\frac{4}{50}$ m; $\frac{2}{25}$ m

S. 55, 10.
a) 1011   b) 95 933
c) 1321   d) 1972
e) 492   f) 21 756
g) 65   h) 658

S. 55, 11.
a) 2778   b) 58
c) 99   d) 2784

S. 55, 12.
a) 7725   b) 31
c) 79 731

S. 55, 13.
51 · 320 = 16 320 bzw.
510 · 32 = 16 320

S. 55, 14.
a) $\frac{3}{8}$ b) $\frac{6}{8} = \frac{3}{4}$
c) $\frac{3}{8}$ d) $\frac{4}{8} = \frac{2}{4} = \frac{1}{2}$
e) $\frac{6}{12} = \frac{2}{4} = \frac{1}{2}$

S. 55, 15.
$\frac{12}{20}; \frac{18}{30}; \frac{30}{50}$

S. 55, 16.
a)

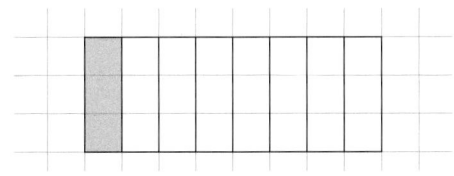

weiß: $\frac{21}{24} = \frac{7}{8}$

b)

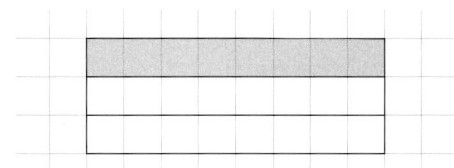

weiß: $\frac{2}{3}$

c)

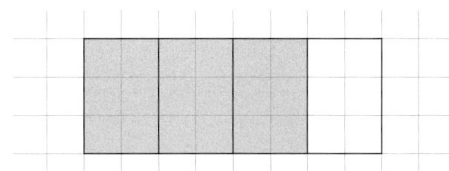

weiß: $\frac{1}{4}$

d)

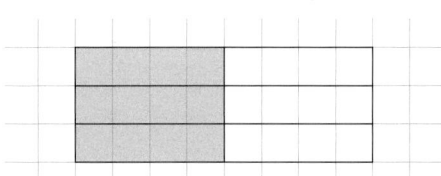

weiß: $\frac{3}{6} = \frac{1}{2}$

e)

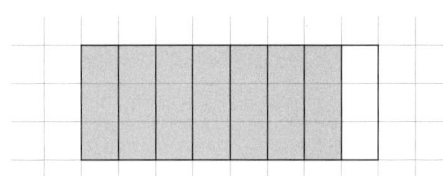

weiß: $\frac{1}{8}$

S. 55, 17.
$\frac{5}{8}, \frac{10}{16}, \frac{20}{32}$
$\frac{5}{9}, \frac{15}{27}, \frac{30}{54}$
$2\frac{1}{3}, \frac{7}{3}, \frac{14}{6}$
$\frac{9}{2}, \frac{45}{10}, 4\frac{1}{2}$
$\frac{5}{4}, \frac{25}{20}, \frac{125}{100}$

Lösungen

Prüfe dein neues Fundament (S. 80/81)

S. 80, 1.
a) $\frac{9}{10}$
b) $\frac{6}{100} = \frac{3}{50}$
c) $1\frac{1}{10}$
d) $20\frac{5}{10} = 20\frac{1}{2}$
e) $5\frac{23}{100}$
f) $\frac{175}{1000} = \frac{7}{40}$

S. 80, 2.
a) 0,39
b) 0,002
c) 61,3
d) 4,25
e) 2,08
f) 0,6

S. 80, 3.
a) 2,7 > 2,3
b) 1,77 > 0,79
c) 0,081 < 0,18
d) $0,15 < \frac{1}{5}$

S. 80, 4.

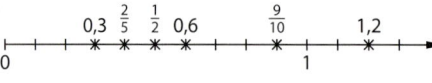

S. 80, 5.
a) 0,875
b) $0,\overline{1}$
c) 1,7
d) $0,\overline{63}$
e) $0,0\overline{6}$
f) $13,\overline{3}$

S. 80, 6.
a) 76 %
b) 30 %
c) 0,1 %
d) 19 %
e) 55 %
f) 20 %

S. 80, 7.
a) 12 €
b) 90 g
c) 3 mm

S. 80, 8.
Der Anteil beträgt $\frac{15}{50} = \frac{30}{100}$, das sind 30 %, also mehr als 20 %.

S. 80, 9.
a) In die 6a gehen 15, in die 6b 11 Mädchen.
b) In der 6a sind 40 % der Kinder Jungen, in der 6b sind es 56 %.

S. 80, 10.
$\frac{24}{40} = \frac{600}{1000} = 60\%$; $0,\overline{6} = \frac{16}{24} = \frac{2}{3}$; $1,6 = \frac{16}{10} = 1\frac{3}{5}$

S. 80, 11.
a) 2,4
b) 1,13
c) 1,32
d) 1,380

S. 80, 12.

Aufgabe	Überschlagsrechnung	Überschlagsergebnis	genaues Ergebnis
0,47 + 1,238	0,5 + 1,2	1,7	1,708
15,91 – 7,28	16 – 7	9	8,63
34,873 + 53,234	35 + 53	88	88,107
0,107 – 0,0543	0,11 – 0,05	0,06	0,0527

S. 81, 13.
a) Überschlag: 1,1 + 0,8 = 1,9; 1,1 + 0,83 = 1,93
b) Überschlag: 7 – 5,5 = 1,5; 7 – 5,45 = 1,55
c) Überschlag: 35 – 16 = 19; 34,851 – 16,234 = 18,617
d) Überschlag: 2 + 3 = 5; 1,9682 + 3,18 = 5,1482

S. 81, 14.
a) richtig
b) richtig
c) falsch; 12,6 + 3 = 15,6
d) falsch; 6,15 – 2,8 = 3,35

S. 81, 15.
a) 295,66
b) 43,85
c) 1,8
d) 3,821

S. 81, 16.
Ausgaben:
Überschlag: 5 € + 25 € + 9 € + 1,50 € = 40,50 €
Genaues Ergebnis: 40,52 €
Mona hat genau 40,52 € ausgegeben, kann also noch 100 € – 40,52 € = 59,48 € sparen.

Wiederholungsaufgaben (S. 81)

S. 81, 1. Zeichenübung

S. 81, 2.
Beispiele:
a) Kleintransporter; Parkplatz für Pkw
b) 1 Liter Milch; Würfel mit 1 dm Kantenlänge
c) Spielfeld für Feldhockey; kleines Fußballfeld
d) Dauer einer Schulstunde; Dauer einer Halbzeit bei einem Fußballspiel
e) große Tüte Katzentrockenfutter; 4 Liter Wasser

S. 81, 3.

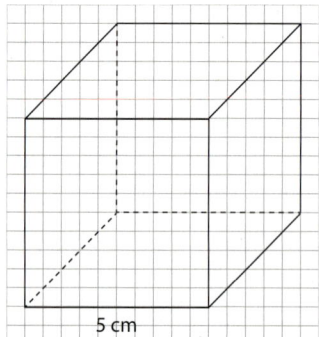

V = 125 cm³

S. 81, 4.
a) Nudeln mit Tomatensoße 13-mal; Schnitzel und Pommes 19-mal
b) 9 Portionen

Lösungen

Kapitel 3: Kreise und Winkel

Dein Fundament (S. 84/85)

S. 84, 1.
a) Die beiden Geraden g und h sind zueinander parallel.
b) Die beiden Geraden g und h sind zueinander senkrecht.
c) Die Strahlen a und b haben beide den Anfangspunkt S.
d) Die Strecke $\overline{AB}$ verbindet die Punkte A und B geradlinig.

S. 84, 2.
Senkrecht aufeinander stehen die Geraden b und h sowie c und g.

S. 84, 3.

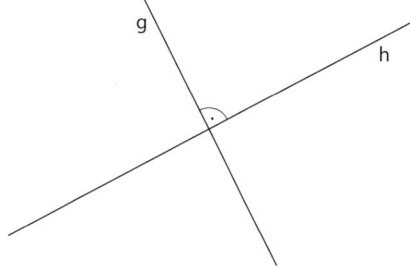

S. 84, 4.
a) 2 cm   b) 1,2 cm   c) 3,5 cm   d) 5,5 cm

S. 84, 5.

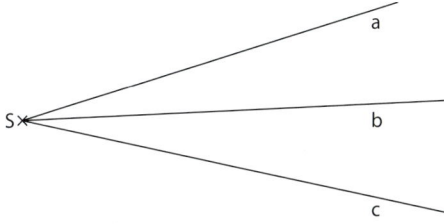

S. 84, 6.
a) richtig
b) falsch, eine Strecke hat einen Anfangs- und einen Endpunkt
c) richtig
d) richtig
e) falsch, es kann auch genau zwei Schnittpunkte geben (wenn genau zwei Geraden parallel zueinander sind und die dritte Gerade diese beiden Geraden schneidet)

S. 85, 7.
a) 4   b) 1   c) 1   d) 0   e) 1

S. 85, 8.

S. 85, 9.

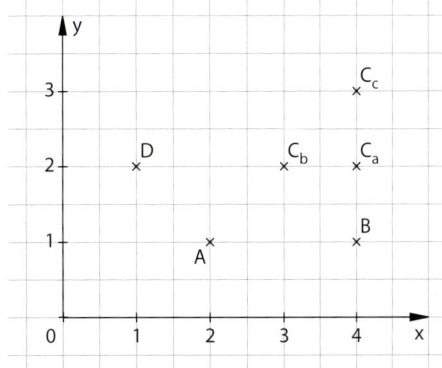

Mögliche Lösungen:
a) $C_a(4|2)$ b) $C_b(3|2)$ c) $C_c(4|3)$

S. 85, 10.
a)

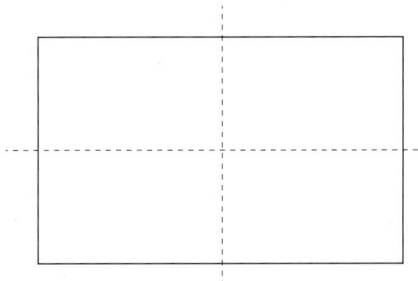

b)

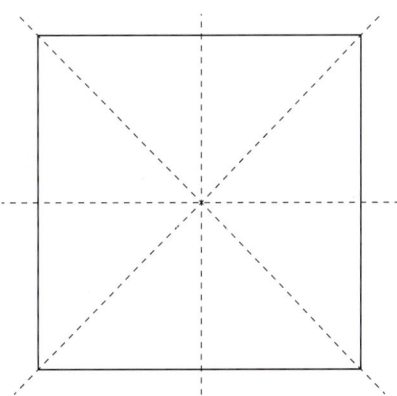

Lösungen

S. 85, 11.
Die Aussage stimmt. Es gibt Trapeze, die nicht achsensymmetrisch sind. Bestimmte Trapeze, bei denen die beiden Schenkel gleich lang sind, sind dagegen achsensymmetrisch.

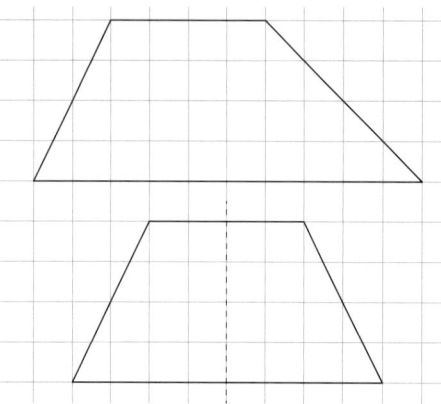

S. 85, 12.

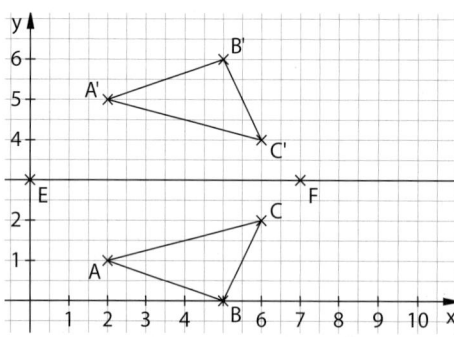

A'(2|5); B'(5|6); C'(5|4)

S. 85, 13.
a) 35, 89   b) 99, 101   c) 200, 233

S. 85, 14.
a) Nach 30 Minuten hat der große Zeiger der Uhr eine halbe Drehung gemacht.
b) Nach 45 Minuten hat der große Zeiger der Uhr eine dreiviertel Drehung gemacht.
c) Nach 90 Minuten hat der große Zeiger der Uhr eineinhalb Drehungen gemacht.
d) Nach 120 Minuten hat der große Zeiger der Uhr zwei Drehungen gemacht.

Prüfe dein neues Fundament (S. 110/111)

S. 110, 1.
a) Zeichnung verkleinert:

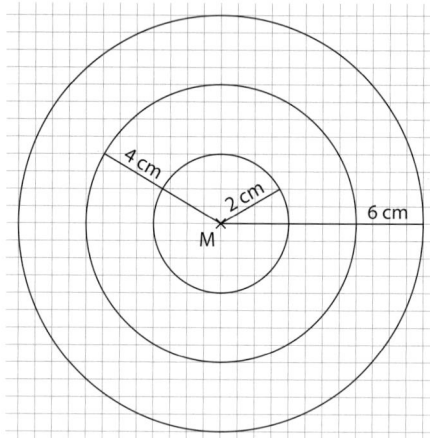

b) Der Kreis mit dem Durchmesser 8 cm stimmt mit dem Kreis mit dem Radius 4 cm bei a) überein.

S. 110, 2.
Zeichnung verkleinert:

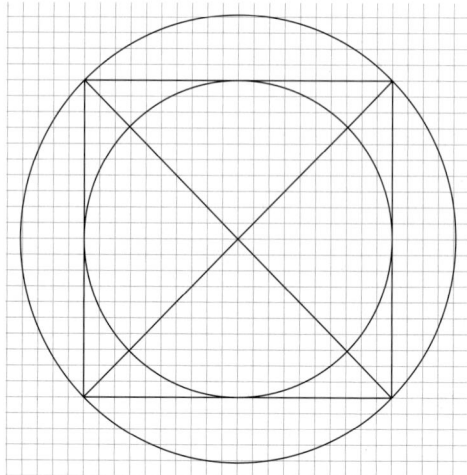

äußerer Kreis: r ≈ 7,1 cm; d ≈ 14,1 cm
innerer Kreis: r = 5 cm; d = 10 cm

S. 110, 3.
α = ∢ab = ∢ASB; β = ∢ca = ∢CSA
γ = ∢gh = ∢PQR; δ = ∢hg = ∢RQP

S. 110, 4.
a) α: stumpfer Winkel; β: gestreckter Winkel; γ: rechter Winkel; δ: spitzer Winkel
b) α = 132°; β = 180°; γ = 90°; δ = 60°

S. 110, 5.
α = 166°; β = 15°; γ = 189°; δ = 80°

S. 110, 6.

a)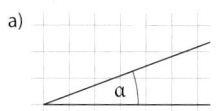
b)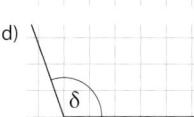
c)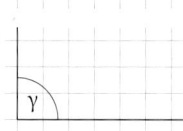
d)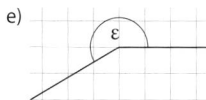
e)

S. 111, 9.

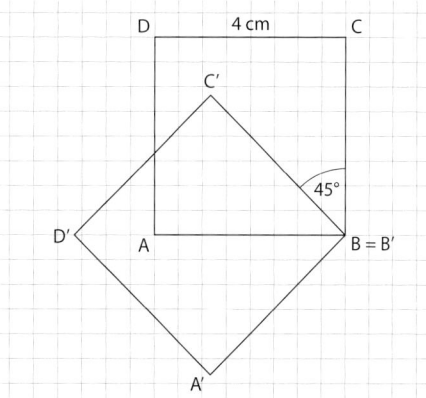

S. 110, 7.

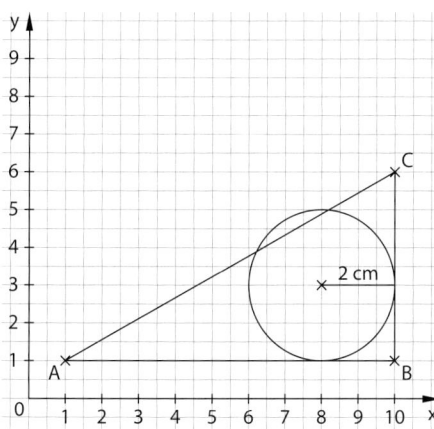

a) ∡CBA = 90°; ∡ACB ≈ 61°; ∡BAC ≈ 29°
b) Ein Kreis mit dem Radius 2 cm passt nicht in das Dreieck.

S. 111, 8.
a) Die Figur ist drehsymmetrisch, mögliche Drehwinkel: 60°, 120°, 180°, 240°; 300°
b) Die Figur ist drehsymmetrisch, mögliche Drehwinkel: 90°, 180°, 270°
c) Die Figur ist drehsymmetrisch, mögliche Drehwinkel: 120°, 240°
d) Die Figur ist nicht drehsymmetrisch.
e) Die Figur ist drehsymmetrisch, mögliche Drehwinkel: 120°, 240°

S. 111, 10.
a) Achsenspiegelung
b) Punktspiegelung oder Drehung um 180°
c) Achsenspiegelung
d) Achsenspiegelung
e) Drehung um 90°

Wiederholungsaufgaben (S. 111)

S. 111, 1.
a) 1 + 4 + 9 + 16 = 30
b) 1 + 4 + 9 + 16 + 25 + 36 + 49 = 140

S. 111, 2.
a) 25 · 5 · 15 · 4 = 25 · 4 · 15 · 5 = 100 · 75 = 7500
b) 9837 + 8379 + 3 + 60 + 100 = 9837 + 3 + 60 + 100 + 8379 = 9840 + 160 + 8379 = 10 000 + 8379 = 18 379
c) 99 · 35 = 100 · 35 − 1 · 35 = 3500 − 35 = 3465

S. 111, 3.
Tag 1: 72 km   Tag 2: 43 km   Tag 3: 60 km
Tag 4: 58 km   Tag 5: 82 km
Insgesamt: 315 km

Kapitel 4: Brüche und Dezimalzahlen multiplizieren und dividieren

Dein Fundament (S. 114/115)

S. 114, 1.
a) 63   b) 36   c) 56   d) 60
e) 146   f) 255   g) 6   h) 8
i) 9   j) 6   k) 3   l) 15
m) 848   n) 13   o) 4   p) 1046
q) 7   r) 2070

S. 114, 2.
a) 299 · 8 = 300 · 8 − 1 · 8 = 2400 − 8 = 2392
b) 72 · 5 = 70 · 5 + 2 · 5 = 350 + 10 = 360
c) 49 · 20 = 50 · 20 − 1 · 20 = 1000 − 20 = 980
d) 84 : 4 = 80 : 4 + 4 : 4 = 20 + 1 = 21
e) 105 : 7 = 70 : 7 + 35 : 7 = 10 + 5 = 15
f) 1260 : 20 = 126 : 2 = 63

S. 114, 3.
a) 8 · 10 = 80   b) 123 · 10 = 1230
   8 · 100 = 800   123 · 100 = 12 300
   8 · 1000 = 8000   123 · 1000 = 123 000
c) 33 · 20 = 660   d) 45 · 60 = 2700
   33 · 200 = 6600   45 · 600 = 27 000
   33 · 2000 = 66 000   45 · 6000 = 270 000
Wenn man bei einem Faktor am Ende eine Null ergänzt, erhält auch der Wert des Produkts am Ende eine Null mehr.

S. 114, 4.
a) 270 : 30 = 9   b) 4000 : 400 = 10
   27 : 3 = 9   40 : 4 = 10
c) 24 000 : 300 = 80   d) 20 000 : 5000 = 4
   240 : 3 = 80   20 : 5 = 4
Wenn man am Ende von Dividend und Divisor die gleiche Anzahl Nullen streicht, ändert sich der Wert des Quotienten nicht.

S. 114, 5.
a) 60 m   b) 45 min
c) 80 g   d) 6000 g = 6 kg

S. 114, 6.
a) 200 g · 10 = 2 kg   b) $\frac{1}{2}$ h · 4 = 2 h
c) 12 · 25 cm = 3 m   d) 12 min · 10 = 2 h

S. 114, 7.
a) Überschlag 175 · 20 = 3500;
   richtiges Ergebnis 3150.
b) Überschlag 12 000 : 30 = 400;
   richtiges Ergebnis 415.
c) Überschlag 1750 : 70 = 25;
   das Ergebnis 24 ist richtig.
d) Überschlag 80 · 200 = 16 000;
   richtiges Ergebnis 15 010.

S. 114, 8.
a) Überschlag 5000 · 3 = 15 000; Ergebnis 16 296
b) Überschlag 500 · 9 = 4500; Ergebnis 4113
c) Überschlag 400 · 16 = 6400; Ergebnis 6912
d) Überschlag 600 · 12 = 7200; Ergebnis 7176
e) Überschlag 600 : 5 = 120; Ergebnis 123
f) Überschlag 5600 : 4 = 1400; Ergebnis 1367
g) Überschlag 1100 : 10 = 110; Ergebnis 123
h) Überschlag 1800 : 6 = 300; Ergebnis 321

S. 114, 9.
a) 1160 · 7 = 8120; richtiges Ergebnis 1260.
b) 46 · 7 = 322; richtiges Ergebnis 45.
c) 289 · 5 = 1445; richtiges Ergebnis 291.
d) 163 · 9 = 1467; das Ergebnis 163 ist richtig.

S. 114, 10.
a) 750 m   b) 300 g   c) 125 ml   d) 150 min

S. 114, 11.
a) 3 Schüler   b) 80 Personen
c) 3600 m   d) 24 000 Fans

S. 115, 12.
a) 13 · 5 · 2 = 5 · 2 · 13 = 10 · 13 = 130
b) 25 · 21 · 4 = 25 · 4 · 21 = 100 · 21 = 2100
c) 5 · 17 · 20 = 5 · 20 · 17 = 100 · 17 = 1700
d) 5 · 35 · 4 · 5 = 5 · 4 · 5 · 35 = 100 · 35 = 3500

S. 115, 13.
a) 14 · 3 + 7 · 14 = 14 · (3 + 7) = 14 · 10 = 140
b) 17 · 2 + 17 · 8 = 17 · (2 + 8) = 17 · 10 = 170
c) 2 · 9 + 3 · 9 = (2 + 3) · 9 = 5 · 9 = 45
d) 45 · 19 + 55 · 19 = (45 + 55) · 19 = 100 · 19 = 1900
e) 4 · (25 + 7) = 4 · 25 + 4 · 7 = 100 + 28 = 128
f) 48 · (23 + 77) = 48 · 100 = 4800
g) 12 · (2 + 10) = 12 · 2 + 12 · 10 = 24 + 120 = 144
h) (17 + 20 + 13) · 11 = 50 · 11 = 550

S. 115, 14.
a) 250 − 8 · 12 = 250 − 96 = 154
b) (27 − 12) · (42 − 39) = 15 · 3 = 45

S. 115, 15.
a)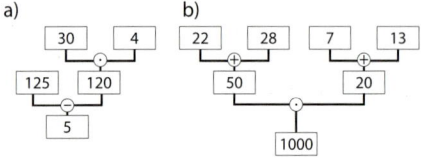

b)

c)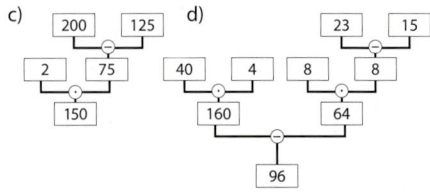

d)

S. 115, 16.
a) $\frac{2}{3}$ b) $\frac{2}{3}$ c) $\frac{7}{10}$ d) $\frac{1}{2}$ e) $\frac{3}{5}$

S. 115, 17.
a) $\frac{3}{2} = 1\frac{1}{2}$ b) $\frac{10}{3} = 3\frac{1}{3}$ c) 0,9   d) 1,6

S. 115, 18.
a) 4-mal   b) 6-mal   c) 3-mal   d) 4-mal

S. 115, 19.
a) 0,75   b) 4,7   c) 0,17   d) 0,05   e) 0,2

S. 115, 20.
a) 2,88; 2,9 b) 0,78; 0,8 c) 13,74; 13,7
d) 8,95; 9,0 e) 7,12; 7,1

Prüfe dein neues Fundament (S. 146/147)

S. 146, 1.
a) $\frac{9}{4} = 2\frac{1}{4}$ b) $\frac{5}{2} = 2\frac{1}{2}$ c) $\frac{3}{2} = 1\frac{1}{2}$
d) $\frac{4}{3} = 1\frac{1}{3}$ e) $\frac{5}{36}$

S. 146, 2.
a) $\frac{1}{40}$ b) $\frac{5}{24}$ c) $\frac{6}{35}$ d) $\frac{6}{5}$ e) $\frac{63}{100}$

S. 146, 3.
a) $\frac{3}{4}$ b) 2 c) $\frac{4}{11}$ d) $\frac{21}{2}$ e) $\frac{4}{15}$
f) $\frac{1}{4}$ g) $\frac{1}{10}$ h) $\frac{1}{18}$ i) 42 j) $\frac{16}{15}$

S. 146, 4.
a) $\frac{1}{5}$ b) $\frac{4}{21}$ c) $\frac{1}{20}$ kg = 50 g d) $\frac{1}{4}$ mm
e) $\frac{3}{5}$ ℓ = 600 mℓ

S. 146, 5.
a) $\frac{1}{6}$ der Schüler spielt im Verein.

b) Das sind 4 Kinder.

S. 146, 6.
a) $\frac{25}{3} = 8\frac{1}{3}$ b) $\frac{77}{8} = 9\frac{5}{8}$ c) $\frac{11}{20}$
d) $\frac{45}{2} = 22\frac{1}{2}$ e) 3

S. 146, 7.
40 Tage

S. 146, 8.
Nina $\frac{5}{2}$ h = $\frac{10}{4}$ h; Kathrin $\frac{9}{4}$ h; Mathias $\frac{7}{4}$ h
Nina verbringt die meiste Zeit im Internet.

S. 146, 9.
a) 7,261 km b) 21,23 cm c) 17,5 cm d) 23 920 g

S. 146, 10.
a) 0,033 · 100 = 3,3   0,033 : 100 = 0,00033
b) 1,562 · 100 = 156,2   1,562 : 100 = 0,01562
c) 0,862 · 100 = 86,2   0,862 : 100 = 0,00862
d) 13,9 · 100 = 1390   13,9 : 100 = 0,139
e) 440,8 · 100 = 44 080   440,8 : 100 = 4,408

S. 146, 11.
a) 1,6 b) 6,9 c) 0,63 d) 5 e) 0,04
f) 0,3 g) 0,4 h) 3 i) 0,02 j) 100

S. 146, 12.
a) Überschlag 2,5 · 2 = 5; Ergebnis 4,42.
b) Überschlag 3,5 · 2 = 7; Ergebnis 7,245.
c) Überschlag 6 · 0,2 = 1,2; Ergebnis 1,054.
d) Überschlag 10 · 5 = 50; Ergebnis 48,64.
e) Überschlag 15 · 10 = 150; Ergebnis 159,2265.
f) Überschlag 24 : 4 = 6; Ergebnis 5,8.
g) Überschlag 45 : 5 = 9; Ergebnis 9,19.
h) Überschlag 13 : 1 = 13; Ergebnis 12.
i) Überschlag 40 : 0,8 = 50; Ergebnis 53,75.
j) Überschlag 24 : 1,2 = 20; Ergebnis 22,6.

S. 147, 13.
a) 0,35 · 1000 = 350 b) 0,006 · 100 = 0,6
c) 5 · 0,1 = 0,5 d) 0,3 · 7 = 2,1
e) 1,2 : 10 = 0,12 f) 27 200 : 1000 = 27,2
g) 8 : 0,1 = 80 h) 0,6 : 2 = 0,3

S. 147, 14.
etwa 32 Dollar

S. 147, 15.
rund 17 Kilometer pro Stunde

S. 147, 16.
a) $9 : \left(\frac{3}{5} + \frac{3}{10}\right) = 9 : \frac{9}{10} = 10$
b) $(0,1 + 0,05) \cdot (2 - 1,6)) = 0,15 \cdot 0,4 = 0,06$

S. 147, 17.
a) $\frac{7}{2} = 3\frac{1}{2}$ b) 3 c) 16,8 d) 1,38

S. 147, 18.
a) $\frac{5}{12}$ b) 12,7 c) $\frac{3}{13}$ d) 33
e) 53 f) 26,4 g) 0,9 h) 125

Wiederholungsaufgaben (S.147)

S. 147, 1.
Figur ① ist ein Würfel- und ein Quadernetz.
Figur ② ist ein Quadernetz.
Figur ③ ist kein Quadernetz.

S. 147, 2.
12 · 50 000 cm = 600 000 cm = 6000 m = 6 km

S. 147, 3.
a) 40 km b) 2,5 Stunden

S. 147, 4.
a) 12 Kästchen b) $\frac{6}{16} = \frac{3}{8}$

Kapitel 5: Ganze Zahlen

Dein Fundament (S. 150/151)

S. 150, 1.
a) A: 2; B: 4; C: 8; D: 14; E: 17
b)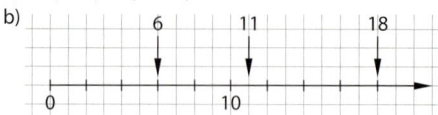

S. 150, 2.
a) 181 > 179
b) $1000 = 10^3$
c) 523 458 < 523 485

S. 150, 3.
310 000 > 8468 > 8462 > 8050 > achttausendundfünf > 597 > 75 > 13 > 11 > 7 > 5

S. 150, 4.
größtmögliche Zahl: 85 321;
kleinstmögliche Zahl: 12 358

S. 150, 5.
David < Petra < Tanja < Anton: David ist also am jüngsten, Anton am ältesten.

S. 150, 6.
a) 996 > 986
b) 401 < 409
c) nicht möglich
d) 903 < 923 oder 913 < 923

S. 150, 7.
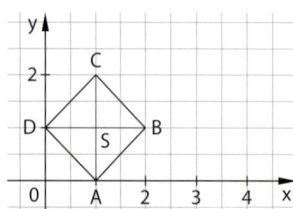
a) A(1|0); B(2|1); C(1|2)
b) siehe Zeichnung
c) D(0|1)
d) siehe Zeichnung
e) S(1|1)

S. 150, 8.
a)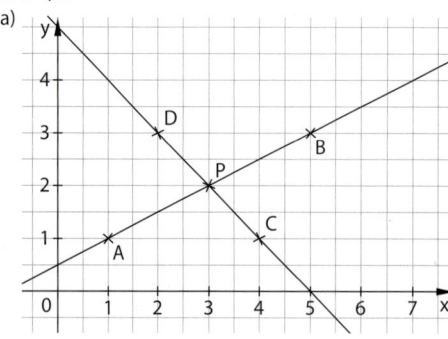
b) P(3|2)

S. 150, 9.
a) Gerade durch (3|0), die parallel zur y-Achse verläuft.
b) Gerade durch (0|2), die parallel zur x-Achse verläuft.

S. 151, 10.
a) 18 + 47 = 65
b) 35 – 18 = 17
c) 249 + 101 = 350
d) 219 – 20 = 199
e) 14 + 29 + 16 = 59
f) 39 + 12 + 28 = 79
g) 139 + 201 – 40 = 300
h) 3776 + 220 – 76 = 3920

S. 151, 11.
a) 9 + 27 = 36
b) 21 + 31 = 52
c) nicht möglich
d) nicht möglich
e) 34 – 33 = 1
f) 129 – 29 = 100
g) 170 – 159 = 11
h) 0 + 12 = 12

S. 151, 12.
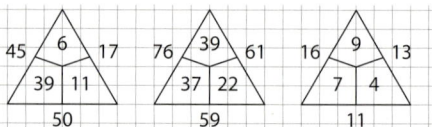

S. 151, 13.
a) Überschlag: 300 · 20 = 6000; exakt: 295 · 21 = 6195
b) Überschlag: 100 · 30 = 3000; exakt: 109 · 32 = 3488
c) Überschlag: 6000 : 10 = 600; exakt: 5832 : 9 = 648
d) Überschlag: 4000 : 25 = 160; exakt: 3650 : 25 = 146

S. 151, 14.
a) Überschlag: 500 · 4 = 2000, das Ergebnis muss also falsch sein.
b) Überschlag: 2100 : 30 = 70, das Ergebnis kann also stimmen.
c) Überschlag: : 300 · 7 = 2100, das Ergebnis stimmt nicht.
d) Überschlag: 2100 : 70 = 30, das Ergebnis muss also falsch sein.

S. 151, 15.
a) 790 · 100 = 79 000
b) 112 · 6 = 672
c) 107 · 4 = 428
d) 29 · 7 = 203

S. 151, 16.
a) 90 · 70 = 6300
b) 14 · 11 = 154
c) 4 · 23 · 25 = 2300
d) 5 · 0 · 20 = 0
e) 2 · 112 · 5 = 1120
f) 4 + 7 · 8 = 60
g) (4 + 7) · 8 = 88
h) 6 · 3 + 6 · 7 = 60

S. 151, 17.

				147				
			7	·	21			
		49	–	42	:	2		
	35	+	14	·	3	–	1	
7	·	5	+	9	:	3	–	2

S. 151, 18.
a) 23 · 56 : 4 – 2 = 320
b) 23 · 56 : (4 – 2) = 644
c) 23 – 56 : 4 – 2 = 7
d) 23 + 56 · 4 – 2 = 245

Prüfe dein neues Fundament (S. 166/167)

S. 166, 1.
A = –15; B = –8; C = –3; D = 9; E = 18

S. 166, 2.
a)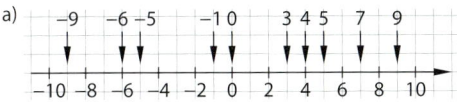

b)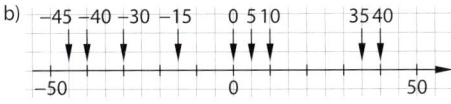

S. 166, 3.

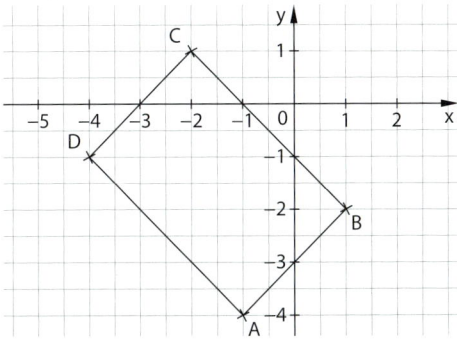

a) A(–1|–4); B(1|–2); C(–2|1)
b) D(–4|–1)
c) D liegt im 3. Quadranten.

S. 166, 4.
a) II. Quadrant   b) IV. Quadrant
c) III. Quadrant   d) IV. Quadrant

S. 166, 5.
a) >   b) >   c) <   d) <

S. 166, 6.
–766 < –677 < –76 < –67 < –66 < 77 < 676 < 767

S. 166, 7.
a) 24; 24   b) –48; 48
c) keine Gegenzahl; 0   d) 100; 100

S. 166, 8.
a) falsch;
   Der Ort A liegt höher als der Ort B.
b) falsch;
   Die Orte haben unterschiedliche Höhen, denn der eine liegt unter dem Meeresspiegel, der andere darüber.
c) richtig
d) falsch;
   Wenn die Temperatur nur um weniger als 5 Grad steigt, bleibt sie weiter negativ.

S. 166, 9.

	08.02.	15.04.	16.04.	30.06.
Ein-/Auszahlung	200 €	–350 €	60 €	90 €
Sparguthaben	300 €	–50 €	10 €	100 €

Wiederholungsaufgaben (S. 167)

S. 167, 1.

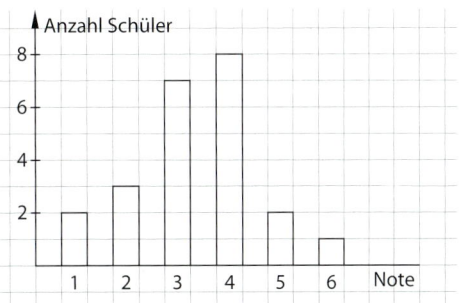

S. 167, 2.
a) 56 000 dm   b) 5600 dm^2 c) 56 kg   d) 53 Euro
e) 72 km^2 f) 100 h   g) 3 d   h) 2851 km

S. 167, 3.
Flugzeuglänge im Bild: 2,5 cm
Flugzeuglänge im Original: 73 m
Schiffslänge im Bild: 12,3 cm
Schiffslänge im Original: etwa 359 m

S. 167, 4.
Dora ist 1,45 m groß, denn
$\frac{1,45 + 1,54 + 1,52 + 1,45}{4} = 1,49$.

S. 167, 5.
a) 0,05 €   b) 50 dm^2 c) 3 h   d) 2,136 kg

S. 167, 6.
a) $1\frac{5}{8}$ b) $\frac{1}{2}$ c) $\frac{1}{3}$ d) $\frac{13}{28}$

S. 167, 7.
a) 1 mm
b) 1 kg
c) 5 km/m

Kapitel 6: Daten

Dein Fundament (S. 170/171)

S. 170, 1.
a) 11 Schüler   b) 12 Schüler   c) 24 Schüler

S. 170, 2.

Augenfarbe	Strichliste	Häufigkeit
braun	IIII	4
grün	II	2
blau	II	2
grau	I	1

S. 170, 3.
a)

Name	Strichliste	Häufigkeit
Katja	IIII	5
Nele	IIII IIII	9
Aron	IIII II	7
Gustav	IIII	4

b) Nele
c) Ja, wenn Aron alle 3 Stimmen erhalten hätte.
d) 28 Schüler

S. 170, 4.
Rhein 1200 km; Elbe 1100 km; Mosel 500 km

S. 170, 5.

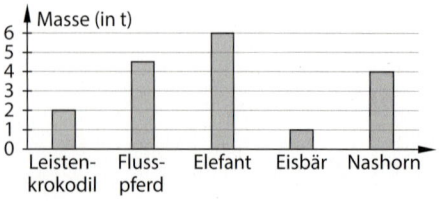

S. 171, 6.
a) 30 Kinder   b) 85 Kinder   c) 236 Antworten

S. 171, 7.

(gekürzter) Bruch	$\frac{1}{2}$	$\frac{3}{4}$	$\frac{1}{5}$	$\frac{1}{4}$
Bruch mit Nenner 100	$\frac{50}{100}$	$\frac{75}{100}$	$\frac{20}{100}$	$\frac{25}{100}$
Dezimalzahl	0,5	0,75	0,2	0,25
Prozentangabe	50 %	75 %	20 %	25 %

(gekürzter) Bruch	$\frac{4}{5}$	$\frac{1}{20}$	$\frac{9}{5}$
Bruch mit Nenner 100	$\frac{80}{100}$	$\frac{5}{100}$	$\frac{180}{100}$
Dezimalzahl	0,8	0,05	1,8
Prozentangabe	80 %	5 %	180 %

S. 171, 8.
a) $\frac{1}{4}$; 25 %   b) $\frac{1}{2}$; 50 %   c) $\frac{1}{8}$; 12,5 %

S. 171, 9.
a) $\frac{3}{4}$; 0,75; 75 %   b) $\frac{2}{5}$; 0,4; 40 %
c) $\frac{2}{6} = \frac{1}{3}$; $0,\overline{3} \approx 33,3\%$ d) $\frac{2}{3}$; $0,\overline{6} \approx 66,7\%$
e) $\frac{5}{8}$; 0,625; 62,5 %   f) $\frac{7}{10}$; 0,7; 70 %

S. 171, 10.
a) 13 : 5 = 2,6   b) 18 : 3 = 6   c) 50 : 4 = 12,5

S. 171, 11.

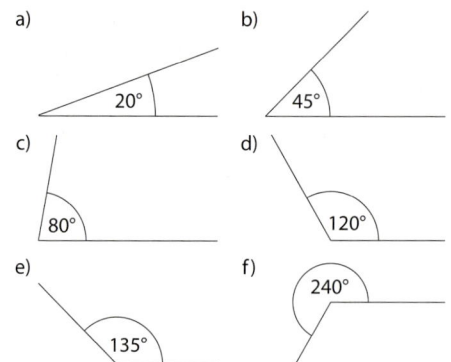

S. 171, 12.
a) $\frac{1}{3}$; α = 120°   b) $\frac{2}{5}$; α = 144°   c) $\frac{1}{8}$; α = 45°
d) $\frac{5}{6}$; α = 300°

Prüfe dein neues Fundament (S. 192/193)

S. 192, 1.
a)

Gruppe	absolute Häufigkeit	relative Häufigkeit
A	5	12,5 %
B	10	25 %
C	25	62,5 %
Gesamtzahl	40	100 %

b)

Gruppe	absolute Häufigkeit	relative Häufigkeit
A	12	20 %
B	18	30 %
C	30	50 %
Gesamtzahl	60	100 %

S. 192, 2.

Verkehrs-mittel	absolute Häufigkeit	relative Häufigkeit
zu Fuß	4	25 %
Fahrrad	8	50 %
Straßenbahn	2	12,5 %
Bus	2	12,5 %
Gesamtzahl	16	100 %

S. 192, 3.
Dr. Messer wird von 70 % seiner Patienten weiterempfohlen, Dr. Spritze von 72 %. Dr. Spritze ist also etwas beliebter.

S. 192 4.
Diagramm ③ stellt das Ergebnis richtig dar: Paul hat die Hälfte der Stimmen erhalten (roter Sektor), Tanja ein Drittel (blau) und Maria ein Sechstel (gelb).

S. 192, 5.
a) nie: 15 %; selten: 30 %; manchmal: 35 %; oft: 20 %
b) nie: 27 Personen; selten: 54 Personen; manchmal: 63 Personen; oft: 36 Personen

S. 192 6.
a)

Note	1	2	3	4	5	6
Anzahl	2	5	7	7	5	2

b)
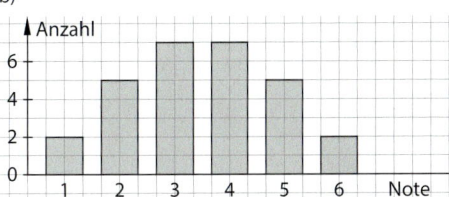

S. 192, 7.
a) Die Anzahl der Familienmitglieder beträgt 2, 3, 4, 5 oder 6. Bei so wenigen und eng beieinanderliegenden Werten ist eine Klasseneinteilung nicht sinnvoll.
b) Eine sinnvolle Klasseneinteilung ist zum Beispiel: 0 bis 5; 6 bis 10; 11 bis 15; 16 bis 20

S. 193, 8.
a) Minimum: 2,76 m (Max); Maximum: 4,05 m (Nils)
b) Den Abstand nennt man Spannweite der Daten, sie beträgt hier 129 cm.

S. 193, 9.
a) Maximum: 19; Minimum: 9; Spannweite: 10; Zentralwert: 11; arithmetisches Mittel: 12
b) Maximum: 12; Minimum: 2; Spannweite: 10; Zentralwert: 11; arithmetisches Mittel: 9,75

S. 185, 10.
11,6 Jahre

S. 185, 11.
a) 15,75 Jahre
b) Anja ist 18 Jahre alt.

Wiederholungsaufgaben (S. 185)

S. 185, 1.
a) $\frac{26}{21} = 1\frac{5}{21}$ b) 24   c) $\frac{9}{4} = 2\frac{1}{4}$
d) $\frac{53}{15} = 3\frac{8}{15}$ e) $\frac{8}{5} = 1\frac{3}{5}$

S. 185, 2.
73 015

S. 185, 3.
37,5 % = 0,375

S. 185, 4.
Linke Anzeige 5 €; rechte Anzeige 7,20 €

Das Geodreieck (Geometriedreieck)

Das Geodreieck kannst du verwenden:

- als **Lineal** zum Zeichnen und Messen von (geraden) Linien,
- als **Zeichendreieck** zum Zeichnen und Prüfen spezieller Winkel (45° und 90°),
- als **Winkelmesser** zum Zeichnen und Messen beliebiger Winkel,
- als **Hilfsmittel** zum Zeichnen und Prüfen von parallelen und senkrechten Linien.

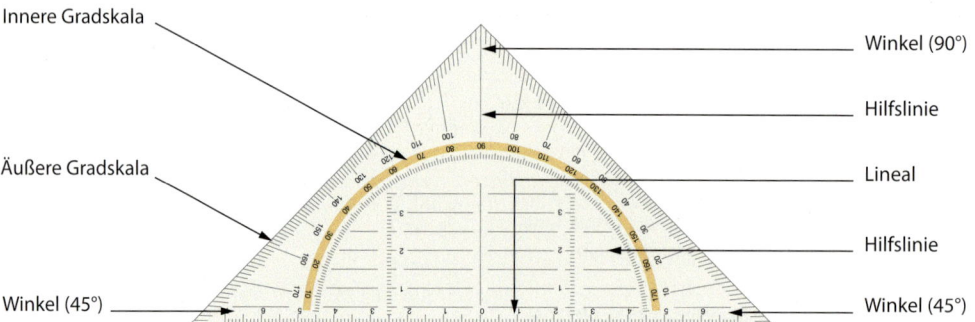

So kannst du Winkel mit dem Geodreieck messen:

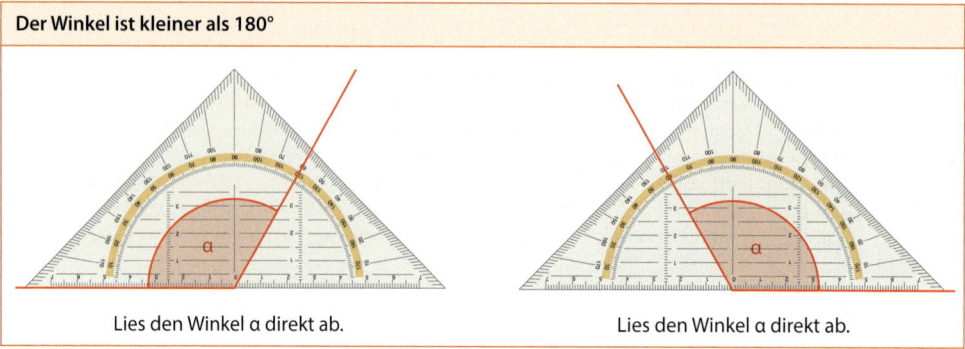

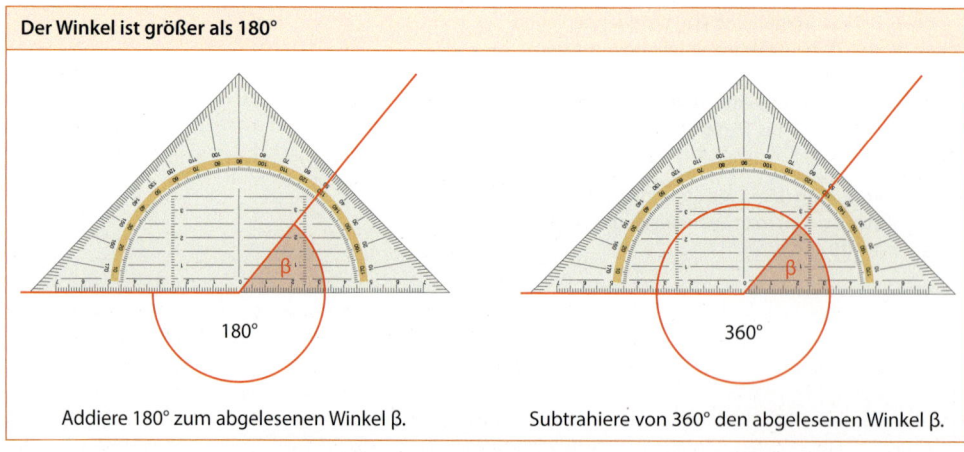

Bildquellenverzeichnis

Zeichnungen/Illustrationen: Christian Böhning, zweiband.media, Berlin

Screenshots: Felix Arndt

Abbildungen:

Cover: mauritius images/imageBroker/Werner Dieterich
5/oben mitte/Shutterstock.com/nattanan726, **7**/oben rechts/stock.adobe.com/Klaus Eppele, **8**/unten links/stock.adobe.com/mouse_md, **8**/oben rechts/shutterstock.com/Steve Cukrov, **10**/mitte rechts/Shutterstock.com/Regien Paassen, **11**/oben mitte/Cornelsen/Niels Schröder, Berlin, **16**/oben rechts/stock.adobe.com/Jacek Chabraszewski, **18**/oben rechts/stock.adobe.com/Andrea Wilhelm, **19**/oben rechts/stock.adobe.com/Eleonora Ivanova, **20**/mitte rechts/stock.adobe.com/Rawpixel.com, **20**/mitte/stock.adobe.com/timboosch, **20**/mitte links/stock.adobe.com/Björn Wylezich, **21**/mitte rechts/Cornelsen/Sonja Thiele, **22**/oben rechts/Cornelsen/Niels Schröder, Berlin, **23**/oben rechts/stock.adobe.com/mouse_md, **29**/oben mitte/stock.adobe.com/Brad Pict, **30**/oben links/stock.adobe.com/mouse_md, **33**/oben mitte/stock.adobe.com/Zerbor, **39**/unten rechts/stock.adobe.com/kosmos111, **43**/oben rechts/stock.adobe.com/ExQuisine, **45**/oben rechts/stock.adobe.com/Eleonora Ivanova, **45**/mitte rechts/stock.adobe.com/kraska, **46**/mitte rechts/Shutterstock.com/Idea Studio, **48**/oben rechts/stock.adobe.com/emuck, **48**/mitte rechts/stock.adobe.com/guy, **48**/unten rechts/Shutterstock.com/Ian Tragen, **51**/unten rechts/Shutterstock.com/tanjichica, **53**/oben mitte/GlowImages/Tetra, **56**/oben rechts/Shutterstock.com/Denis Kuvaev, **57**/unten rechts/stock.adobe.com/GraphicsRF, **59**/mitte/Shutterstock.com/sportpoint, **60**/oben rechts/mauritius images/Artur Cupak, **63**/oben mitte/Shutterstock.com/pitta-wut, **65**/mitte rechts/stock.adobe.com/mouse_md, **66**/oben rechts/Cornelsen/Niels Schröder, Berlin, **68**/oben rechts/stock.adobe.com/Fotosasch, **68**/unten links/stock.adobe.com/Eleonora Ivanova, **68**/oben rechts/Cornelsen/ Claudia Lieb, **68**/oben links/Cornelsen/ Claudia Lieb, **68**/oben mitte/Cornelsen/ Claudia Lieb, **70**/unten rechts/Shutterstock.com/BIGANDT.COM, **73**/oben mitte/stock.adobe.com/Olaf Wandruschka, **74**/mitte links/stock.adobe.com/mouse_md, **75**/oben mitte/Shutterstock.com/Ruslan Kudrin, **76**/unten links/stock.adobe.com/Eleonora Ivanova, **76**/mitte rechts/Shutterstock.com/Bilanol, **77**/mitte/stock.adobe.com/Sean Gladwell, **79**/unten mitte/Shutterstock.com/Frikkie Muller, **83**/oben mitte/Shutterstock.com/Luciano Mortula, **86**/oben rechts/mauritius images/Artur Cupak/All mauritius images, **87**/mitte rechts/Shutterstock.com/Holger Kleine, **90**/mitte/Cornelsen/Gudrun Lenz, **94**/oben links/stock.adobe.com/Eleonora Ivanova, **97**/mitte/stock.adobe.com/photophonie, **97**/mitte/Cornelsen/Gudrun Lenz, **98**/oben rechts/stock.adobe.com/Bergfee, **101**/mitte rechts/stock.adobe.com/Eleonora Ivanova, **102**/oben rechts/stock.adobe.com/lucielang, **102**/unten links/stock.adobe.com/Eleonora Ivanova, **113**/oben mitte/Shutterstock.com/Dimarion, **116**/oben rechts, mitte links, mitte/stock.adobe.com/Fotosasch, **117**/mitte rechts/stock.adobe.com/Eleonora Ivanova, **119**/unten rechts/stock.adobe.com/Eleonora Ivanova, **121**/oben mitte/stock.adobe.com/lwfoto, **121**/unten rechts/stock.adobe.com/mouse_md, **123**/mitte rechts/stock.adobe.com/GraphicsRF, **124**/oben rechts/Shutterstock.com/Max Topchii, **125**/mitte rechts/stock.adobe.com/kraska, **126**/unten rechts/Shutterstock.com/Dmitry Kalinovsky, **127**/mitte links/Cornelsen/Niels Schröder, Berlin, **127**/unten rechts/stock.adobe.com/Eleonora Ivanova, **127**/mitte/Shutterstock.com/StudioPortoSabbia, **127**/mitte rechts/Shutterstock.com/WDG Photo, **128**/oben rechts/mauritius images/imageBROKER/Karl F. Schöfmann, **129**/mitte/Cornelsen/Niels Schröder, **130**/mitte links/stock.adobe.com/GraphicsRF, **130**/unten rechts/stock.adobe.com/Konstanze Gruber, **131**/unten rechts/stock.adobe.com/kraska, **131**/oben mitte/Shutterstock.com/file404, **133**/mitte links/stock.adobe.com/Fotosasch, **133**/mitte rechts/stock.adobe.com/by-studio, **133**/mitte/stock.adobe.com/rdnzl, **133**/mitte/stock.adobe.com/Barbara Pheby, **133**/mitte/Shutterstock.com/Daniel Etzold, **133**/mitte/stock.adobe.com/Antrey, **133**/unten rechts/stock.adobe.com/Horst Schmidt, **134**/oben rechts/Shutterstock.com/Alfred Nesswetha, **135**/mitte rechts/Cornelsen/Gudrun Lenz, **136**/oben links/stock.adobe.com/Eleonora Ivanova, **136**/mitte rechts/Shutterstock.com/Andrey Eremin, **137**/unten mitte/stock.adobe.com/digitalstock, **137**/mitte/stock.adobe.com/JohanSwanepoel, **138**/oben rechts/Cornelsen/Niels Schröder, Berlin, **140**/mitte links/stock.adobe.com/mouse_md, **140**/mitte/stock.adobe.com/tournee, **141**/unten rechts/stock.adobe.com/mouse_md, **142**/unten mitte/Shutterstock.com/Ardea-studio, **144**/oben rechts/Cornelsen/Maja Brandl, **145**/oben rechts, mitte links, mitte/stock.adobe.com/Fotosasch, **146**/mitte rechts/Shutterstock.com/matimix, **149**/oben rechts/stock.adobe.com/Kovalenko Inna, **152**/oben rechts/stock.adobe.com/TADDEUS, **153**/mitte rechts/stock.adobe.com/mouse_md, **155**/oben rechts/stock.adobe.com/Eleonora Ivanova, **157**/mitte rechts/stock.adobe.com/GraphicsRF, **158**/oben rechts/Shutterstock/Daniel Prudek, **160**/mitte links/stock.adobe.com/GraphicsRF, **161**/oben rechts/Interfoto/Wilfried Wirth, **161**/mitte links/Interfoto/Gabriel Hakel, **161**/mitte links/stock.adobe.com/mirpic, **161**/mitte/stock.adobe.com/Dan Race, **161**/mitte rechts/stock.adobe.com/Adam Gregor, **162**/mitte links/stock.adobe.com/Eleonora Ivanova, **163**/mitte/stock.adobe.com/serge-b, **165**/unten rechts/stock.adobe.com/vladischern, **165**/oben rechts/stock.adobe.com/momanuma, **165**/mitte rechts/stock.adobe.com, **167**/unten links/stock.adobe.com/fox17, **167**/unten rechts/stock.adobe.com/ponasthai, **167**/unten mitte/stock.adobe.com/euthymia, **169**/oben mitte/stock.adobe.com/bluedesign, **172**/mitte links/Shutterstock.com/Monkey Business Images, **174**/unten links/stock.adobe.com/kraska, **175**/oben rechts/stock.adobe.com/PDU, **177**/unten rechts/stock.adobe.com/mouse_md, **180**/unten rechts/Shutterstock.com/Kotomiti Okuma, **180**/unten links/stock.adobe.com/Eleonora Ivanova, **182**/oben rechts/stock.adobe.com/txakel, **183**/oben rechts/stock.adobe.com/Eleonora Ivanova, **184**/unten rechts/Cornelsen/Claudia Lieb, **191**/oben mitte/Cornelsen/Niels Schröder, **193**/mitte/Shutterstock.com/Suzanne Tucker, **195**/oben rechts/stock.adobe.com/Andreas P, **196**/unten rechts/stock.adobe.com/lassedesignen, **197**/unten mitte/stock.adobe.com/Joachim Wendler, **198**/oben rechts/Cornelsen/Niels Schröder, **198**/mitte rechts/stock.adobe.com/guukaa, **198**/mitte rechts/stock.adobe.com/JackF, **199**/mitte/Cornelsen/Niels Schröder, Berlin, **200**/mitte rechts/stock.adobe.com/Sergey Novikov, **200**/mitte rechts/stock.adobe.com/sergey02, **201**/oben mitte/stock.adobe.com/Marina Lohrbach, **203**/unten mitte/Cornelsen/Niels Schröder, **205**/oben rechts, oben mitte/stock.adobe.com/Dziurek

Stichwortverzeichnis

abbrechende Dezimalzahl 63, 64
Abrunden 73
absolute Häufigkeit 172, 186
Addieren
– Rechengesetze 139
– von Brüchen 40, 43, 44
– von Dezimalzahlen 75
Anteile bestimmen 30, 118
Anteile in Diagrammen darstellen 176
arithmetisches Mittel 182, 183, 188
Assoziativgesetz 139
Aufrunden 73
Ausklammern 141
Ausmultiplizieren 141

Balkendiagramm 188
Betrag einer ganzen Zahl 159
Bildpunkt 99, 103
Bruch 18, 29, 33, 34, 35, 37
– addieren 40, 43, 44
– am Zahlenstrahl 37
– dividieren 122, 124
– echter 25, 33
– erweitern 22
– gleichnamiger 26, 40
– Hunderterbruch 68
– in Dezimalzahl umwandeln 57
– in Prozentangabe umwandeln 69
– kürzen 22, 23
– multiplizieren 116, 118, 119
– Rechengesetze 139
– subtrahieren 40, 43, 44
– und Größen 29
– unechter 33, 34, 35
– und relative Häufigkeit 172
– zeichnerisch darstellen 19
Bruchzahl 28, 37

Dezimalstellen 56
Dezimalzahl 56, 68
– abbrechende 63, 64
– addieren 75
– am Zahlenstrahl darstellen 61
– dividieren 134, 135
– in Bruch umwandeln 56, 66
– in Prozentangabe umwandeln 69

– Komma verschieben 128, 129
– multiplizieren 131
– periodische 63, 64
– Rechengesetze 139
– runden 73
– subtrahieren 75
– und relative Häufigkeit 172
– unendliche 66
– vergleichen 60
Diagramme 176, 188
Distributivgesetz 141
Dividend 135
Dividieren
– und Kommaverschiebung 129, 134, 135
– von Brüchen 122, 124
– von Dezimalzahlen 134
Division 63, 64, 69, 122, 124, 129, 134
– und Brüche 122, 124
– und Kommaverschiebung 129, 134, 135
Divisor 135
Drehrichtung 103
Drehsymmetrie 102
drehsymmetrisch 102
Drehung 103, 107
Drehwinkel 103
Drehzentrum 103
Durchmesser eines Kreises 86
Durchschnitt 182
dynamische Geometriesoftware 105

Einer 56, 57
Endziffernregel 11
Erweitern 22, 26, 43, 56, 69
Erweiterungszahl 22

Formel in einer Tabellenkalkulation 187
Funktionen in einer Tabellenkalkulation 188

Ganze Zahlen 152
Ganzes 18, 33, 56
Gegenzahl 159
gemeinsamer Nenner 26, 43, 44
gemeinsamer Teiler 16, 23
gemischte Zahlen 33, 34, 35, 37, 40

Geodreieck 86, 91, 95, 99, 103
gerade Zahl 11
gestreckter Winkel 91
ggT 16
gleichnamig 26
Grad 91, 95
Größter gemeinsamer Teiler ggT 16

Häufigkeitstabelle 170, 183
Hunderter 56, 57
Hundertstel 56, 57

Kehrwert eines Bruchs 124
Kennwerte 182
kgV 16
Klammer 138
Klammer(-rechnung) 138
KLAPS 138
Klassenbreite 180
Klasseneinteilung 180
kleinstes gemeinsames Vielfaches kgV 16
Kommaverschiebung 128, 134, 135
Kommazahl s. Dezimalzahl
Kommutativgesetz 116, 139
Koordinaten 154, 155
Koordinatensystem 154, 155
– Koordinaten ablesen 154
– Punkte eintragen 155
Kreis 86, 105
Kreisdiagramm 176, 188
Kreuztest 28
Kürzen 22, 23, 26, 56, 69, 116, 119, 122, 124
Kürzungszahl 22, 23

Maßstab 130
Maßzahl 31, 36
Maximum 182
Median 182
Minimum 182
Mischungsverhältnisse 39
Mittelpunkt eines Kreises 86
Mittelwerte 182
Multiplizieren
– und Kommaverschiebung 128
– Rechengesetze 139
– von Brüchen 116, 118, 119
– von Dezimalzahlen 131

Stichwortverzeichnis

Nachkommastellen 56, 131
Natürliche Zahlen 152
Negative Zahlen 152
Nenner 18
Nullpunkt am
  Geodreieck 91, 95

Ordnungskette 27

Periode 64, 66
Periodenlänge 64, 66
periodische Dezimalzahl 64
Pfeilmodell 135, 136
Positive Zahlen 152
Primfaktorzerlegung 14
Primzahl 14
Produkt 118
Prozentschreibweise 68
– in Bruch umwandeln 68
– in Dezimalzahl um-
  wandeln 68
– und relative Häufigkeit 172
Punktrechnung 138
Punktspiegelung 99, 103
Punktsymmetrie 98, 99
punktsymmetrisch 98, 99

Quadrant 154
Quersummenregel 12
Quotient 135

Radius eines Kreises 86
Rechengesetze 138, 139, 141
rechter Winkel 91
relative Häufigkeit 172,
  176, 187
Runden 73
Rundungsstelle 73

Säulendiagramm 176, 188
Scheitelpunkt eines
  Winkels 89
Schenkel eines Winkels 89,
  91, 95
Spannweite 182
Spiegelpunkt 99
spitzer Winkel 91
Stellenwert 54, 56, 75
Stellenwerttafel 54, 56, 128
Strahl 89
Strichliste 170
Strichrechnung 138
Stufenzahl 66
stumpfer Winkel 91
Subtrahieren
– von Brüchen 40, 43, 44

– von Dezimalzahlen 75
Symmetriezentrum 98

Tabellenkalkulation 186
– Diagramm 188
– Kennwerte 188
– Rechnen 187
– relative Häufigkeit 187
Tausendstel 56, 57
Teil eines Ganzen 18
teilbar 8, 11
Teilbarkeitsregeln 11, 12, 13
Teile von Größen 29
Teiler 8, 16
teilerfremd 16
Teilermenge 9

Überschlag 76, 132, 135, 136
überstumpfer Winkel 91,
  93, 96
Uhrzeigersinn 89, 103
Umkehroperationen 45, 126,
  135
ungerade Zahl 11

Verbindungsgesetz 139
Verfeinern einer Einteilung 22
Vergleichen 26
– am Zahlenstrahl 38, 61
– an der Zahlengerade 158
– von Brüchen 26, 37
– von Dezimalzahlen 60
– von ganzen Zahlen 158, 159
– von gemischten Zahlen 36
– von relativen Häufig-
  keiten 173
Vergröbern einer Ein-
  teilung 22
Verhältnisse 39
Vertauschungsgesetz 139
Vervielfachen 116
Vielfaches 8, 16, 44
vollständig gekürzter
  Bruch 23
Vollwinkel 91, 93
Vorrangregeln 138
Vorzeichen 152

Winkel 89
– bezeichnen 89
– berechnen 93
– messen 91, 106
– zeichnen 95, 106
– Winkelarten 91
– bei einer Drehung 102
– in Kreisdiagrammen 176
Winkelarten 91

x-Achse 154
x-Koordinate 154

y-Achse 154
y-Koordinate 154

Zahlengerade 152, 158, 161
Zahlenstrahl 37, 61
Zähler 18
Zehner 56, 57
Zehnerbruch 56
Zehnerpotenz 128, 129
Zehntel 56, 57
Zelle in einer Tabellen-
  kalkulation 186
Zentralwert 182
Zustand 161
Zustandsänderung 161

Fundamente
|der Mathematik|

Autoren Kathrin Andreae, Nina Ankenbrand, Dr. Frank Becker, Prof. Dr. Ralf Benölken, Daniela Ebe, Dr. Wolfram Eid, Dr. Lothar Flade, Gerhard Hillers, Anneke Haunert, Anna-Kristin Kracht, Brigitta Krumm, Dr. Hubert Langlotz, Thorsten Niemann, Dr. Andreas Pallack, Mathias Prigge, Dr. habil. Manfred Pruzina, Melanie Quante, Dr. Ulrich Rasbach, Nadeshda Rempel, Wolfgang Ringkowski, Anne-Kristin Rose, Jürgen Stein, Malte Stemmann, Christian Theuner, Alexander Uhlisch, Jonas Vogl, Dr. Christian Wahle, Anja Widmaier, Florian Winterstein, Dr. Sandra Wortmann, Anne-Kristina Wolff, Dr. Wilfried Zappe

Berater Jochen Dörr
Herausgeber Dr. Andreas Pallack
Redaktion Matthias Felsch, Romy Möller
Illustration Gudrun Lenz, Niels Schröder
Grafik Christian Böhning
Umschlaggestaltung hawemannundmosch GbR
Layoutkonzept klein & halm GbR
Technische Umsetzung zweiband.media, Berlin

Begleitmaterialien zum Lehrwerk

für Schülerinnen und Schüler
Arbeitsheft Klasse 6 · 978-3-06-009280-2

für Lehrerinnen und Lehrer
Serviceband Klasse 6 · 978-3-06-040287-8
Begleitmaterial auf USB-Stick · 978-3-06-040293-9
Lösungsheft Klasse 6 · 978-3-06-009572-8

www.cornelsen.de

Die Webseiten Dritter, deren Internetadressen in diesem Lehrwerk angegeben sind, wurden vor Drucklegung sorgfältig geprüft. Der Verlag übernimmt keine Gewähr für die Aktualität und den Inhalt dieser Seiten oder solcher, die mit ihnen verlinkt sind.

1. Auflage, 5. Druck 2024
Alle Drucke dieser Auflage sind inhaltlich unverändert und können im Unterricht nebeneinander verwendet werden.
© 2018 Cornelsen Verlag GmbH, Mecklenburgische Str. 53, 14197 Berlin

Das Werk und seine Teile sind urheberrechtlich geschützt. Jede Nutzung in anderen als den gesetzlich zugelassenen Fällen bedarf der vorherigen schriftlichen Einwilligung des Verlages. Hinweis zu §§ 60a, 60b UrhG: Weder das Werk noch seine Teile dürfen ohne eine solche Einwilligung an Schulen oder in Unterrichts- und Lehrmedien (§ 60b Abs. 3 UrhG) vervielfältigt, insbesondere kopiert oder eingescannt, verbreitet oder in ein Netzwerk eingestellt oder sonst öffentlich zugänglich gemacht oder wiedergegeben werden.
Dies gilt auch für Intranets von Schulen und anderen Bildungseinrichtungen.
Der Anbieter behält sich eine Nutzung der Inhalte für Text und Data Mining im Sinne § 44b UrhG ausdrücklich vor.

Allgemeiner Hinweis zu den in diesem Lehrwerk abgebildeten Personen:

Soweit in diesem Buch Personen fotografisch abgebildet sind und ihnen von der Redaktion fiktive Namen, Berufe, Dialoge und Ähnliches zugeordnet oder diese Personen in bestimmte Kontexte gesetzt werden, dienen diese Zuordnungen und Darstellungen ausschließlich der Veranschaulichung und dem besseren Verständnis des Buchinhalts.

Druck: Livonia Print, Riga
ISBN 978-3-06-009274-1 (Schülerbuch)
ISBN 978-3-06-040281-6 (E-Book)

PEFC zertifiziert
Dieses Produkt stammt aus nachhaltig bewirtschafteten Wäldern und kontrollierten Quellen.
www.pefc.de